能　量	功　率
J erg kgf・m	W erg/s kgf・m/s

基本单位

量的名称	SI 单位名称	SI 符号	量的名称	SI 单位名称	SI 符号
长　度	米	m	热力学温度	开[尔文]	K
质　量	千克	kg	物质的量	摩[尔]	mol
时　间	秒	s	发光强度	坎[德拉]	cd
电　流	安[培]	A			

SI 词头

因数	词头的中文名称	词头符号	因数	词头的中文名称	词头符号	因数	词头的中文名称	词头符号
10^{18}	艾[可萨]	E	10^{2}	百	h	10^{-9}	纳[诺]	n
10^{15}	拍[它]	P	10^{1}	十	da	10^{-12}	皮[可]	p
10^{12}	太[拉]	T	10^{-1}	分	d	10^{-15}	飞[母托]	f
10^{9}	吉[咖]	G	10^{-2}	厘	c	10^{-18}	阿[托]	a
10^{6}	兆	M	10^{-3}	毫	m			
10^{3}	千	k	10^{-6}	微	μ			

与 SI 单位的换算率(1N ＝ 1/9.806 65 kgf)

量	SI 单位名称	SI 记号	SI 以外 单位名称	SI 以外 记号	与 SI 单位的换算率
能量、热量、功或焓	焦[耳] (牛顿・米)	J (N・m)	尔格 卡路里(国际) 千克力・米 千瓦・小时 美制马力 电子电压	erg cal IT kgf・m kW・h PS・h eV	10^{7} 1/4.186 8 1/9.806 65 $1/(3.6\times10^{6})$ $\approx3.776\ 72\times10^{-7}$ $\approx6.241\ 46\times10^{18}$
功率、电力或放射能	瓦[特] (焦耳每秒)	W J/s	千克力・米每秒 千卡路里每小时 美制马力	kgf・m/s kcal/h PS	1/9.806 65 1/1.163 ≈1/735.498 8
黏度,黏性系数	帕[斯卡]・秒	Pa・s	泊 千克力・秒每平方米	P $kgf\cdot s/m^2$	10 1/9.806 65
运动黏度,运动黏性系数	平方米每秒	m^2/s	斯[托克斯]	St	10^{4}
温度,温度差	开[尔文]	K	摄氏度,度	℃	[参照注(1)]
电流	安[培]	A			
电荷,电荷量	库[仑]	C	(安[培]秒)[参照注(2)]	(A・s)	1
电压	伏[特]	V	(瓦[特]每秒)	(W/s)	1
电场强度	伏[特]每米	V/m			
电容量	法[拉第]	F	(库[仑]每伏[特])	(C/V)	1
磁场强度	安[培]每米	A/m	奥斯特	Oe	$4\pi/10^{3}$
磁通[量]密度	特[斯拉]	T	高斯　伽马	Gs　γ	10^{4}　10^{9}
磁通[量]	韦[伯]	Wb	麦克斯韦	Mx	10^{8}
电阻	欧[姆]	Ω	(伏[特]每安[培])	(V/A)	1
电导率	西[门子]	S	(安[培]每伏[特])	(A /V)	
电感	亨[利]	H	韦[伯]每安[培]	Wb/A	
光通量	流[明]	lm	(坎德拉・球面度)	(cd・sr)	
亮度	坎[德拉]每平方米	cd/m^2	熙提	sb	
照度	勒[克斯]	lx	辐透	ph	
放射性活度	贝可[勒尔]	Bq	居里	Ci	$1/(3.7\times10^{10})$
照射量	库[仑]每千克	C/kg	伦琴	R	$1/(2.58\times10^{-4})$
吸收剂量	戈[瑞]	Gy	拉德	rd	10^{2}

注:(1)　从 T K 到 θ℃的温度转换公式是,$\theta=T-273.15$,在计算温差的场合下是 $\Delta T=\Delta\theta$.只不过,ΔT 或 $\Delta\theta$ 使用各自的单位开尔文和摄氏度来表示温差的。

(2)　圆括号内的单位名称或者记号,在它上面或者左侧有表示该单位的定义。

机械工程类专业系列教材

热 力 学

〔日〕圆山重直 主编
张信荣 王世学 等 编译

著作权合同登记号　图字：01-2009-2512 号

图书在版编目(CIP)数据

热力学 / (日) 圆山重直主编；张信荣等编译．—北京：北京大学出版社，2011.9
(机械工程类专业系列教材)
ISBN 978-7-301-19509-3

Ⅰ.①热…　Ⅱ.①圆…②张…　Ⅲ.①热力学—高等学校—教材　Ⅳ.①O414.1

中国版本图书馆 CIP 数据核字(2011)第 189548 号

书　　名：热力学
著作责任者：〔日〕圆山重直　主编　张信荣　王世学 等　编译
策 划 编 辑：胡伟晔
责 任 编 辑：胡伟晔
标 准 书 号：ISBN 978-7-301-19509-3/TH・0266
出 版 发 行：北京大学出版社
地　　址：北京市海淀区成府路 205 号　100871
网　　址：http：//www.pup.cn
电 子 信 箱：编辑部 zyjy@pup.cn　　总编室 zpup@pup.cn
电　　话：邮购部 010-62752015　发行部 010-62750672　编辑部 010-62756923
印　刷　者：北京宏伟双华印刷有限公司
889 毫米×1194 毫米　16 开本　14 印张　411 千字
2011 年 9 月第 1 版　2023 年 8 月第 4 次印刷
定　　价：49.00 元

内 容 简 介

全书共分 10 章。第 1 章讲述学习热力学的意义、历史背景以及本书的使用方法；第 2 章是热力学基本概念和热力学第零定律；第 3 章和第 4 章分别讲述热力学第一定律和第二定律及相关内容；第 5 章讲述的是各种能源有效利用与㶲之间的关系以及如何才能有效利用能源；第 6 章是热力学的一般关系式；第 7 章是从热力学的角度出发，讲述了化学反应和燃烧，包括与之相关的环境、能源问题；第 8 章是与能源转换密切相关的气体循环；第 9 章是蒸汽热力学循环；第 10 章讲述的是各种制冷热力学循环和空气调节方面的内容。全书注重启发读者对热力学及能源转换相关内容的感性认识和深入思考，有许多易于理解的图表，同时也注重新知识面的更新、拓宽。

本书适合本科生及研究生作为教材使用，也适合相关工程人员作为技术参考。

《机械工程类专业系列教材》
编译委员会

《JSME机械工程类系列教材》
出版委员会

JSME 系列教材之《热力学》和《传热学》中文版序

当今世界全球化发展极为迅猛，无论是政治与经济，还是科学技术与文化等国际间的交流日益紧密，与此相伴随的是信息、资金、技术与人才的跨国界流动。尤其是人才的国际化对提高我国的改革开放水平，提升我国的国际竞争力，促进我国国民经济和科学技术的发展无疑是至关重要的。为适应此国际化的需求，我国的一些重点高校已将人才的国际化培养作为一项重要工作列入学校的中长期发展规划。就人才的国际化培养来讲，向国外派遣留学生和接受外国留学生，或者请外籍教师来华授课和派教师到国外讲学仅仅是一种手段或曰形式，其实质是要求我们培养的学生和国际上主要国家的同类学生相比具有同等的知识水平和解决问题的能力。如何认定学生是否具备了这种水平和能力，或者是通过考试（如，美国工程基础能力检定考试(FE)等），或者是考查其所受教育的课程体系与内容。前者主要是针对作为个体的学生，而后者主要是针对作为教育机构的学校。

为应对国际标准的技术人员教育认定制度，日本在 1999 年成立了"日本技术者教育认定机构"(JABEE)，其与各类科学技术协会密切合作，进行技术人员教育制度的审查和认定，通过加入华盛顿协议(Washington Accord, 1989.11)实现了与欧美主要国家间的相互承认，为日本的人才走向世界打开了大门。为了配合技术教育认定，日本各高校在课程设置和教材选用上都作了改革。因此需要一套与国际标准接轨，有目的地对大学本科生进行专门教育的教科书。在此背景下，日本机械工程学会编辑和出版了《JSME 系列教材》。教材的编者队伍汇集了日本国内各相关领域的著名学者，实力雄厚。该系列教材可谓集大家之成，出版以来深受欢迎，其《热力学》一书销量已突破 43 000 册，在版本林立的工科专业课教材中堪称奇迹。

这样一套教科书对于正在全面进行工程教育改革，提升国际化水平的我国高等工程教育来说应是极具参考价值的。为此，北京大学出版社与 JSME 协商，组织了本系列教材的中文版出版工作。编译工作由北京大学、天津大学等高校教师完成，编译者均有长期在日工作的经历且在各自专业领域多有建树。非常高兴看到年轻的学者在引进国外优秀教材方面作出积极努力，有理由相信本系列教材中文版的出版一定会有助于我国的工程教育人才的国际化培养，促进我国的高等工程教育的国际化认证工作发展。

以上一点感想聊以为序。

过增元

2011 年 7 月

序　言

《JSME系列教材》是针对大学本科生的，以机械工程学入门必修课内容为出发点，涵盖机械工程学的基本内容，并涉足技术人员认定制度所发行的教科书。

自1988年日本出版事业相关规定修改以后，日本机械工程学会得以直接编辑并出版发行教科书，但系统地囊括机械工程学各个领域的书籍至今未有出版。这是因为已有大量的同类书籍出版，如本会所出版的《机械工程学便览》、《机械实用便览》等在机械学中都可以作为教材、辅助教材来使用。然而，随着全球化的发展，技术人员认证系统的重要性愈加突出，因此与国际标准接轨，有目的地对大学本科生进行专门教育等，本科教育环境急剧变化，与此对应的各个大学进行了教育内容方面的改革，也产生了出版与之相应的教科书的需求。

在这种背景下，我们策划出版了本系列教材，其特点如下。

(1) 此系列教材是日本机械工程学会为在大学中示范机械工程学教育标准而编写的教科书。

(2) 有助于在机械工程学教育中保持从入门到作为必修科目的学习连贯性，提高大学本科生的基础知识能力。

(3) 考虑到应对国际标准的技术人员教育认定制度[日本技术人员教育认定机构(JABEE)]、技术人员认证制度[美国工程基础能力检定考试(FE)，技术人员一次性考试等]，在各教材中引入相关的技术英语。

此外，在编辑、执笔过程中，为实现上述特点，采取了以下措施。

(1) 采用了较多的编写者共同商议式的策划与实施。

(2) 集结了各领域的全部力量，尽可能地优质低价出版。

(3) 在页面的一侧使用图表、双色印刷等以方便阅读。

(4) 参考美国的FE考试[工程学基础能力检定考试(Fundamentals of Engineering Examination)]习题集，设置了英语习题。

(5) 配合各教科书出版了相应的习题集。

本出版分科委员会特别注意致力于编辑、校正工作，努力发行具有学会特色的优质书籍。具体来说，各领域的出版分科委员会以及编写小组都采用集体负责制，实施多数人商议校正制度，在最后由各领域资深校阅者负责校正工作。

经过所有同人的共同努力，本系列教材得以成功出版。在此，向为出版出谋划策的出版事业全会、编撰理事，出版分科委员会的各位委员，承担出版、策划、实施及最终定稿的各领域出版分科委员会的各位委员，特别是在短时间内按照教科书的特点在形式上进行修改直至最终定稿的各位编者，再次表达诚挚的谢意。此外，向本会出版集团积极担当出版业务的各位同人真诚致谢。

本系列教材若能有助于提高机械工程类学生的基础知识与能力，同时被更多的大学作为教材使用，为技术人员教育贡献绵薄之力，将会是我们的荣幸。

社团法人：日本机械工程学会

JSME系列教材出版分科会

主任：宇高义郎

2002年6月

前　　言

热力学不仅是描述自然界中物理现象的一门重要的基础科学，也是多数工科院校本科生尤其是机械类学生必修的一门基础课。

日本机械工程学会(JSME)为了提高机械类高校学生的基础知识水平，考虑到国际标准的技术工作者教育认定制度（日本 JABEE、美国 FE）的要求，并从学会的角度展示一个机械工程类的大学教育标准，成立了一个由横滨国立大学 Utaka Yoshio 教授为主任的教科书出版委员会，负责组织编写和出版机械工程类本科生用系列教科书，并于 2002 年开始陆续出版了《热力学》《传热学》《流体力学》等。该系列教材的主要特点是：

(1) 编者众多且皆为在各自研究领域有所成就的专家；

(2) 内容为众多编者反复讨论而最终成稿；

(3) 图表配置在相应页的边缘部分并采用双色印刷以便于阅读；

(4) 主要专业术语均有英文注解并配有颜色突出显示，从而重点突出，易于学习；

(5) 参考美国的 FE 考试(Fundamentals of Engineering Examination)，采用了部分英语习题。

该系列已出版的各教材在日本国内广受欢迎，其中《热力学》一书已 6 次印刷，累计发行 43 000册。

2007 年该系列教科书《热力学》和《传热学》的主编日本东北大学 Shigenao Maruyama 教授同北京大学教授张信荣博士讨论了将《热力学》一书编译成中文版的问题。另外，2008 年年初 Yoshio Utaka 教授又向天津大学教授王世学博士建议将该系列教材介绍给中国读者。其后经各方协商决定成立一个编委会编译该系列教材并由北京大学出版社统一予以出版。由于原教材是面向日本国内的，为适应中国高校的教学特点和方便中国读者的学习和理解，编译者征得 JSME 的同意在编译过程中对原书的部分内容略做了修订。

本书由张信荣和王世学组织编译及校订。第 1 章和第 8 章由天津大学王世学，第 2 章和第 6 章由上海交通大学张鹏，第 3 章由天津大学戴传山，第 4 章由天津大学王迅，第 5 章由哈尔滨工业大学李凤臣，第 7 章由北京科技大学白皓，第 9 章由西安交通大学魏进家，第 10 章由华南理工大学汪双凤等编译。全书由张信荣校对。

在本书的编译过程中，日本机械工程学会教科书出版委员会及 Shigenao Maruyama 教授、Yoshio Utaka 教授给予了大力支持和帮助，在此我们表示衷心的感谢。

另外，我们还要感谢北京大学出版社的大力支持和帮助。

编译委员会
2010 年 10 月

《热力学》前言

热力学不仅仅是讲述自然界物理现象的一门重要的基础科学，同时也是机械工程专业的学生进入机械工程领域的一门必修课程。本书是针对机械工程相关学生入门提高以及作为培养将来的技术专家和研究者而编写的。因此本书较多地采用了便于理解的图表，以简洁明了的机械示意图、模式图等来展示机械工程中热机的设计、运行的原理及其在热力学学习中的重要性，从而进一步使学生带着目的意识来学习。

迄今为止在机械工程的热力学中较少触及的方面，如通过热的分子运动理论理解热力学第二定律、化学反应与燃烧理论、实用机械介绍等内容也在本书中进行了说明和讨论。面对当前考试中越来越多采用英文的命题，本书也采用了一些英文的比较新的题目作为习题。本书日文版的出版社团法人为日本机械工程学会(JSME)。因为是首次出版相关教材，所以我们尽量参考了其他常用教材的编写和出版规范。编写者在编写过程中即按照学会教材讨论会的建议不断进行了修正和调整。本书原稿编写者不仅根据综合校阅者校阅的意见，还特别针对热力学方面著名的研究者的建议进行了修订。

另外，本书出版使用后发现的勘误列表在网页 http://www.jsme.or.jp/txt-errata.htm 中可以查看，我们将尽力为读者使用提供更好的支持。如果对本书中的内容等有意见或者建议，也敬请给我们发送邮件至 textseries@jsme.or.jp 进行说明。

为了尽量缩短出版时间并降低本书价格，书中图表等都是原稿编写者所完成。因此，本书是编写者在较短时间里付出了极大的努力和辛苦才完成的。另外我们不得不提到本书编写者的研究室里的助手们付出的努力。没有他们的帮助，这本书的出版会艰难得多。这里我们再次对为本书的编写校正出版付出努力的同人们表示深深的谢意。我们希望这本书能够促进学生对于热力学的深入理解。最后，如果本书能够对于推动机械工程科学和技术的发展做出一份贡献的话，我们就感到荣幸之至了。

JSME 系列教材出版分科委员会
热力学教材
主编：圆山重直
2002 年 6 月

热力学　编者、出版分科会委员

编者	井上刚良 （东京工业大学）	第 2 章
编者	盐路昌宏 （京都大学）	第 8 章
编者	长坂雄次 （庆应义塾大学）	第 4 章，第 5 章
编者、委员	花村克悟 （东京工业大学）	第 1 章，索引
编者	飞原英治 （东京大学）	第 9 章，第 10 章
编者	平井秀一郎（东京工业大学）	第 7 章
编者、委员	圆山重直 （日本东北大学）	第 1 章，第 2 章，第 3 章
编者、委员	森栋隆昭 （湘南工科大学）	第 6 章
综合校阅者	伊藤猛宏 （九州大学）	

目　录

第 1 章

概　　论

Introduction

1.1　热力学的意义（significance of thermodynamics）

热力学（thermodynamics）是随着将**热能**（heat）转换成**机械能**（mechanical work）的学问而发展起来的，并形成一门完整地论述自然界本身伴随着能量转换变化过程的科学。热力学是关于能量及其转换的基础科学，是工科学生的必修科目。**对于汽车和飞机等运输工具、发电站等动力工厂的能量转换机械系统而言，在热与流体机械的设计中，热力学是不可或缺的。**本书主要是以机械工程及其相关专业的本科生为对象编写的，从机械工程的立场出发论述工程热力学（engineering thermodynamics）。学习了本书的学生不仅应能够理解与能量相关的各种现象，还应能够定量地分析机械系统的能量转换。

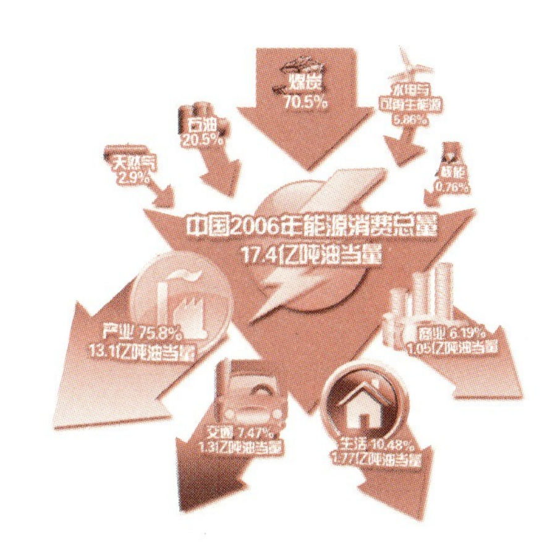

图 1.1　中国的能量供给与消费情况

热是能量的一种形态，可以转化成其他形态的能量。人类文明就是利用热转换成其他形态的能量而发展起来的。但是，如**热力学第一定律**（the first law of thermodynamics）所述，在能量形态转换过程中其总量守恒，而如何将其作为对人类有用的能量高效地加以利用则是工程热力学所赋予的使命。图 1.1 表示中国的能量供给与消费的情况①。燃烧之类化学反应等获得的能量中，被有效利用的占总量的 1/3，其余的2/3没有被利用。而被有效利用了的能量最后也变成常温状态下的热量排放到环境中。**热力学第二定律**（the second law of thermodynamics）叙述了将热转换成机械功时转换效率（efficiency）的上限。热力学还告诉我们发动机一类的实际机械如何将热转换成有用能。此外，在解释燃烧以及燃料电池中发生的化学变化时，热力学也是不可或缺的。

近年来，人类活动排出的热量迅速增加，导致了局部的气候变化如“热岛”等[2]，以及全球变暖等环境问题。但是，由于从太阳传到地球的能量十分巨大，因此人类活动的热排放量即使增加 1 倍，地球整体平均温度也只上升 6/1 000℃[3]。因而倒不如说，自从开始使用化石燃料（fossil fuel）以获得动力的工业革命以来，二氧化碳等温室气体（greenhouse gas）的排放迅速增加导致了全球的急剧暖化如图 1.2 所示。据预测，如果大气中的二氧化碳浓度达到现在的 2 倍，地球的平均温度将增加 2 K[4]。今后如何有效地利用能量、降低环境负荷也是热力学学习者所面临的课题。

---

① 原日文版教材使用了日本的能量流数据，参见本章参考文献[1]。

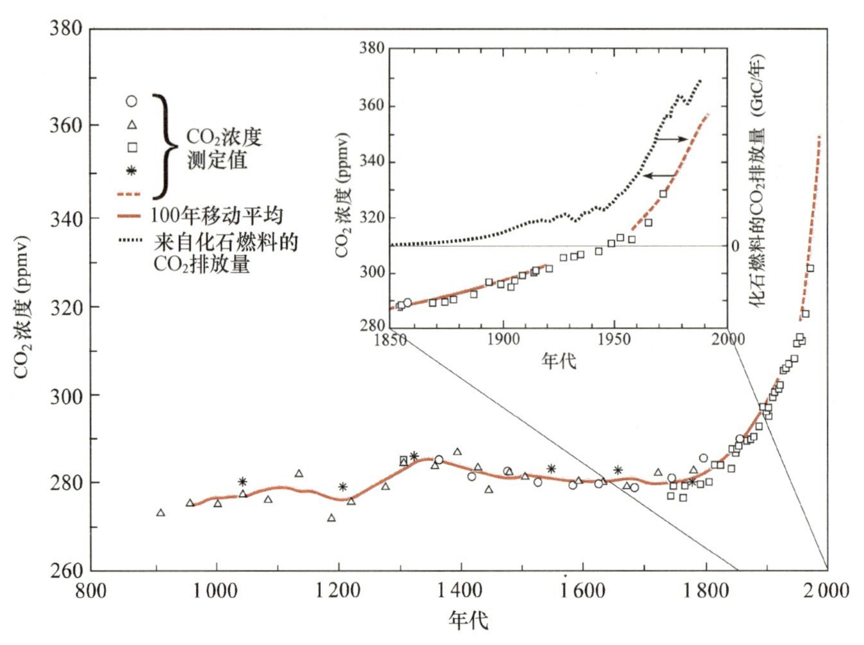

图 1.2　地球大气中二氧化碳浓度与排放量的变化(虚线以外的浓度值根据南极冰核测定)(引自文献[4])

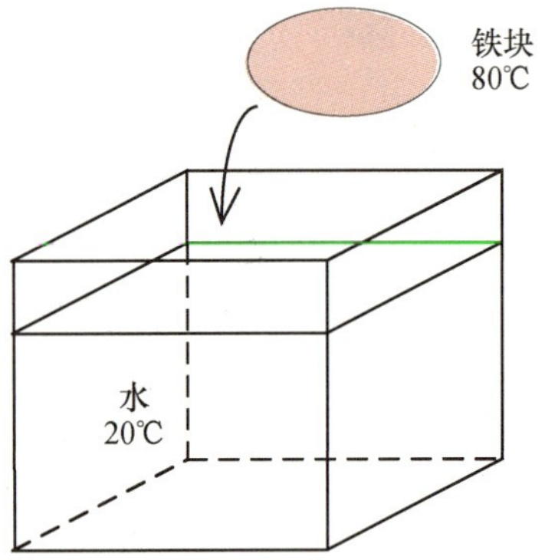

铁块
80℃

水
20℃

图 1.3　热力学定律(模拟实验)

1.2　热与热力学(heat and thermodynamics)

热力学(thermodynamics)主要是以热力学第零定律、第一定律和第二定律(the zeroth, first and second laws of thermodynamics)为核心所构成。这些定律也可以通过如下的模拟实验来理解。如图 1.3 所示，现将 80℃的铁块放入 20℃的水中，假定没有向周围的散热损失(heat loss)。如图 1.4 中的粗实线所示，水和铁块的平均温度 (mean temperature)将随时间而变化。即水温逐渐上升，铁块温度逐渐下降。而且经过足够长时间之后，水和铁块的温度将变得相同，这是我们经验中所熟知的。这种热的平衡状态由热力学第零定律 (the zeroth law of thermodynamics)描述。并且这个经过足够长时间之后所达到的温度可以根据铁块失去的能量(energy)与水得到的能量相等而求得。能量并不消失，只是在物质之间传递或在各种形态之间转换，这种守恒关系就是热力学第一定律 (the first law of thermodynamics) 。

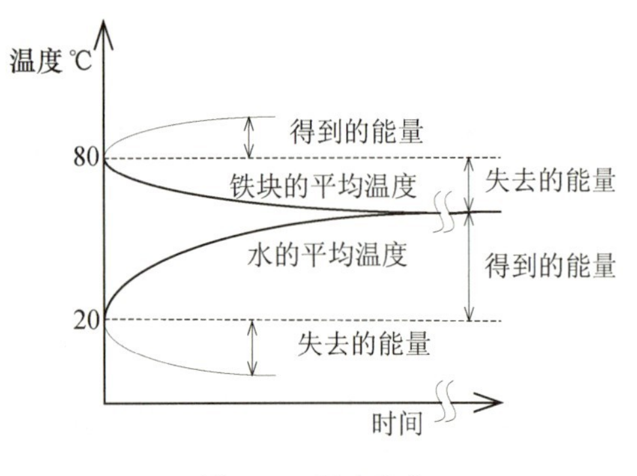

图 1.4　温度变化

根据经验可知，在前述的将铁块放入水中的实验中，如果不再施加任何其他的干扰，水温将上升而铁块温度将下降，图 1.4 中细实线所示的水温进一步下降而铁块温度进一步上升的现象绝不会出现。既使是失去的能量和得到的能量相等，这样的现象也不会发生。换而言之，仅仅使用热力学第一定律还不能充分描述这样的现象，即热仅仅是从高温之处向低温之处传递。描述热力学中发生的热量传递具有一定的方向性的是热力学第二定律 (the second law of thermodynamics)。

相反地，如果从外部输入动力，那么图 1.4 中细实线所示的水温进一步下降铁块温度进一步上升的现象是能够实现的。所谓的制冷机(空调机)或冰箱就可以实现类似的过程，这也符合热力学第二定律描述的规律。这一点可通过图 1.5 加以说明。通常，由于水与铁块相接触，热量自然地如粗线箭头所示从铁块向水传递。这里，首先考虑一个装有比水温低 10℃的空气的气缸，如果将其放入水中，其将从水中吸取热量，在试图降低水温的同时缸内空气的温度上升到 20℃。此时如果迅速将空气压缩(从外部输入动力)，空气的温度很容易达到 80℃以上(这里为 100℃)。这一点也可以从下述现象中予以确认。比如，用气筒给自行车轮胎打气时气筒的筒部会热起来。如果采取措施使气缸仅仅与铁块相接触，那么空气将向铁块传递热量。此时，缸内的空气温度下降。然后将气缸移离铁块并使其内气体迅速膨胀(从外部输入动力)，缸内空气温度很容易达到 20℃以下(这里为 10℃)，将其放入水中则可以再次吸取热量。即，经由气缸内的空气(与水接触，其温度从 10℃ 升到 20℃，再通过压缩上升到 100℃)，热就从 20℃的水向 80℃的铁块传递了。如果这个热量超过粗线箭头的热量，那么铁块的温度将上升而水温将下降。此时，由于粗线箭头的热量从高温向低温连续地传递，通过气缸的操作也必须连续进行。

这种使用外部的动力使热量连续传递的工作方式称为**循环** (cycle)或**热泵**(heat pump)。因此，讨论热力学第二定律中的“现象的变化方向”的问题时，常常使用这种循环来说明。

另外，论述水或铁块的平均温度及其内部温度分布如何随时间变化属于**传热学**(heat transfer)范畴，其内容在本系列教材的《传热学》中作详细阐述。

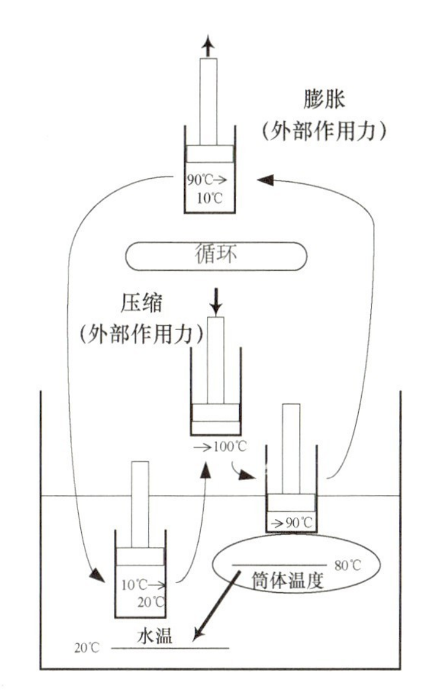

图 1.5 利用外部动力从低温向高温传递热量的循环

*1.3 热力学的历史背景(historical background of thermodynamics)

在对热力学的理解基础上，了解其发展过程及社会作用对工程技术人员来说也是非常重要的。本节就热力学形成的历史背景加以概述(表 1.1)。

古希腊时代的亚里士多德 (Aristoteles，前 384—前 322)认为，自然界由“火”“空气”“水”“土”4 种元素构成。其后，火(热量)作为构成自然界的重要物质被认识，热则被看做是一种能够穿过物体的物质——**热质** (calorique)。直到 18 世纪，物质的比热(specific heat)、相变时必需的潜热(latent heat)等均用热质理论予以说明。

认识到热是能量的一种形态是在近代工业革命时期。梅尔 (Julius R. von Mayer)找出了热与功的等价性，焦耳 (James P. Joule)测定了热与功的转换当量。伽利略(Galileo Galilei，1564—1642)时代发明了温度计，与热量一起作为热力学重要指标的温度以各种各样的定义被使用，汤姆逊(William Thomson)以及其后的开尔文公爵(Lord Kelvin)提倡使用热力学的**绝对温度**(absolute temperature)。

长期以来，人类直接将人力和家畜用以提供动力，也部分地使用水车和风车，而热主要用于加热物体。具有实用性的将热转换成动力加以使用始于纽克曼(Thomas Newcomen)发明**热机**(heat engine)。热机经瓦特 (James Watt) 改进后，对 18 世纪后半叶兴起的工业革命作出了贡献。伴随着工业革命，热力学迅速发展起来。如图 1.6 所示，此前的蒸汽机是使气缸中的水蒸气凝结，利用大气压力驱动机械。由于技术的进步，人们发明了利用高于大气压的高压水蒸气的蒸汽机。如何减少热机的燃料消耗量逐渐成了重要的课题。

表 1.1 热力学上的主要发现、发明
(据文献[5]、[6]整理)

时期	发现、发明及具体时间	
十八世纪	1712 年	纽克曼发明蒸汽机
	1761 年	布拉克利用热质说明潜热·热容
	后半叶	英国工业革命
	1776 年	瓦特发明通用蒸汽机
十九世纪	1824 年	卡诺,卡诺定律
	1842 年	梅尔,能量守恒
	1843 年	焦耳,热功当量
	1848 年	开尔文,绝对温标
	1850 年	克劳修斯,热力学第二定律
	1854 年	焦耳-汤姆逊效应
	1854 年	提出朗肯循环
	1859 年	麦克斯韦，气体分子运动论
	1865 年	克劳修斯，熵增原理
	1876 年	奥托，4 冲程发动机
	1877 年	玻尔兹曼，热力学第二定律的统计学
	1897 年	狄塞尔,压燃式发动机
	1900 年	普朗克,辐射的量子理论
二十世纪	1902 年	吉布斯,统计力学
	1903 年	莱特兄弟,首次飞行
	1905 年	爱因斯坦，光量子假说
	1906 年	能斯特,热力学第三定律
	1908 年	福特,汽车的大量生产
	1951 年	核反应发电成功
	1969 年	阿波罗 11 号登月，装载燃料电池

针对此课题，卡诺（N. L. Sadi Carnot）发现，热不能全部转换成功，热机的效率存在上限。此结论进而成了**热力学第二定律**和克劳修斯（Rudolf J. E. Clausius）整理的**熵**(entropy)概念的基础。

热现象归结于原子和分子的无序运动。古典热力学由麦克斯韦(James C. Maxwell)、玻尔兹曼(Ludwig Boltzmann)、吉布斯(Josiah W. Gibbs)等作为研究多数粒子热运动的**统计力学**(statistical mechanics)而发展起来。后来，普朗克(Max K. E. L. Plank)提出量子论，进而发展为**量子力学**(quantum mechanics)，这些研究成了近代物理化学的基础。这里值得注意的是：与热力学因工业革命而发展相类似，对于布朗量子假说的基础黑体辐射（black body emission）的研究，始于当时德国大力发展的制铁用冶炼炉的温度测量的需求。可以看出，现代的科学与技术极少产生于其自身，通常与工业及社会基础紧密相连。

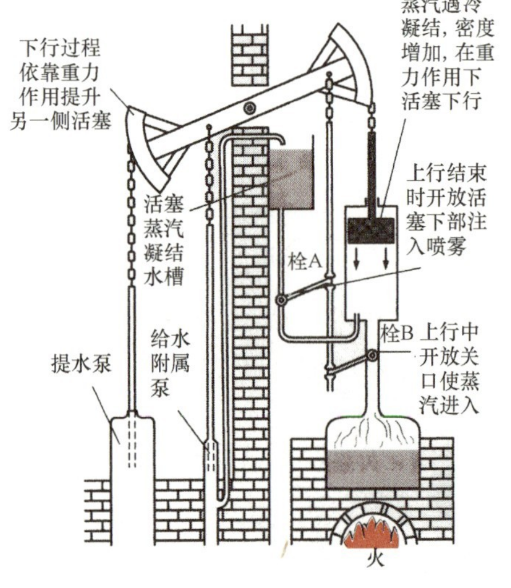

图 1.6 纽克曼发明的蒸汽机

与热力学的发展相对应，许多将热转换为功的热机被发明出来。作为汽车发动机使用的**奥托循环**（Otto cycle）和**狄赛尔循环**（Diesel cycle)，喷射式发动机的**布雷顿循环**(Brayton cycle)，用于大规模电站以及冰箱的**朗肯循环**（Rankine cycle)等，几乎所有现在实用化的热机在19世纪都有案可考。

19世纪提出的热机在20世纪初得以广泛实用化。莱特兄弟(Wilbur Wright & Orville Wright)发明的飞机，福特（Henry Ford)大量生产的汽车等，热机以各种各样的运输机械及动力机械的形式普及。在20世纪后半叶，人类开始使用核反应堆（nuclear reactor)发电，着手利用新能源。又以实现人类首次登月的阿波罗飞船为契机，不转换燃烧热转换过程的发电装置——**燃料电池**(fuel cell)的实用化即将来临。另外，使用硅半导体（semiconductor)将太阳光直接转换成电能的**光伏电池**（solar cell)也正在普及当中。

据说，图1.6所示的热机将燃料产生的热量转换成功的效率是1% 左右，输出功率约 4 kW[5]。现在，图1.7所示的以液化天然气

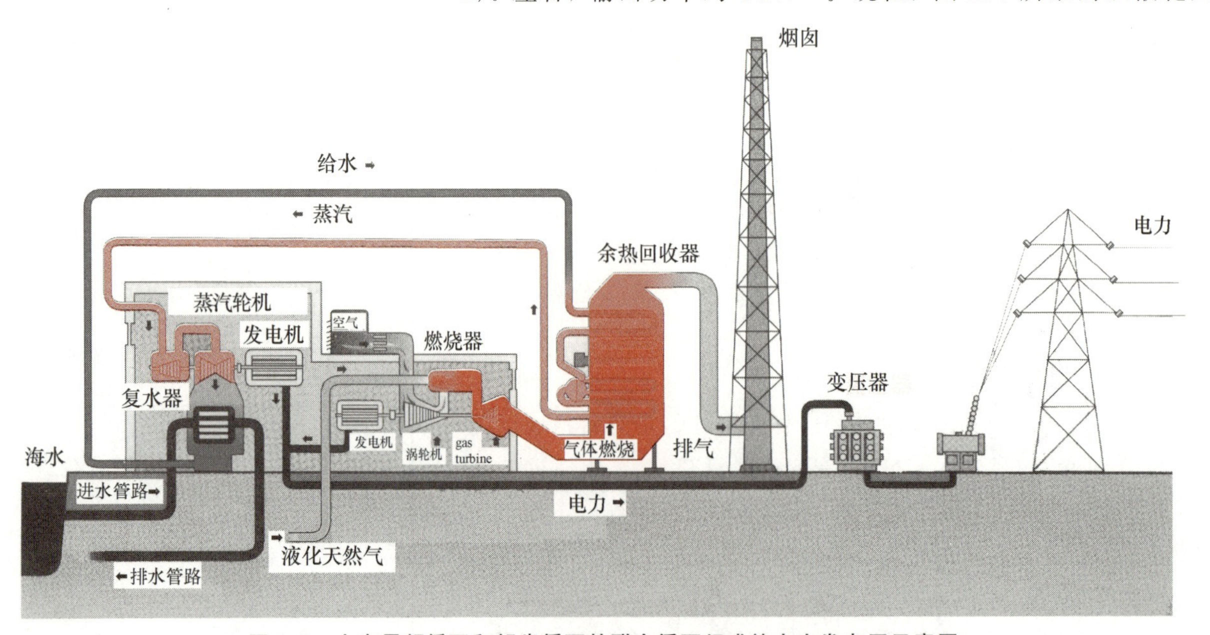

图 1.7 由布雷顿循环和朗肯循环的联合循环组成的火力发电厂示意图
（资料 东北电力(株)提供）

(LNG)为燃料的燃气轮机与蒸汽轮机联合循环的电能转换效率达50%以上，单机输出功率805 000kW。由于热力学的贡献，热机的效率得到显著提高，但由于人类消耗能量的总量也增大了，所以20世纪后半叶的50年间，燃烧化石燃料的二氧化碳的排出量达到了此前的4倍[7]。

21世纪的工程技术工作者被寄予厚望，不仅要提高单一机械的效率及性能，还要开发出降低系统整体环境负荷的技术。在热力学中，减小环境负荷就是减小(在第4章将学习到的)熵增。即为了建设**可持续发展(sustainable development)**的社会，热力学知识对21世纪的工程技术工作者来说也是必不可缺的。

1.4 本书的使用方法(how to use this book)

本书共由10章构成，涵盖了理解热力学所需的所有内容。叙述本着简单准确的原则，从热力学的基本概念到应用均可通过顺序阅读自然而然地理解。另外，即使不通读全书也可以学习到热力学的基本规律。由于本书从第1章到第4章叙述了作为热力学基础的热力学第零定律、第一定律和第二定律，故建议首先仔细阅读这些章节。理解这些内容以后，就可以从第5章开始学习热力学第一定律及第二定律的应用，一般读者可以先选读感兴趣的内容，以后再来学习其他内容。

首先，若使用本书作为教材，建议将前述构成热力学基础的第1章到第4章作为前半部，第5章以后作为后半部来分配学时。本建议乍看可能不够平衡(前少后多)，但若考虑到第5章以后是应用，可不必仔细讲解，而且第6章的热力学一般方程可以作为数学表达式而加以活用，也未必需要课堂讲授，因此这也是可取的安排。从第8章到第10章的各种循环不是独立的，可在讲授热力学第零定律、第一定律及第二定律之后，适当地选择讲授，而且选择讲授每章后面的部分习题以及正文中的例题也有助于理解。另外，在热力学课程仅仅安排一个学期时(约30～40个学时)，建议重点讲述作为热力学基础的第2章到第4章，各章中用“*”标出即使省略掉也不会影响对后续内容的理解的部分并结合第5章以后的应用问题讲授。习题中标有“*”的有一定难度，希望读者勇于挑战。

其次，由于书中包含实际机械或者接近于实际机械的图表(实际机械的概图、最新的蒸汽表及线图)，因此本书对于机械工程相关的技术人员来说也是有益的教材。尤其是在美国施行的**FE考试(Fundamentals of Engineering examination，基础工程师考试)**和**PE考试(Professional Engineering examination，专业工程师考试)**中，很多试题都是提供这些图表要求计算循环效率的。因此本书在编写过程中充分结合了这类实用性的考试，当然也符合实际工作。

最后，我国目前正在稳步推出工程教育改革及相关工作，以探索建立注册工程师制度。这其中要求的一些关键点在本书中也有所反映和注意。

第1章 参考文献

[1] 平田賢，21 世紀：「水素の時代」を担う分散型エネルギーシステム，機械の研究，Vol. 54，(2002)，pp. 423-431，養賢堂.
[2] 齋藤武雄，地球と都市の温暖化，(1992)，森北出版.
[3] 円山重直，光エネルギー工学，(2004)，p. 49，養賢堂.
[4] 気象庁編，地球温暖化の実体と見通し，(1996)，pp. 14,39.
[5] 日本機械学会編，機械工学事典，(1997)，pp. 932-933.
[6] 庄司正弘，伝熱工学，(1999)，p. 248，東京大学出版.
[7] ワールドウォッチ研究所編，地球データブック1998-1999，(1998)，p. 76.

第 2 章

基本概念及热力学第零定律

Basic Concepts and the Zeroth Law of Thermodynamics

2.1 系统、物质、能量 (system, matter and energy)

2.1.1 系统(system)

系统是热力学所讨论的重要概念。考虑由分子等粒子所构成的物体或者机械时,以某个空间领域或者物体的某个部分周围(surroundings)直到边界(boundary)所隔离出来的空间和物体称为控制容积(control volume)。在控制容积内的物质或者空间称为系统。

系统是对由许多粒子所构成的物体或者空间的定义。如图 2.1 所示,系统可以是某个空间内的分子群、汽车引擎或者冰箱等器件,也可以是由许多机械部件所构成的喷气式飞机。但是系统又不仅只是分子群或者机械结构,还可以是教室中的教师和学生、地球等。可以通过界定边界进行隔离的所有物体或者空间都可以定义为系统。

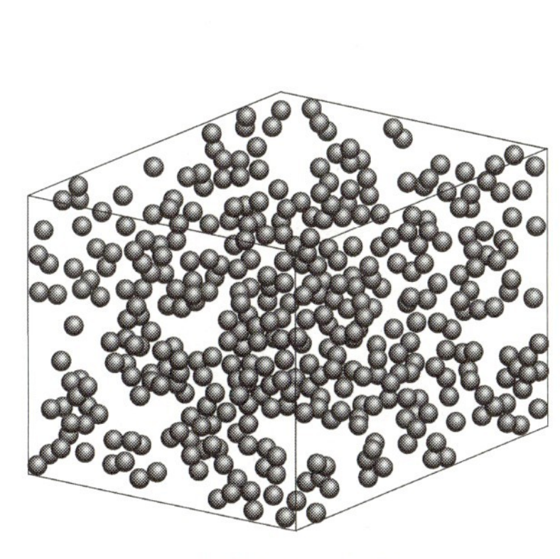

(a) 空间内的分子群

(b) 汽车引擎 (丰田公司提供)

(c) 冰箱

图 2.1 周围和边界所隔离的系统举例

2.1.2 闭口系统和开口系统(closed and open systems)

对系统而言,存在通过边界无物质交换的闭口系统(closed system)和有物质交换的开口系统(open system)。以上两种系统都可以和外界进行能量交换,如图 2.2 和图 2.3 所示。当系统和周围既无物质交换也无能量交换时,该系统称为孤立系统(isolated system)。

当闭口系统内的质量守恒(conserved)时,控制容积的大小通常都会发生变化。开口系统可以用于对压缩机和叶轮等机械的研究中。为了描述此类机械结构的稳定状态,把控制容积保持不变,系统的物质流入与流出量相等的开口系统称为定常流动系统(steady flow system)。

(d) 喷气式飞机(Diamond air service公司提供)

图 2.1 周围和边界所隔离的系统举例(续)

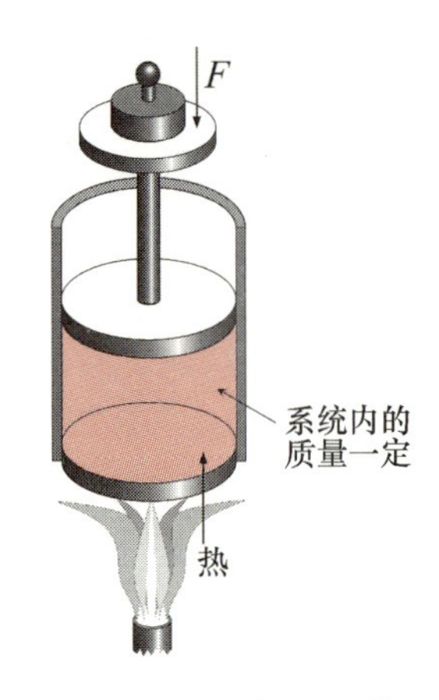

图 2.2　闭口系统

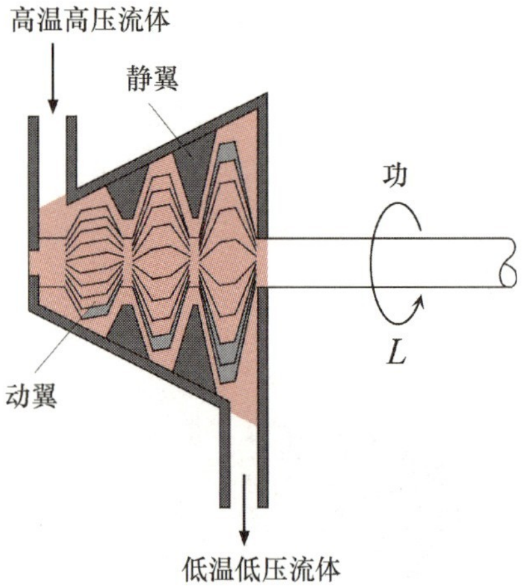

2.1.3　能量的形态(forms of energy)

能量(energy)具有**动能(kinetic energy)**、**势能(potential energy)**、**电磁能(electromagnetic energy)**、**化学能(chemical energy)**、**核能(nuclear energy)**等多种形态。系统所具有的能量用 E(J)表示。动能及势能如图 2.4 所示。

当质量为 m(kg)的系统整体以速度 w(m/s)运动时，系统所拥有的动能为

$$E_K=\frac{mw^2}{2}\ (\mathrm{J}) \tag{2.1}$$

对于惯量为 $I(\mathrm{kg\cdot m^2})$的系统，当以角速度 ω(rad/s)围绕重心旋转时，其动能为

$$E_K=\frac{I\omega^2}{2}\ (\mathrm{J}) \tag{2.2}$$

在加速度为 $g(\mathrm{m/s^2})$的重力场中，位于高度 z(m)处的质量为 m(kg)的物体的势能为

$$E_P=mgz\ (\mathrm{J}) \tag{2.3}$$

当弹性系数为 k(N/m)的弹簧的形变为 x(m)时，弹簧所存储的势能为

$$E_P=\frac{kx^2}{2}\ (\mathrm{J}) \tag{2.4}$$

高温高压流体
静翼
功
L
动翼
低温低压流体

图 2.3　开口系统(定常流动系统)

2.1.4　能量的宏观及微观形态(macroscopic and microscopic forms of energy)

对大多数由分子等粒子所构成的系统，从系统外部的坐标系来看，系统运动时所具有的宏观能量正如前面所表示的**系统的动能及势能**一样。另一方面，构成系统的粒子间存在相互作用及微观层面上的运动，这是**粒子微观形态**的能量。

例如，如图 2.5(a)所示，在高压容器中的气体分子以非常高的速度撞击叶轮，由于合力为 0，因此叶轮并不旋转。但是，当使用喷嘴使气体分子在宏观层面上向同一个方向流动时，如图 2.5(b)所示，就可以使得叶轮进行旋转。像容器中的气体分子那样，系统整体并不运动，**由于粒子间受到相互作用及运动而具有的以势能形式所储存的微观形态的能量称为内能(internal energy)**。

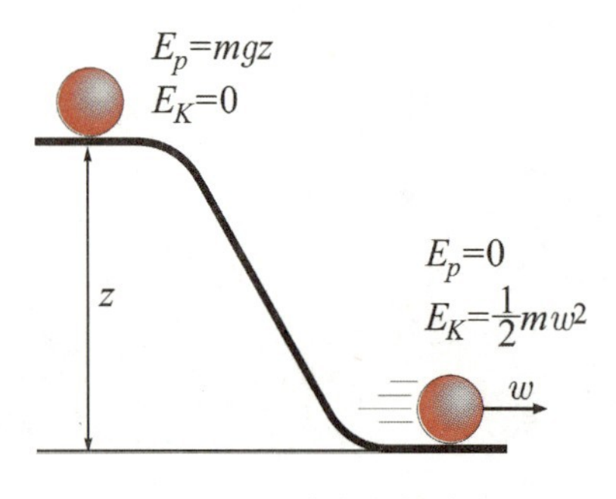

图 2.4　动能及势能

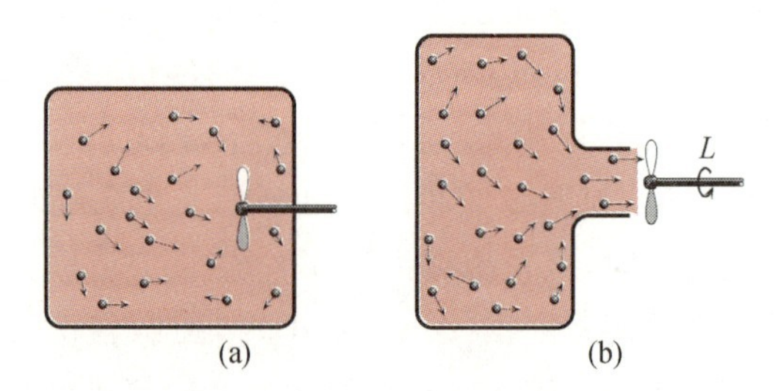

图 2.5　高压容器内气体的微观及宏观能量

2.1.5 内能(internal energy)

构成物质的粒子所具有的微观形态的能量叫做内能,其具有多种形式。如图 2.6 所示,气体分子具有平移运动的动能及旋转运动的动能,固体分子具有振动的动能。对于金属固体而言,分子振动能量和自由电子的动能各有相互作用并共存。如果这些内能增大,导致系统温度升高,这种分子的微观动能就称为**显热**(sensible heat)。

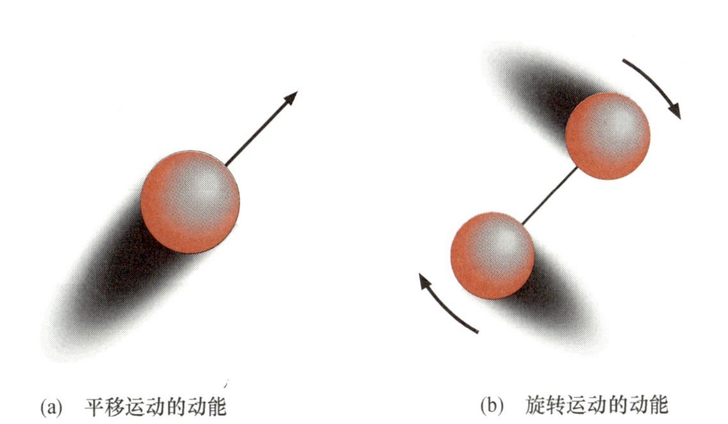

(a) 平移运动的动能　　(b) 旋转运动的动能

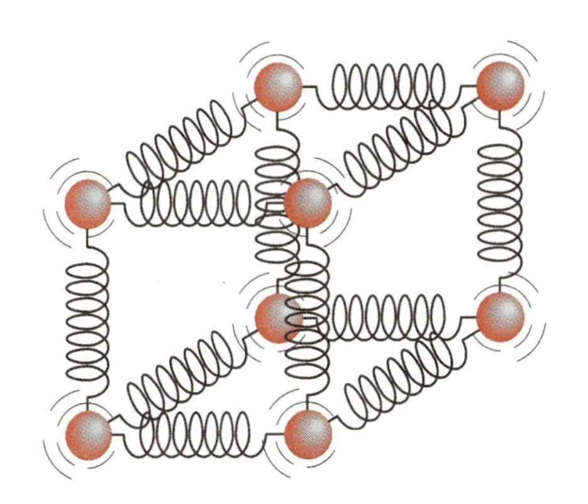

(c) 振动的动能和势能

图 2.6 分子的微观能量

当液体蒸发时,使处于束缚状态的分子变为自由运动是需要能量的。如图 2.7 所示,相同温度的液体和气体的内能也不相同。因此,在等温等压条件下,固体、液体、气体等发生**相**(phase)变时所伴随的内能变化,称为**潜热**(latent heat)。

其他的内能还有与分子聚合相关的**化学能**(chemical energy)以及和原子聚合、分裂有关的**核能**(nuclear energy)等。与**粒子微观运动及粒子间的势能**和相变有关的能量,也即与显热和潜热相关的内能等,在机械工程学中大多称为**热能**(thermal energy)。

*2.2 热力学的微观解释 (microscopic understanding of thermodynamics)

2.2.1 质点系统的内能(internal energy of point-mass system)

现在,考察一个由 N 个粒子构成的系统,各自的位置矢量和速度矢量用 $\vec{x}_i, \vec{v}_i (i=1,2\cdots,N)$ 表示。为了简化起见,仅考虑单原子气体(mono-atomic gas)分子的平移运动,则系统整体的质量和重心的坐标分别为

$$M = \sum_{i=1}^{N} m_i, \ \vec{X} = \sum_{i=1}^{N} m_i \vec{x}_i / M \tag{2.5}$$

以重心为原点的相对坐标系中,粒子的相对坐标和相对速度分别为

$$\vec{x'}_i = \vec{x}_i - \vec{X}, \ \vec{v'}_i = \vec{v}_i - \vec{V} \tag{2.6}$$

此处,$\vec{V} = \mathrm{d}\vec{X}/\mathrm{d}t$。从式(2.5)及式(2.6)可以得到

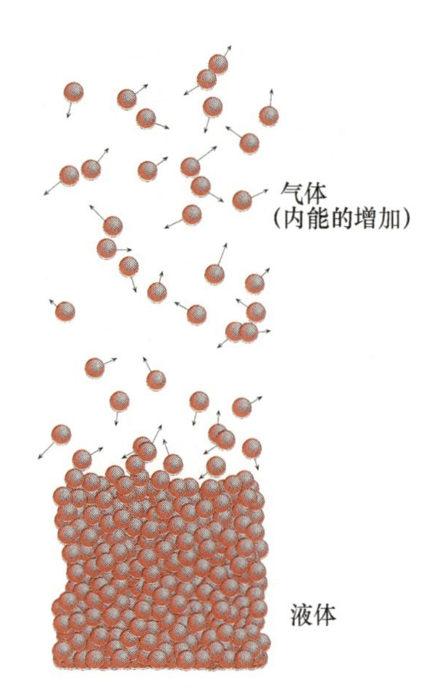

图 2.7　温度相同饱和状态的液体和气体的内能

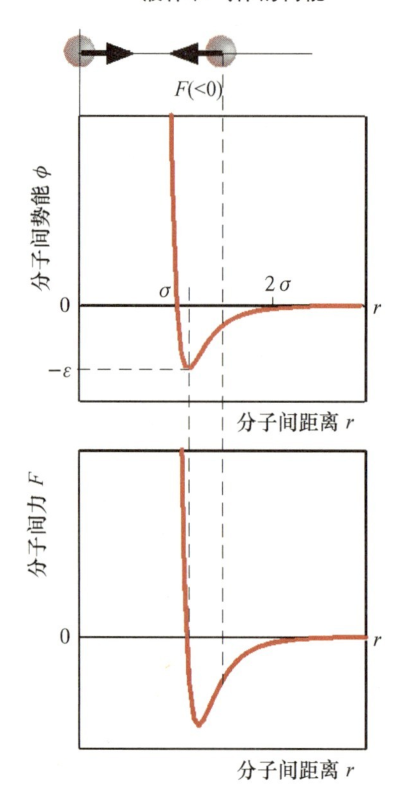

$F=-\frac{\partial\phi(r)}{\partial r}$

$\phi(r)=4\varepsilon\left\{\left(\frac{\sigma}{r}\right)^{12}-\left(\frac{\sigma}{r}\right)^{6}\right\}$

(以氩为例，

$\sigma=0.3418\,\mathrm{nm}$，$\varepsilon/k=124\,\mathrm{K}$)

图 2.8　分子间势能和分子间作用力

$$\sum_{i}^{N}m_i\vec{v}'_i/M=0 \tag{2.7}$$

系统所具有的全部动能为

$$E_K=\sum_{i=1}^{N}\frac{1}{2}m_i\vec{v}_i\cdot\vec{v}_i=\sum_{i=1}^{N}\frac{1}{2}m_iv_i^2 \tag{2.8}$$

式中 $\vec{v}_i\cdot\vec{v}_i$ 表示矢量的点积。将式(2.6)代入得到，

$$E_K=\frac{1}{2}V^2\sum_{i=1}^{N}m_i+\sum_{i=1}^{N}\frac{1}{2}m_iv'^2_i+\vec{v}\sum_{i=1}^{N}m_i\vec{v}'_i \tag{2.9}$$

从式(2.7)可知，式(2.9)右边第3项为0，因此有

$$E_K=\frac{1}{2}MV^2+\sum_{i=1}^{N}\frac{1}{2}m_iv'^2_i \tag{2.10}$$

式(2.10)右边第1项为宏观运动动能，第2项为内能。

像固体中的分子那样，在粒子间存在势能的场合下，由于力的作用与反作用，两个粒子间的相互作用大小相等、方向相反。根据这个关系，可以将受到外力作用的粒子系统的宏观势能和粒子内能分离开来。

2.2.2　分子运动和物质的状态及相变(molecular motions, states of matter and phase changes)

从构成物质的分子的运动角度对气体、液体和固体的性质进行解释的理论称为**分子运动论(kinetic theory)**。

分子的大小尺寸约为0.3 nm(3×10^{-9} m)(其质量约为10^{-27} kg)，分子间有电磁引力和排斥力的作用。这种**分子间作用力(intermolecular force)**以势能的形式进行表述，称为**分子间势能(intermolecular potential)**。此外，使得分子间产生如此作用的称为**分子间相互作用(interaction between molecules)**。图2.8中所示为两个单原子分子间起作用的分子间势能和分子间作用力。分子间距离大时分子间作用力为引力(势能曲线斜率为正)，分子彼此靠近时分子间作用力为斥力(斜率为负)。对固体和液体而言，分子间距离小(约为0.5 nm)，从而分子间相互作用力大，而对于气体，分子间的距离为数纳米，除了分子间彼此碰撞之外，其相互作用力很小。

对固体而言，分子在称为“格子点”的位置上有规律地排列(晶格)，分子和分子可以用如图2.6(c)所示的非线性弹簧连接的模型来描述。分子以格子点为中心进行无规则的振动运动。如果是热振动，那么通过振动能量可以求得固体的温度。温度升高则分子振动加大，直到有规律的晶格构造难以维持。其结果是从固体向液体发生相变(熔化)。此时为增加分子间距离需要能量(**熔解热(heat of fusion)**)以达到高的势能状态。同时对多原子分子而言，不仅存在振动运动还有可能具有旋转运动，因此可以以两种运动形态保持能量。据此，从固体变化为液体时，一般必须加入热量。此外，通过构成系统的分子群的振动运动和旋转运动的能量可以求得液体的温度。

进一步升高温度，如果获得了克服分子间作用力的运动能量，分子就有可能从如图 2.8 所示的势能陷阱中逃离出来。这就是液体向气体的相变(蒸发)，此时所必需的能量称为**汽化潜热**(heat of evaporation)，也叫蒸发热。

蒸发使平移运动的气体分子具有平移运动能量(多原子分子还需加上旋转运动能量)，其中，气体分子群的无规则平移运动能量(式(2.10)右边第 2 项，右边第 1 项表示气体的流速，与气体温度无关)与气体的温度有关。

下面，以气体为对象来考察分子运动论，称为**气体分子运动论**(kinetic theory of gases)。为简单起见，以单原子气体为研究对象。气体分子简化为质点(质量为 m)，相互间的碰撞为完全弹性碰撞，同时除碰撞之外的分子间相互作用力均加以忽略，从而对气体分子的运动可用质点系统力学进行描述。

考虑一个边长为 L 的立方体容器中的气体，将立方体的 3 条边分别定义为 x,y,z 轴。气体分子的数目为 N，某时刻分子 i 的速度用 $V_i(u_i,v_i,w_i)$ 表示，因此式(2.11)成立。

$$V_i^2=u_i^2+v_i^2+w_i^2 \tag{2.11}$$

当此分子向垂直于 x 轴的壁面碰撞时，分子在 x 轴方向上的动量为了从 mu_i 变为 $-mu_i$，壁面需要予以 $2mu_i$ 的冲量 $F_x\cdot t$。由于此分子在 $2L/u_i$ 的时间内在容器的 x 方向上往复运动，因此可以估算出 1s 内碰撞的次数为 $u_i/2L$。从而，单位时间内壁面所受到的力为 $F_x=2mu_i\times u_i/2L=mu_i^2/L$。从所有分子的角度来考虑，压力(单位面积上的作用力)为

$$p_x=\frac{1}{L^2}\sum_{i=1}^{N}\frac{mu_i^2}{L}=\frac{1}{L^3}\sum_{i=1}^{N}mu_i^2 \tag{2.12}$$

同样，在 y 轴方向，z 轴方向有

$$p_y=\frac{1}{L^2}\sum_{i=1}^{N}\frac{mv_i^2}{L}=\frac{1}{L^3}\sum_{i=1}^{N}mv_i^2 \tag{2.13}$$

$$p_z=\frac{1}{L^2}\sum_{i=1}^{N}\frac{mw_i^2}{L}=\frac{1}{L^3}\sum_{i=1}^{N}mw_i^2 \tag{2.14}$$

当分子进行无规则的平移运动时，对一个很大数目的 N 有下式成立

$$\begin{aligned}\sum_{i=1}^{N}mu_i^2&=\sum_{i=1}^{N}mv_i^2=\sum_{i=1}^{N}mw_i^2=\frac{1}{3}\sum_{i=1}^{N}mV_i^2=\frac{1}{3}mN\left(\frac{1}{N}\sum_{i=1}^{N}V_i^2\right)\\&=\frac{1}{3}Nm\bar{V}^2\end{aligned} \tag{2.15}$$

这里，运用**均方根速度**(mean square velocity) $\bar{V}^2=\frac{1}{N}\sum_{i=1}^{N}V_i^2$，可以得到压力 p 为

$$p=p_x=p_y=p_z=\frac{Nm\bar{V}^2}{3L^3}=\frac{Nm\bar{V}^2}{3V} \tag{2.16}$$

(其中 $V=L^3$ 为容器的体积。)考虑 1 个分子的动能为 $e_k=\frac{1}{2}m\bar{V}^2$，则式(2.16)变为

$$pV=\frac{Nm\bar{V}^2}{3}=\frac{2}{3}N\left(\frac{1}{2}m\bar{V}^2\right)=\frac{2}{3}Ne_k \tag{2.17}$$

1 mol 的分子个数为**阿伏伽德罗常数**(Avogadro's number),用 N_A 表示,容器内的气体的物质的量即为 $n=N/N_A$(物理常数如表 2.1 所示),则

表 2.1　物理常数

阿伏伽德罗常数
$N_A=6.022\times10^{23}$ 1/mol
理想气体常数
$R_0=8.314$ J/(mol·K)
玻尔兹曼常数
$k=1.381\times10^{-23}$ J/K

$$pV=\frac{2}{3}Ne_k=\frac{2}{3}nN_Ae_k \tag{2.18}$$

现假定分子的动能和平均温度 T 成比例关系,可以得到式(2.19)

$$e_k=\frac{3}{2}kT \tag{2.19}$$

于是式(2.18)就可以改写为

$$pV=\frac{2}{3}nN_A\frac{3}{2}kT=nN_AkT=nR_0T=nMRT \tag{2.20}$$

式中 M 是为气体的分子量。这里所使用的 R_0 称为**普适气体常数**(universal gas constant),和气体的种类无关,其数值为 8.314 J/(mol·K)。主要理想气体的分子量和气体常数如表 2.2 所示。其中,$R=R_0/M$(J/(kg·K))为普适气体常数除以气体分子量,称为**气体常数**(gas constant)。另外 $k=R_0/N_A$ 为普适气体常数除以阿伏伽德罗常数,表示一个分子的气体常数,即**玻尔兹曼常数**(Boltzmann's constant)。

表 2.2　主要理想气体的分子量和气体常数

气体	分子量 M	气体常数 R (J/(kg·K))
Ar	39.948	208.12
He	4.0030	2076.9
H_2	2.0160	4124.0
N_2	28.013	296.79
O_2	31.999	259.82
air	28.970	286.99
CO_2	44.010	188.91
H_2O	18.015	461.50
CH_4	16.043	518.23
C_2H_4	28.054	296.36

综上所述,通过气体分子运动论可以导出理想气体的状态方程,从宏观层面上的热力学可以得到基于微观理论的分子运动论的支持。在以下的章节中,我们将再次回到从宏观热力学的角度来考察问题。

2.3　温度与热平衡(热力学第零定律)(temperature and thermal equilibrium (the zeroth law of thermodynamics))

2.3.1　热平衡(热力学第零定律)(thermal equilibrium, the zeroth law of thermodynamics)

我们对用温度作为指标来表示物体冷热状态非常熟悉。另外,当两个温度不同的物体接触时,从经验可以知道高温的物体温度降低而低温的物体温度升高,经过足够长的时间后,两个物体的温度就会变得相同。此时,可以理解为热量从高温的物体向低温的物体传递,最终达到相同的温度。

若孤立系统放置很长时间,系统的温度不随时间发生变化,则这种状态称为**热平衡**或者**温度平衡**(thermal equilibrium)。将两个系统(系统 1 和系统 2)相接触作为一个孤立系统考虑时,经过足够长的时间后,同样会达到热平衡状态。在这种情况下,系统 1 和系统 2 具有各自的热平衡状态,即使将两个系统间的接触切断,任何一个系统也不会发生变化。由此可知,以下的**热力学第零定律**(the zeroth law of thermodynamics)成立:

> 系统 1 和系统 3 达到热平衡,若系统 2 和系统 3 存在热平衡,则系统 1 和系统 2 达到热平衡(如图 2.9 所示)。

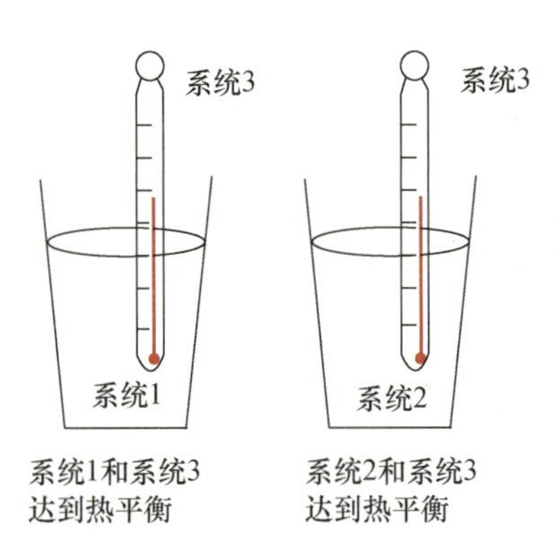

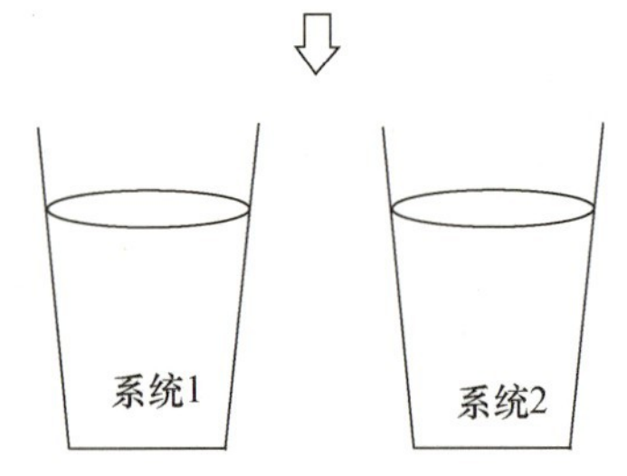

图 2.9　热力学第零定律

2.3.2 温度(temperature)

对于热平衡，可以理解为与系统变化的路径无关，只与系统现在的状态有关的某种物理量达到了相等的状态。

温度(temperature)是定义热平衡的状态量，系统 1 和系统 2 达到相同的温度，这些系统就达到了热平衡状态。根据前文所讲的热力学第零定律，系统 3 可以说是起到了温度计(thermometer)的作用。

热力学第零定律表示了温度的存在性，但对其标准却没有具体说明。从热力学上来说，温度的定义有理想气体温度和热力学温度，下面就对其在理论上的一致性加以说明。

一般来说，气体在高温低压(小于大气压的压力，远离液化点温度)时，可以适用于玻义耳-马略特定律。一定质量的气体，在体积一定的条件下，温度发生变化时，根据所测量的压力可以作出温度(T)-压力(p)的曲线，如果将此曲线向低温端外延，那么无论哪种气体，在某个温度时，压力总会变为零。以此温度作为基点，把水的三相点(triple point)(在第 6 章和第 9 章中会对三相点进行讲述)规定为 273.16 K 的温标称为理想气体温标。

另外，从理论上可以导出与物质的性质无关的温度定义，称之为热力学温度(thermodynamic temperature)，它的细节在后面的章节进行介绍。由于理想气体温度的基点是理论上的最低温度(绝对零度)，用其作为基点的温度称为绝对温度(absolute temperature)。绝对温度 T 的单位用开尔文(K)表示，它和摄氏温度 t(℃)间的关系为

$$t(℃)=T(\mathrm{K})-273.15 \tag{2.21}$$

在美国还多使用华氏(Fahrenheit)温标 t_F(°F)。用华氏温标表示绝对温度 T_F 所采用的单位为°R(Rankine 温标)。它们之间的换算关系如表 2.3 所示。

表 2.3 温度换算公式

$t(℃)=T(\mathrm{K})-273.15$
$t_F(℉)=1.8t(℃)+32$
$t_F(℉)=T_F(°\mathrm{R})-459.67$
$T_F(°\mathrm{R})=1.8T(\mathrm{K})$

从微观的角度看，温度是根据构成系统的分子的不规则运动能量加以定义的。在这里，分子群的整体运动还具有宏观运动能量，把分子的不规则运动称为热运动必须明确地加以区分。例如，对由 N 个单原子分子所构成的系统(气体)，从式 2.22 可以求得绝对温度 T。

$$E_k=\sum_{i=1}^{N}\frac{1}{2}m_i v_i'^2=\frac{3}{2}NkT \tag{2.22}$$

2.4 热量和比热 (heat and specific heat)

高温系统 A 和低温系统 B 接触时，能量从高温系统向低温系统传递。此时所传递的能量称为热(heat)，但考虑其量的时候称为热量(quantity of heat)。高温系统 A 的内能的一部分以热的形态向系统 B 进行传递。

表 2.4　热容量和比热

C：热容量
c_v：定容比热
c_p：定压比热

对系统进行加热时，系统的温度升高。此时，系统的温度上升1K所需要的热量称为系统的**热容量**(heat capacity) C(J/K)，单位质量的热容量称为**比热**(specific heat) c(J/(kg·K))。比热的大小不仅和系统的温度和压力有关，和加热时的条件也有关。特别重要的是当体积一定或者压力一定条件下的比热，分别称为**定容比热**(specific heat at constant volume) c_v，**定压比热**(specific heat at constant pressure) c_p。如表2.4所示。一般来说，定压比热比定容比热大，对固体和液体而言，由于温度上升带来的体积变化很小，两者间的差别小到可以忽略的程度，可以仅使用比热 c。

表 2.5　状态量

广延量
体积(容积)：V (m^3)
内能：U (J)
焓：H (J)
熵：S (J/K)

强度量
温度：T (K)
压力：p (Pa)
比体积：v (m^3/kg)
密度：ρ(kg/m^3)

2.5　状态量(quantity of state)

包括温度等在内的系统的表征量不发生变化时称为热力学的平衡状态。有关热力学平衡将在3.3节中讲述。为了对系统现在所处的状态进行描述，一般需要考虑系统经历了怎样的变化到达现在的状态。例如考察处于非平衡状态的系统时，现在的状态和系统所经历的过程之间具有很强的联系。但是，对于处于热力学平衡态的系统，只需通过现在所处状态定义的物理量就可以进行表示。这样的物理量称为**状态量**(quantity of state)。温度 T(K)、压力 p(Pa)、体积(容积)V(m^3)、密度 ρ(kg/m^3)、内能 U(J)、焓 H(J)、熵 S(J/K)等都属于状态量。

例如系统的质量增加到2倍时，所伴随的容积、内能等状态量也相应地增加到2倍，这称为**广延量**(extensive quantity, extensive property)。另外，温度、压力等与系统的质量无关的量称为**强度量**(intensive quantity, intensive property)。如表2.5所示。对于广延量，例如比容积，可以用单位质量的量来表示。此时，在这些物理量的前面加上"比(specific)"字，多用小写的符号表示。例如，**比体积(比容积)**(specific volume) v(m^3/kg)、**比内能**(specific internal energy) u(J/kg)等。**密度**(density) (kg/m^3)为单位体积的质量，比体积 v 和密度的关系为$\rho=1/v$。

以下所涉及的单位质量的物理量均用小写符号表示，如表2.6所示。

表 2.6　单位质量物理量

v：比体积(比容积)
u：比内能
h：比焓
s：比熵

2.6　单位制和单位(system unit, unit)

国际单位制(The International System of Units, SI)是在1960年由国际度量衡协会所采用的米制标准单位制。以前米制单位制、MKS单位制、CGS单位制及工程单位制等多种单位制均可以使用，现在国际上逐渐趋向于使用国际单位制。但是，由于单位制与人们长时间的使用习惯有关系，现在工程单位制在一些国家和产业界仍然有使用，并没有实现完全向国际单位制(SI)的过渡。

2.6.1　SI(the international system of units)

SI由基本单位、辅助单位、导出单位组成。SI单位由这些单位加上前缀所构成。SI单位为10的整数次方进制。SI的构成如图2.10所示。

同时，基本单位和辅助单位示于表 2.7 和表 2.8。除此以外的量是根据物理定律由基本单位和辅助单位所推导出的导出单位来计量的。导出单位中有具有专门名称的单位（如力的单位为牛顿，压力的单位为帕斯卡等）和无专门名称的单位（如黏度的单位为帕斯卡・秒等）。具有专门名称的导出单位如表 2.9 所示。

SI 由 SI 前缀按照 10 的整数次方所构成。SI 前缀如表 2.10 所示。

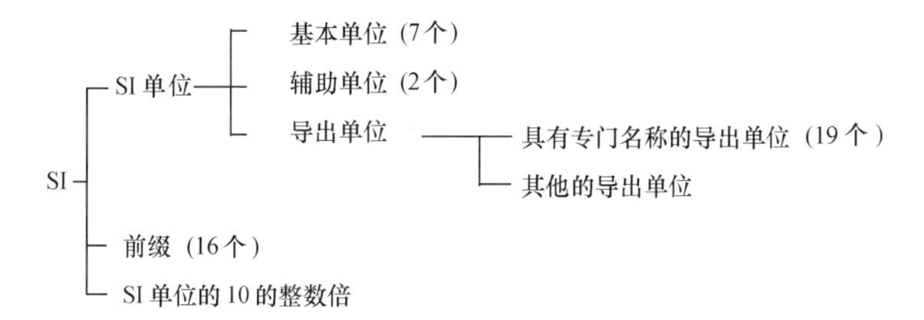

图 2.10 SI 的构成

表 2.7 SI 基本单位

量	名称	符号
长度	米	m
质量	千克	kg
时间	秒	s
电流	安[培]	A
热力学温度	开[尔文]	K
物质的量	摩[尔]	mol
发光强度	坎[德拉]	cd

表 2.8 SI 辅助单位

量	名称	符号
平面角	弧度	rad
立体角	球面度	sr

表 2.9 SI 导出单位

量	名　称	符　号	定　义
频率	赫兹	Hz	s^{-1}
力	牛顿	N	$kg \cdot m/s^2$
压力、应力	帕斯卡	Pa	N/m^2
能量、功、热量	焦耳	J	N・m
功率、辐射通量	瓦特	W	J/s
电量、电荷	库仑	C	A・s
电压、电位	伏特	V	W/A
静电容量	法拉第	F	C/V
电阻	欧姆	Ω	V/A
电导	西门子	S	A/V
磁通量	韦伯	Wb	V・s
磁通量密度	特斯拉	T	Wb/m^2
电感	亨利	H	Wb/A
摄氏温度	摄氏度	℃	t ℃=(t+273.15) K
光通量	流明	lm	cd・sr
照度	勒克斯	lx	lm/m^2
放射性活度	贝可勒尔	Bq	s^{-1}
吸收剂量	戈瑞	Gy	J/kg
剂量当量	希沃特	Sv	J/kg

表 2.10 SI 前缀

倍数	前缀	符号
10^{18}	艾	E
10^{15}	拍	P
10^{12}	太	T
10^{9}	吉	G
10^{6}	兆	M
10^{3}	千	k
10^{2}	百	h
10^{1}	十	da
10^{-1}	分	d
10^{-2}	厘	c
10^{-3}	毫	m
10^{-6}	微	μ
10^{-9}	纳	n
10^{-12}	皮	p
10^{-15}	飞	f
10^{-18}	阿	a

表 2.11 和 SI 可以并用的单位

名 称	符 号	SI 单位换算
分	min	1 min=60 s
时	h	1 h=60 mins
日	d	1 d=24 h
度	°	1°=(π/180) rad
分	′	1′=(1/60)°
秒	″	1″=(1/60)′
升	l, L	1 L=10^{-3} m^3
吨	t	1 t=10^3 kg

名 称	符 号	定 义
电子伏特	eV	1.602 19×10^{-19} J
原子质量单位	u	1.660 57×10^{-27} kg

另外，在SI中，对某一物理量，原则上只用一个单位表示，到目前为止惯用的一些单位也允许使用。这些单位如表2.11所示。

2.6.2 SI 以外的单位制和单位(other system of units)

SI是一种以长度、质量和时间作为基本的绝对单位制，一方面，存在以长度、力、时间作为基本量建立的单位制，这称为工程单位制。在这种单位制中，由于采用单位质量物体所受重力作为力的单位，因此此单位制也称为重力单位制。典型的代表有米制工程单位、美国现在仍采用的USCS(the United States Customary System)单位制等。在米制工程单位中，所使用的单位是：长度为米(m)，力为千克力数或者千克重量(kgf, kgw)，时间为秒(s)。在USCS单位制中，所使用的单位是：长度为英尺(ft)，力为磅重量(lbf)，时间为秒(s)。再有，以前的工程学中，公斤重量(kgf, kgw)也有仅采用公斤(kg)进行表示的，请注意不要将重量和质量相混淆。

SI暂时维持的主要单位如表2.12所示，其他一般不推荐使用的单位如表2.13所示。

表 2.12 SI 暂时维持的主要单位

名 称	符 号	SI 单位的值
埃	Å	1Å=10^{-10} m
巴	bar	1 bar=10^5 Pa
公亩	a	1 a=10^2 m^2
公顷	ha	1 ha=10^4 m^2

表 2.13 其他一般不推荐使用的单位

名 称	符 号	SI 单位的值
托	Torr	1 Torr=133.3 Pa
标准大气压	atm	1 atm=101 325 Pa
卡	cal	1 cal_{IT}=4.186 8 J 1 cal_{15}=4.1855 J
千克力 千克重量	kgf, kgw	1 kgf=9.806 65 N
微米	μm	1 μm=10^{-6} m

下面对主要物理量的定义进行详述。

力(N)

SI中质量为1 kg的物体在加速度为1 m/s^2时的力定义为1牛顿(N)。米制工程单位中质量为1 kg的物体所受到的重力为1 kgf，USCS单位制中1磅的物体所受到的重力定义为1 lbf。

压力，应力(Pa)

压力定义为单位面积在法线方向上的受力。SI单位为N/m^2，特称为帕斯卡(Pa)。10^5 Pa称为bar，在SI中允许临时维持使用。以前的单位是根据标准重力场中长度为760 mm的标准密度水银柱的底面所受到的压力进行定义的大气压(atm),以及1 mm高水银柱表示的托(Torr (=mmHg)),SI中避免使用以前的单位,推荐使用SI单位制。不过,一般情况下,压力计所表示的多是与大气压的压差,称为表压计(gauge pressure),在单位的后面加上g表示。再有,以绝对真空为基准的时候,压力称为绝对压力(absolute pressure),特别表明绝对压力时在单位后面加上a表示,多数情况下均加以省略。需要注意的是在热力学中所使用的压力为绝对压力。

能量 (J)

SI中物体在1 N的力的作用下沿着力的方向前进1 m时所做的功作为能量单位,称为1焦耳(J=(N·m))。SI中功和热量的单位都用焦耳(J)表示,以前热量的单位用卡(cal)表示。根据定义,有5种卡的单位(国际卡路里(cal_{IT}),15度卡路里(cal_{15})等),各值略有不同。热工学中一般使用国际卡路里单位。米制工程单位中能量的单位为kgf·m,USCS单位制中能量的单位为lbf·m。

功率(W)

单位时间内所做的功称为功率。其单位为J/s,特称为瓦特(W)。惯用的单位为马力。马力的单位分为两种,1秒内75 kgf·m所产生的功率为米制马力(1 PS=0.7355 kW)以及1秒内550 ft·lbf所产生的功率为英制马力(1 HP=0.746 kW)。用马力表示时,通常使用HP表示,而米制马力表示为PS。

压力、能量、功率的物理量单位如表2.14所示。

表2.14 物理量单位

物理量	单位换算
压力	$1\,atm = 1.013\times10^5$ Pa
	=1013 hPa
	=1.013 bar
	=1013 mbar
	=760 Torr
能量	$1\,cal_{IT}=4.1868$ J
	$1\,cal_{15}=4.1855$ J
功率	1 PS=0.7355 kW
	1 HP=0.746 kW

练习题

【2.1】 A 5 kg object is subjected to an upward force of 60 N. Determine the acceleration of the object in m/s^2. The acceleration of gravity is assumed to be 9.8 m/s^2.

【2.2】 Convert the following pressures:

(a) 2 atm to MPa

(b) 2 atmg to MPa

(c) 3 bar to psi

【2.3】 安装在真空容器上公称直径为150的真空法兰(直径为235 mm)上,如图2.11所示,试求由于容器内外压差所导致的力F。此法兰的适用外径为165.2 mm,管壁厚度为2 mm。同时,容器上受到大气压p_0的作用,真空容器内部的压力p可以忽略不计。

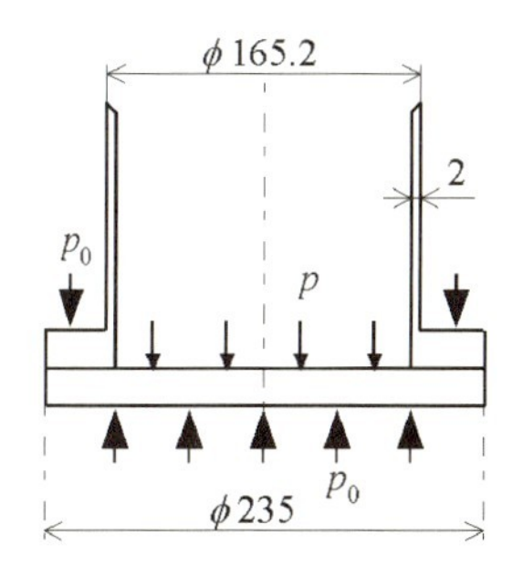

图2.11 真空法兰

【2.4】 当温度处于室温时，气体分子平均平移动能为$\frac{3}{2}kT$（k：Boltzmann常数）。根据此试求300 K时(a) H_2，(b) N_2，(c) CO_2 等分子的平均平移速度。

【答案】

2.1 2.2 m/s^2

2.2 (a) 0.203 MPa (b) 0.304 MPa (c) 43.5 psi

2.3 2068.0 N

2.4 (a) H_2：1926.6 m/s (b) N_2：516.8 m/s (c) CO_2：412.3 m/s

第 3 章

热力学第一定律

The First Law of Thermodynamics

3.1 热与功（heat and work）

3.1.1 热(heat)

热(heat)定义为从高温物体向低温物体传递的一种能量形式。

热是通过温差传递能量的，处于热平衡(thermal equilibrium)的物体之间没有热的传递。也就是说，热是通过传热移动物体内部能量的(也称热能)。如图 3.1 所示，传热的形式包括导热(heat conduction)、对流换热(convective heat transfer)、热辐射(radiative heat transfer)。

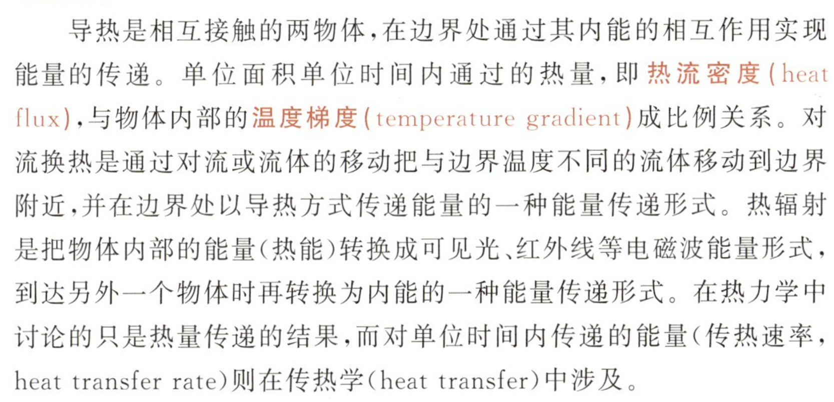

导热是相互接触的两物体，在边界处通过其内能的相互作用实现能量的传递。单位面积单位时间内通过的热量，即热流密度(heat flux)，与物体内部的温度梯度(temperature gradient)成比例关系。对流换热是通过对流或流体的移动把与边界温度不同的流体移动到边界附近，并在边界处以导热方式传递能量的一种能量传递形式。热辐射是把物体内部的能量(热能)转换成可见光、红外线等电磁波能量形式，到达另外一个物体时再转换为内能的一种能量传递形式。在热力学中讨论的只是热量传递的结果，而对单位时间内传递的能量(传热速率，heat transfer rate)则在传热学(heat transfer)中涉及。

物体即使放置在与其有温差存在的周围环境中，也没有传热发生的系统称为绝热系统(adiabatic system)，其边界称为绝热边界(adiabatic wall)。不是绝热边界的称为透热边界(diathermal wall)。

用绝热材料，即导热特别差的物质覆盖物体，与其他能量传递形式相比，通过边界的热量显著小时，可以近似认为是绝热状态。

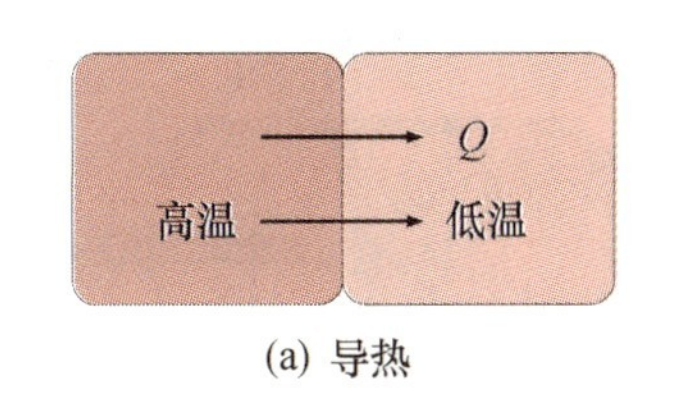

(a) 导热

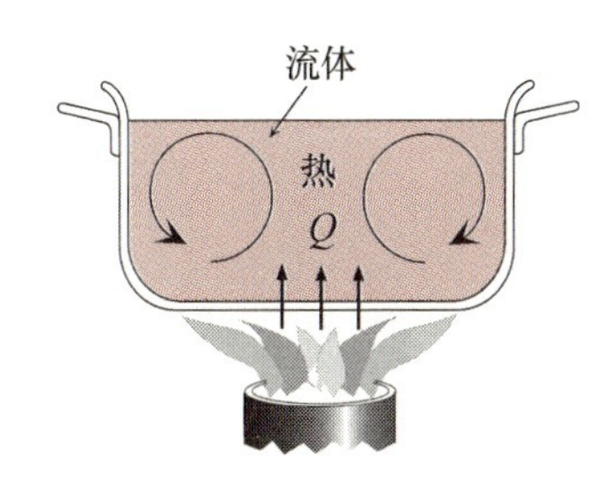

(b) 对流换热

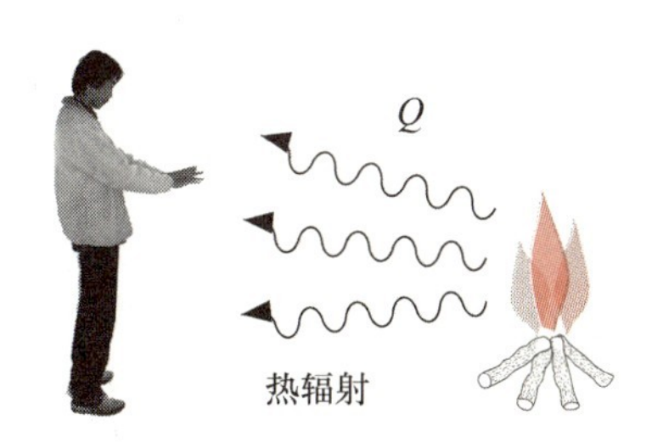

(c) 辐射换热

图 3.1 热传递的形式

3.1.2 功(work)

如图 3.2 所示，若把人看成是物体，沿着物体方向，在力的驱动作用点处有外力的作用，通过抵抗这一外力，作用点移动了 x(m)距离时，那么，物体对其周围做的功(work)为：

$$L = Fx \ (\mathrm{J}) \tag{3.1}$$

如图 3.3 所示，以一个活塞气缸与工作介质构成的物体为例。如外力保持不变，通过对功的微小量 dL 从状态 1 到状态 2 的积分，可以得到活塞由于向外侧的移动对周围环境所做的功：

$$L_{12} = \int_1^2 F\mathrm{d}x \ (\mathrm{J}) \tag{3.2}$$

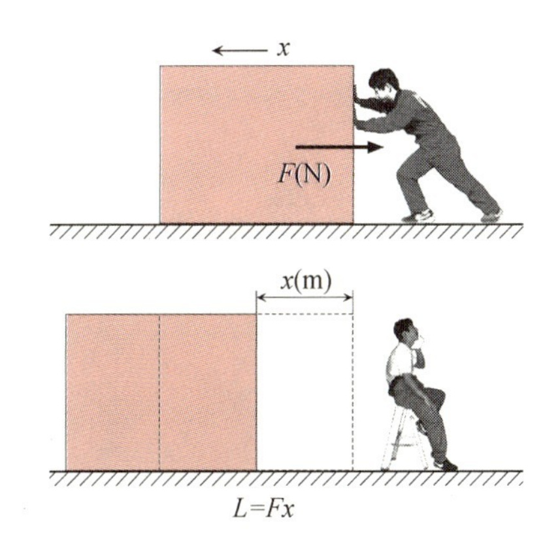

图 3.2 功

为了对上式进行积分，需要已知从状态1到2的过程中，使其位置发生改变的力是如何变化的。如图3.3所示的情况下，与气缸内部压力对应的力为 $F=pA$。

图 3.3　移动边界做功

当系统对周围环境**做功时，必要条件是作用点上有作用力的存在，同时作用点有移动的位移**。例如，当系统通过其边界做功时，边界上要有作用的力存在，而且其边界要有移动。必须注意的是当系统为没有力作用下的真空状态时，即使有边界的移动，系统也没有对周围做功。也就是说，气体向真空自由膨胀时，气体对真空的周围没有做功。

功可以根据作用点力的形式不同分为**机械功**(mechanical work)与电磁力作用的**电功**(electrical work)等。由于功是能量的一种形式，机械功如2.1.3节所描述也对应的一定的量。也就是说，如图3.3所示，除了闭口系统由于抵抗外力在其体积发生变化时所做的移动边界功(boundary work)之外，还有如图3.4所示的为了抵抗重力作用的重力功(gravitational work)，以及使系统的速度发生变化的加速度功(accelerational work)，抵抗轴扭矩使其旋转所做的轴功(shaft work)。如图3.4(d)所示的那样，当弹簧变形时，弹簧功(spring work)将作为势能的形式储存起来。**电功**可以表述为电子在电压为 V(V)的作用下移动所做的功。

在机械学科中，使用单位时间内的功和热，即功率(power) $\dot{L}=\mathrm{d}L/\mathrm{d}t$(W 或 J/s)及热流密度 $\dot{Q}=\mathrm{d}Q/\mathrm{d}t$(W 或 J/s)的情况较多。

另外，在机械学科中，经常把机械或机械主要部件当做一个系统来处理，习惯上称流入系统的热量为正，系统对外界所做的功定义为正。

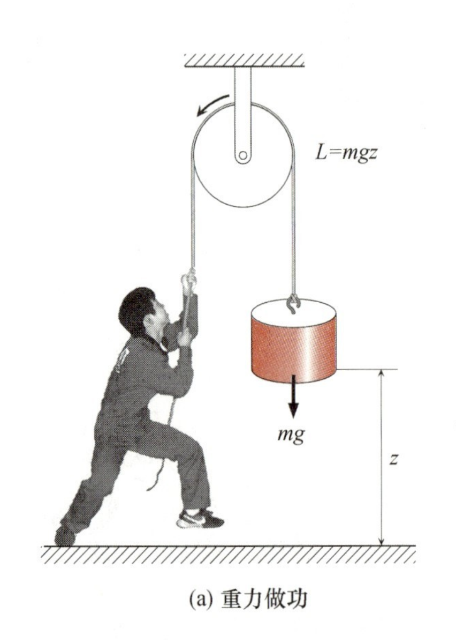

(a) 重力做功

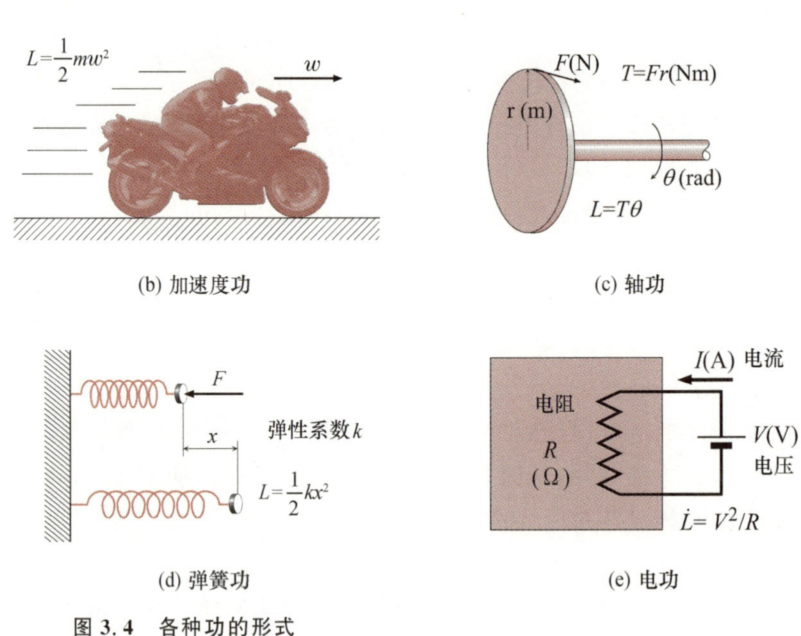

(b) 加速度功　(c) 轴功

(d) 弹簧功　(e) 电功

图 3.4　各种功的形式

3.2　闭口系统的热力学第一定律(the first law applied to closed system)

以上，我们描述了功和热的各种存在形式，下面讨论能量中热和功的关系，也就是众所周知的被称为**能量守恒定律**(energy conservation law)的热力学第一定律（the first law of thermodynamics）。

如图 3.5 所示，考虑一个处于基准高度为 z_1(m)质量为 m(kg)的汽车，车轮的转动能量、车轮的摩擦，以及车体的阻力忽略不计，在没有内燃机驱动的条件下下坡，汽车在状态 1 下，只有势能，没有动能；在状态 2 时，势能和动能各一半，势能减少的部分转换为了动能；在状态 3 时，势能全部转换为动能了。

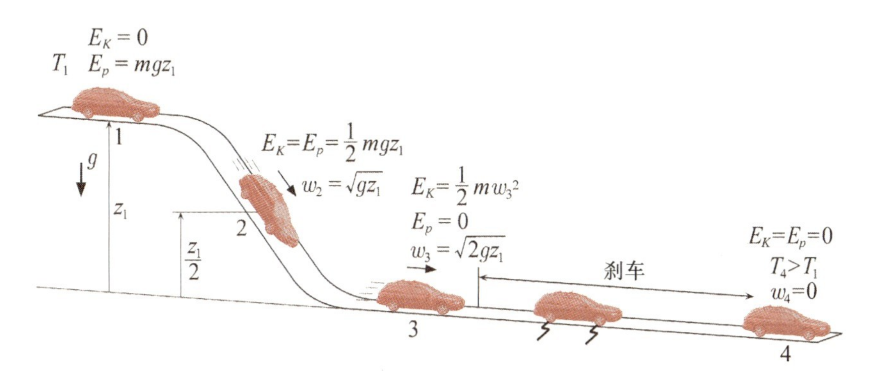

图 3.5 各种能量的转换与储存

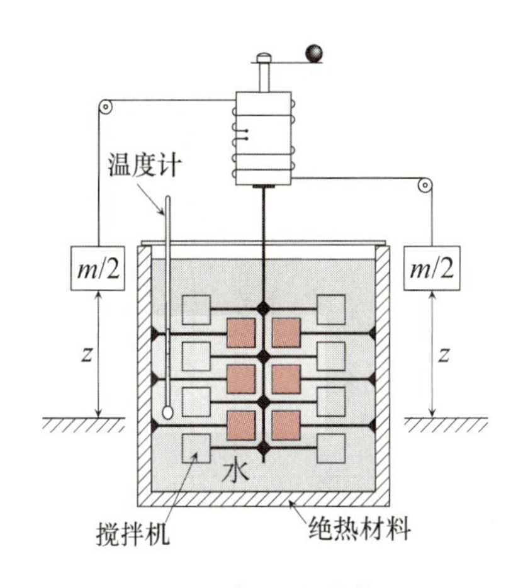

图 3.6 焦耳实验装置

接下来，汽车刹车，动能由于车闸的摩擦转换为内部的显热能，最后汽车停止不动。当汽车为绝热系统时，由于内能的增加汽车最终的温度 T_4(K)要比初始温度 T_1 增大了。

所谓焦耳(Sir James Joule)实验，如图 3.6 所示的实验装置，是通过重力功搅拌绝热状态下的水，在全部静止后测量上升的温度。达到同样的温度变化也可以通过加热手段，这表明热和功是相同的。实验表明把 1 kg 的水温度升高 1 K 要消耗 1kcal 的或 4.155 kJ 的能量。现在，1kcal 的热变换为功时是一常数，这一常数被定义为**热功当量**(mechanical equivalent of heat)，为 4.186 8 kJ。焦耳的实验是把重力功的能量转换成一种水分子微观能量形式的内能即显热，表现为水的温度上升。

由此表明，**热力学第一定律**(the first law of thermodynamics)意味着，“**热和功实质上是相同的能量形式，功可以转换为热，相反，热也可以转换为功**”。另外，根据能量守恒原理，“**系统内储存的能量总和，只要系统与其外界没有能量的交换就恒定不变，若与外界有能量交换，那么系统增加或减少的能量就是其从外界接受或向外界释放的能量**”，也就是说，“孤立系统的能量是保持不变的”。

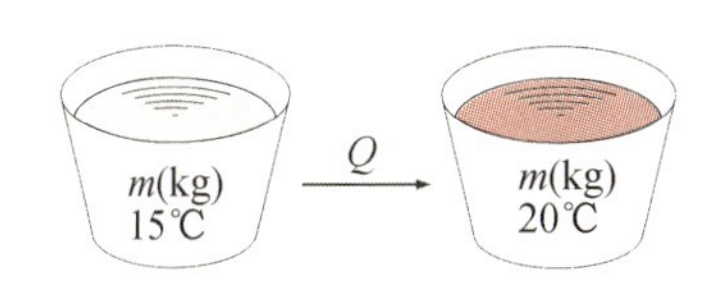

(a) 热能

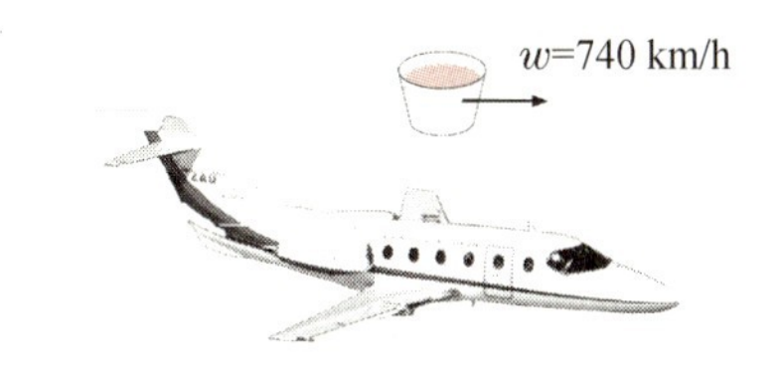

(b) 动能

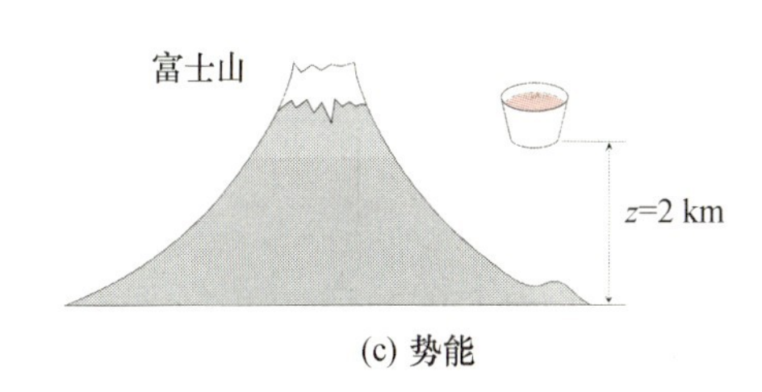

(c) 势能

图 3.7 使水温升高 5 K 的等价功

【例题 3.1】 ************************

如图 3.7 所示，把容器内质量为 m(kg)的水温升高 5 K 的热能变成等价的功，如果将水加速，那么加速后的水的流速应为多少？如果把容器升高，那么应该把容器升至多高？容器的热容量、重量和水运动时阻力可以忽略，重力加速度为 9.81 m/s^2。

【解答】 把水温升高 5 K 时需要的能量，由应与功等量的定义可知，

$$Q=4.1868\,m\Delta T=4.1868\times 5\,m=20.934\,m(\text{kJ}) \quad (\text{ex3.1})$$

通过式(2.1)等量的能量用于加速功的计算式，可知

$$v=\sqrt{2Q/m}=\sqrt{4.1868\times 10^4}=204.6\,(\text{m/s})=737\,(\text{km/h}) \quad (\text{ex3.2})$$

利用式(2.3)转换为重力功可得

$z=Q/(mg)=2.134$ km

容器升到该高度可以达到。

日常生活中给水加热所需要的能量是很庞大的。

****

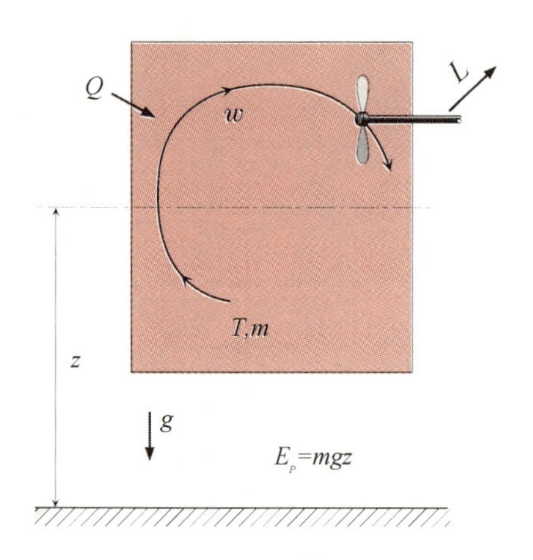

图 3.8 闭口系统的能量储存

考虑如图 3.8 所示的闭口系统，Q 是外界通过系统边界的热量，L 是系统向外界环境做的功。用 ΔE_t 表示系统内具有的全部能量(total energy)，通过系统的能量守恒定律，或者说热力学第一定律，可以表示为

$$\Delta E_t=Q-L\ (\text{J}) \quad (3.3)$$

考察一定体积内充满气体的系统，总能量是由气体分子微观运动的内能 U、气体流动的宏观动能 E_K 以及系统的势能 E_P 构成的，即总能量的变化量为

$$\Delta E_t=\Delta U+\Delta E_K+\Delta E_P\ (\text{J}) \quad (3.4)$$

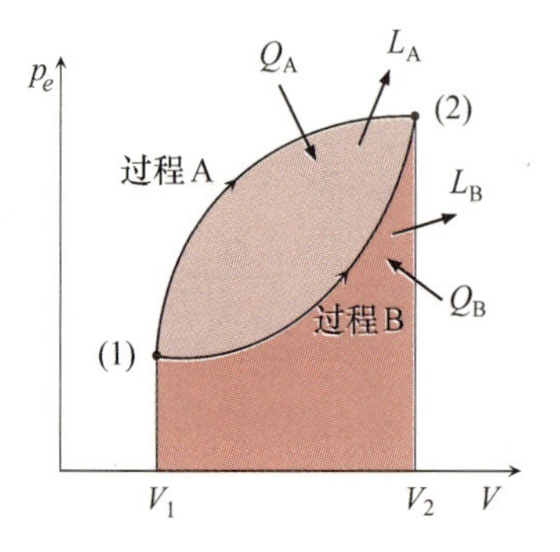

图 3.9 从状态(1)变化到状态(2)的功与热

若系统内气体流速很小，且高度的变化也可以忽略，即考虑静止的闭口系统(stationary closed system)，则热力学第一定律可以表示为

$$\Delta U=Q-L\ (\text{J}) \quad (3.5)$$

考虑单位质量的量，则式(3.5)可变为

$$\Delta u=q-l\ (\text{J/kg}) \quad (3.6)$$

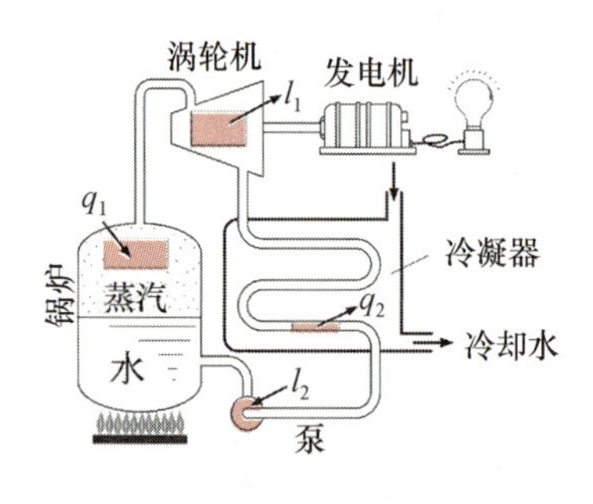

图 3.10 火力发电厂

式(3.5)及式(3.6)说明，不仅对气体，对所有的物质的闭口系统在很多场合下是成立的。然而，若气体有**自由膨胀(free expansion)**、**瞬变现象(transient phenomenon)**或者大气上升过程中的膨胀现象等，系统的动能或势能的变化就不能忽略，有必要考虑式(3.3)。

系统微小变化对应的式(3.5)及式(3.6)变为

$$\text{d}U=\delta Q-\delta L\ (\text{J}) \quad (3.7)$$

$$\text{d}u=\delta q-\delta l\ (\text{J/kg}) \quad (3.8)$$

图 3.9 显示的是气缸活塞构成的系统(如图 3.3 所示)从状态 1 变化到状态 2 的情况下，系统从外界接受的热量等。系统向外界做的功与图 3.9 中的过程 V_1-(1)-(2)-V_2 所围成的面积相等。此时，应注意到外界的压力 p_e 不一定与气缸内部工质的压力相匹配，即二者压力不一定相等。尽管从状态 1 到状态 2 变化时，流入系统的热量与向外界做的功满足式(3.5)，但具体的值不仅取决于系统的初始状态和终止状态，也和经过的路径有关，也就是说依路径 A 或路径 B 不同而不同。所以，式(3.7)中的微小变化 dU 是一状态量，d 代表热力学函数

(thermodynamic function)的微分形式,但 δQ 和 δL 不是状态量,其微小变化量是与所经过的路径有关的不完全微分。在本书中,为了简单地描述热量或功的微小变化,用符号 δ 表示。

当系统的状态经过变化再返回到原状态时的变化过程被称为一个循环(cycle)。如图 3.10 所示的火力发电厂内的循环工质(working fluid)就是水。现把单位质量的工质作为热力系来考虑。从泵出来流入锅炉的高压水,在锅炉内接受周围的热量 q_1 变成高温高压蒸汽,蒸汽在涡轮机内绝热膨胀向外界做功 l_1 后变成低温低压蒸汽,在冷凝器释放 q_2 的热量再变成水,经外界水泵输入 l_2 的功后再流入锅炉。

此时,系统吸收的(正)热量为 $q=q_1-q_2$,向外界输出的(正)功为 $l=l_1-l_2$,且经过了一个循环后返回到系统原来的状态,因此 $\Delta u=0$。所以,由式(3.6)及(3.8)得知,循环时有以下关系式成立。

$$Q=L \quad 或 \quad q=l \tag{3.9}$$

动能与势能的变化可忽略时的热力学第一定律如表 3.1 所示。

表 3.1 热力学第一定律
(动能与势能的变化可忽略的情况下)

从状态 1 到状态 2
$U_2-U_1=Q_{12}-L_{12}$
$u_2-u_1=q_{12}-l_{12}$
微小变化时
$dU=\delta Q-\delta L$
$du=\delta q-\delta l$

3.3 热力学平衡与准静态过程 (thermodynamic equilibrium and quasi-static process)

3.3.1 热力学平衡(thermodynamical equilibrium)

系统的状态与外界处于平衡而不变时,系统称为处于平衡(equilibrium),达到热平衡(thermal equilibrium)后,系统内的温度是一样的,系统内部没有热传递。系统内外的力相匹配的情况被称为力学平衡。达到力学平衡(mechanical equilibrium),系统内就没有物体的宏观运动,与外界处于力学的匹配状态。系统内物质的化学组成不变化时的稳定状态,系统内的浓度等化学成分的分布相同,此时系统被称为化学平衡(chemical equilibrium)。在饱和液与蒸气混合物(saturated liquid-liquid vapor mixture)、液体与气体等异相共存的情况下,各相的百分比保持恒定的系统称为相平衡(phase equilibrium)状态。以上所有的平衡成立时,称系统处于热力学平衡(thermodynamic equilibrium)。相反,以上的平衡当中若有一项不成立,系统即处于热力学的非平衡状态。各种平衡与热力学平衡如图 3.11 所示。应注意的是,热平衡中,由于只是考虑温度处于热力学平衡,因此还不能说明系统的瞬变现象或物质的扩散等现象。

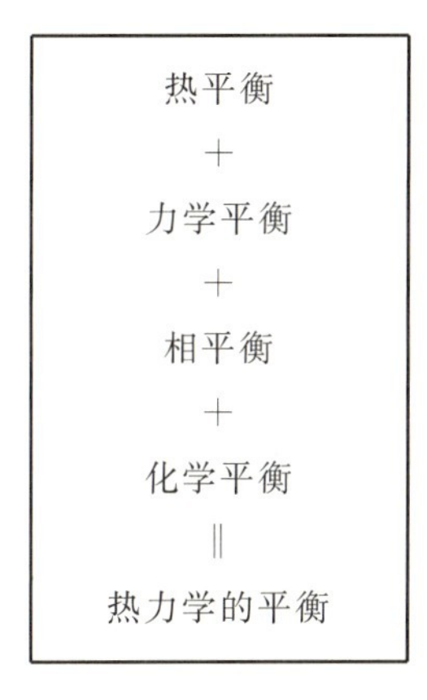

图 3.11 各种平衡与热力学平衡

3.3.2 准静态过程(quasi-static process)

系统从一个平衡状态向另一个平衡状态的变化被称为过程(process)。在热力学中,把处于热力学平衡状态下的系统作为研究对象,处于热力学平衡状态下的温度和压力是状态参数。而处于热力学平衡状态的系统是什么变化也不发生的,亦即过程也不会发生,因此,热平衡状态的系统和过程是矛盾的。这里,引入了准静态过程(quasi-static process),即热力学平衡状态仅有微小量"缓慢"变化的假想过程。

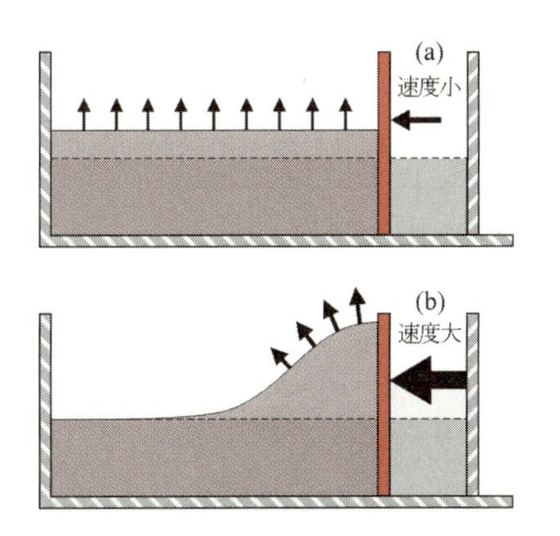

图 3.12 水槽内水位"缓慢"上升情况(a)与"急速"变化情况(b)

在这种情况下,"缓慢"的含义是,当使系统发生微小的变化时,系统内不产生宏观的能量或状态量的不均匀,使系统达到新的热力学平衡状态有了充裕的时间。如图3.12所示,水槽内放入水并移动一水槽壁面,水槽内的水位就会发生变化,若缓慢地移动壁面,水面就会一起上升,而若很快地移动壁面,槽内水位的上升就不均匀了。系统内的所有强度状态参数都均匀地变化时,就是第4.2.3节所要描述的内部可逆过程(internally reversible process)。

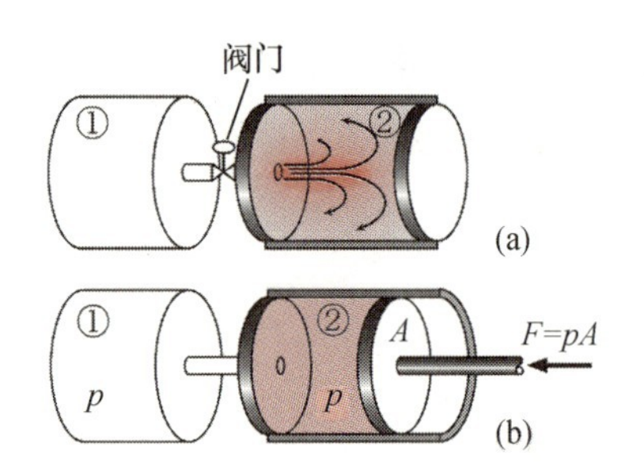

图3.13　非平衡过程(a)与准静态过程(b)

一般情况下,所谓准静态过程是指系统与外界都满足热力学平衡的缓慢变化的理想过程。许多实际过程虽然不是准静态过程,但可以近似地满足这一过程。

准静态过程与**非平衡过程**(non-equilibrium process)的例子如图3.13所示,首先如图3.13(a)所示的那样,两个气缸中其中①是充满气体的,②是真空的,其间用一个阀门连接,阀门打开后气体会向气缸②自由膨胀。此时,气体在气缸内膨胀时是高速喷出的,由于气缸内的压力、温度是不均匀的,故产生宏观的流动,在气缸②内是非平衡状态。另外,如图3.13(b)所示,气缸②的右端有活塞,在施予的外力 F 与活塞内压强产生的压力 pA 相匹配的条件下缓慢地膨胀,此时系统内的气体一边保持热力学平衡条件,一边与外界也保持平衡的准静态的变化。

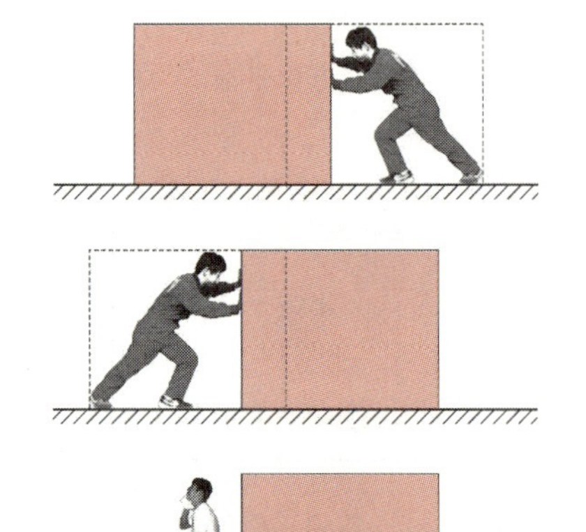
图3.14　使物体移动,然后恢复原状的过程

*3.3.3　可逆过程与不可逆过程(reversible and irreversible processes)

一般把能恢复原状态的过程称为可逆过程。而在热力学中,把"**系统与外界能在不留下任何痕迹的条件下恢复原有状态的过程**"称为**可逆过程**(reversible process)。也就是说,可逆过程意味着系统在恢复原来状态时,外界也恢复原有的状态。不是可逆过程的过程称为**不可逆过程**(irreversible process)。

在图3.14所示的例子中,通过使物体移动,物体能够恢复到原来的状态。然而,为了使物体移动人们需要克服摩擦力而做功,这功是不可能恢复到原状态的,因此图3.14所示的过程是不可逆过程。如图3.15所示,若摆动时没有摩擦或阻力,则物体从状态1的势能变成状态2的动能,状态5又恢复到原来状态。此时,没有留给外界任何的变化,这一过程为可逆过程。

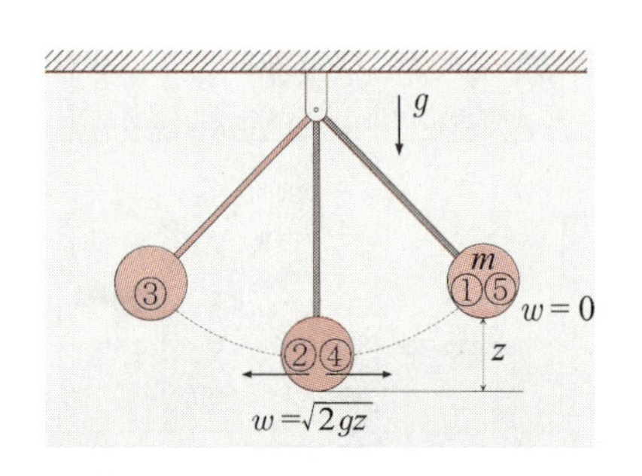

图3.15　无摩擦的钟摆运动

考虑图3.13(a)中气体的膨胀过程,气缸①的气体通过阀门自由膨胀,而把它恢复到原来的状态,外界必须给系统做功,因此这一过程是不可逆过程。而图3.13(b)的准静态过程中,在气体的压力与外力相匹配下膨胀,向外界做功。这功作为势能等储存起来,利用这一能量可逐渐把气缸②内的气体压缩回原来的状态,外界储存的能量又给了系统,外界又能恢复到初期状态。可逆过程与不可逆过程将在4.2.2节进一步讨论。

3.4　闭口系统准静态过程的热力学第一定律(the first law applied to quasi-static process of closed system)

3.4.1　热力学第一定律(the first law of thermodynamics)

如图3.16所示，系统由横截面积为$A(m^2)$的气缸与活塞，以及工质构成，气缸运动无摩擦，外界为真空，作用力为F(N)，气缸体积为V(m^3)，压力为p(Pa)的工质被活塞挤压。

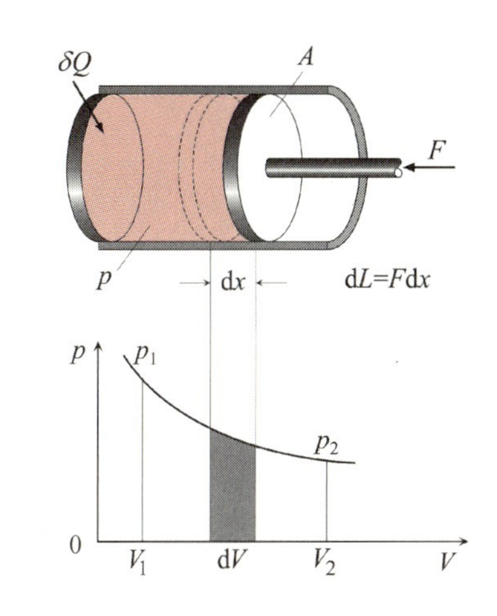

图3.16　气缸活塞的准静态过程功

当活塞的位移变化为dx(m)、流体的体积增加时，由热力学第一定律公式(3.7)可知

$$dU=\delta Q-F dx \text{ (J)} \tag{3.10}$$

准静态过程时外力与气缸内压力是匹配的，即

$$F=pA \tag{3.11}$$

由于这一变化增加的体积为$dV=A dx$，则由式(3.10)知

$$dU=\delta Q-p dV \tag{3.12}$$

式(3.12)即系统准静态微小变化下的热力学第一定律。

当系统如图3.16所示从状态1变化到状态2时，热量的变化为Q_{12}，由于内能是个状态量，所以式(3.12)可变为

$$U_2-U_1=Q_{12}-\int_1^2 p dV \tag{3.13}$$

右边第2项是图3.16所示的p-V图中曲线V_1-p_1-p_2-V_2所围成的面积，是从状态1到状态2系统对外界所做的功。式(3.13)的微分形式可写为(如表3.2所示)

$$dU=\delta Q-p dV \text{ (J)} \tag{3.14}$$

可以看出此式与式(3.12)相同。单位质量的形式为

$$du=\delta q-p dv \text{ (J/kg)} \tag{3.15}$$

由式(3.7)可得微小变化下的热力学第一定律为

$$dU=\delta Q-\delta L \tag{3.16}$$

而对非平衡过程下的微小功有

$$\delta L=F dx\neq p dV \tag{3.17}$$

值得注意的是式(3.14)及式(3.15)只适用于准静态过程。

表3.2　准静态过程的第一定律

$dU=\delta Q-p dV$
$du=\delta q-p dv$

3.4.2　准静态循环过程的净功(net work during quasi-static process of cycle)

考虑如图3.17所示的闭口系统在状态1与2之间的工质热力循环，系统按图3.17的p-V曲线(p-V diagram)过程变化时，系统以准静态过程1-A-2对外界做的功为$\int_1^2 p_A dV$。另外，以2-B-1的准静态过程外界对系统做的功为$\int_2^1 p_B dV$，是负值。利用式(3.9)，则一个循环系统对外界做的**净功(net work)**为

$$L=\oint p dV=\int_1^2 p_A dV+\int_2^1 p_B dV=\int_1^2 [p_A-p_B] dV \tag{3.18}$$

也就是图3.17的路径A与路径B所围成的面积。

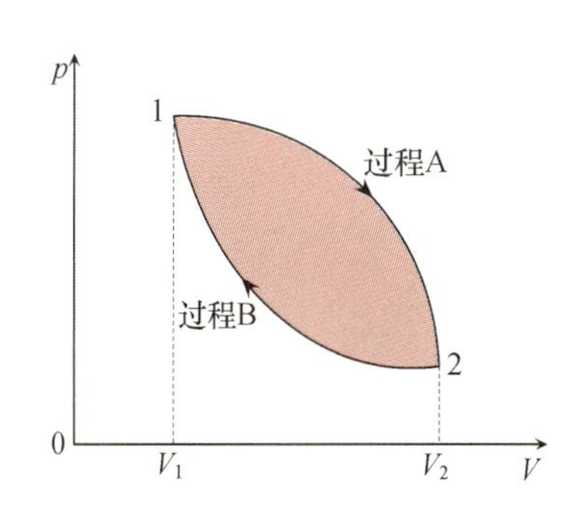

图3.17　循环的p-V图

热力过程在 p-V 图上可以取任意的路径(path)。由于有各种变化的条件,因此有必要确定路径的条件。比较有代表性的准静态过程有:系统的体积一定时的定容过程(isochoric process),压力一定时的定压过程(isobaric process),温度保持一定时的等温过程(isothermal process),与外界没有热交换的绝热过程(adiabatic process)。

3.4.3 定容过程与定压过程(specific heats at constant volume and constant pressure)

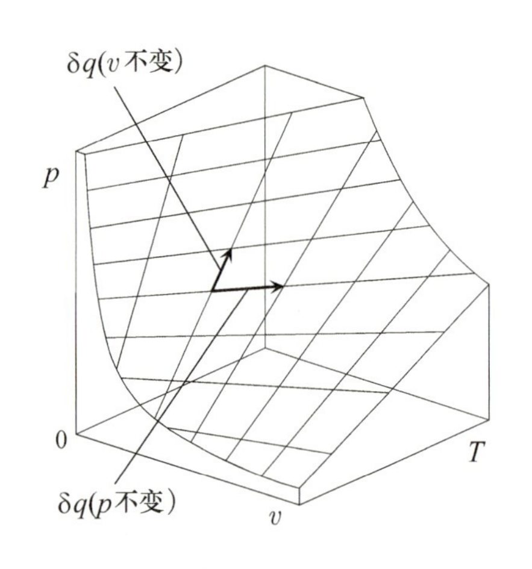

图 3.18 物质的 p-v-T 立体图
定容加热与定压加热

比热(specific heat)是指,使单位质量的物质上升单位温度时所需要的热量,它不仅取决于物质的种类,也随加热条件的不同而不同。有代表性的比热包括体积一定时温度上升的定容比热(specific heat at constant volume)c_v(J/(kg·K))与压力一定时温度上升的定压比热(specific heat at constant pressure)c_p(J/(kg·K))。用描述准静态过程的热力学第一定律表达,式(3.15)可写为

$$\delta q = \mathrm{d}u + p\mathrm{d}v \ (\mathrm{J/kg}) \tag{3.19}$$

体积一定的情况下,$\mathrm{d}v=0$,则式(3.19)变为

$$\delta q = \mathrm{d}u \ (v\ 不变) \tag{3.20}$$

由定容比热的定义式 $c_v=(\partial q/\partial T)_v$,式(3.20)可写为

$$c_v = \left(\frac{\partial u}{\partial T}\right)_v \tag{3.21}$$

亦即定容比热等于定容条件下单位温度的内能变化。

在推导定压比热之前,先定义一下焓(enthalpy)H(J)及比焓 h(J/kg),见式(3.22)及式(3.23)。

$$H = U + pV \ (\mathrm{J}) \tag{3.22}$$

$$h = u + pv \ (\mathrm{J/kg}) \tag{3.23}$$

焓的定义式中包含了 U,p,V,而这些参数全都是状态参数,因此焓也是状态参数。至于焓的物理意义将在下节中讨论。

式(3.23)的微分形式为

$$\mathrm{d}h = \mathrm{d}u + p\mathrm{d}v + v\mathrm{d}p \tag{3.24}$$

若为定压变化,则 $\mathrm{d}p=0$,与式(3.19)比较可知,压力不变时的热量为

$$\delta q = \mathrm{d}u + p\mathrm{d}v = \mathrm{d}h \ (p\ 不变) \tag{3.25}$$

由于定压比热的定义为 $c_p=(\partial q/\partial T)_p$,因此由式(3.25)可得

$$c_p = \left(\frac{\partial h}{\partial T}\right)_p \tag{3.26}$$

也就是说,定压比热等于定压条件下单位温度焓值的变化。比热、内能、焓之间的关系如表 3.3 所示。

表 3.3 比热、内能、焓之间的关系

比热、内能、焓之间的关系
$c_v = \left(\frac{\partial u}{\partial T}\right)_v$
$c_p = \left(\frac{\partial h}{\partial T}\right)_p$
$u_2 - u_1 = \int_1^2 c_v \mathrm{d}T$
$h_2 - h_1 = \int_1^2 c_p \mathrm{d}T$

3.5 开口系统的热力学第一定律 (the first law applied to open system)

3.5.1 定常流动系统的质量守恒定律(steady flow system and conservation of mass)

在3.3节及3.4节中,我们讨论了闭口系统的热力学第一定律。本节将讨论在垂直系统界面上有质量传递的开口系统的热力学第一定律。

开口系统如图3.19所示,可分为考察对象的体积发生变化与考察对象的体积不发生变化两种系统。后者在定常状态下的开口系统称为**定常流动系统**(steady flow system)。

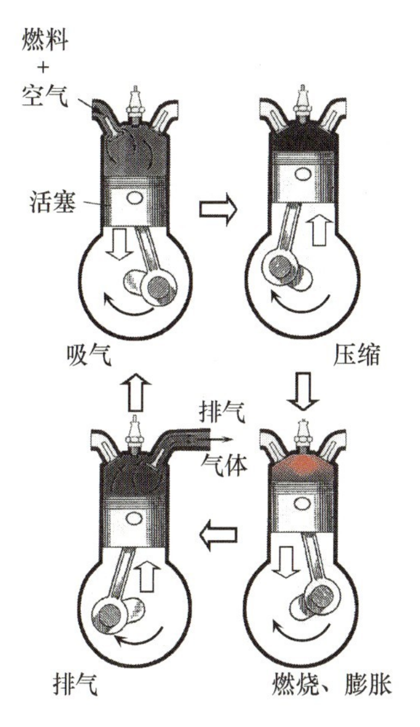

图3.19 体积变化的开口系统(活塞发动机)

典型的定常流动系统是如图3.20所示的喷气式发动机,还有很多工业中应用的设备,如压缩机、涡轮机、换热器等,这些设备将在3.5.4节详细描述。

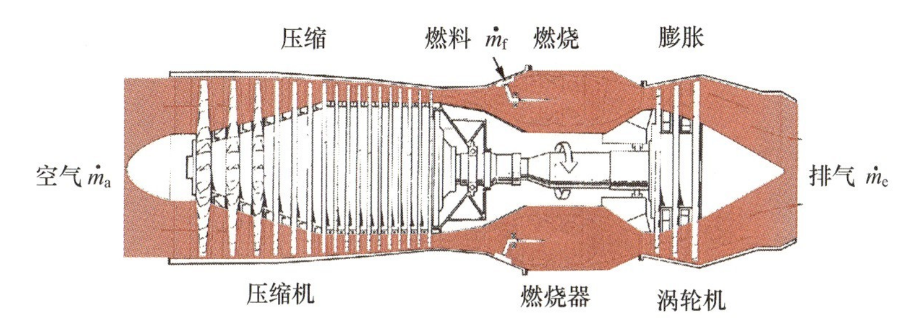

图3.20 定常流动系统(喷气发动机)(载自 the Jet engine ROLLS-ROYCE)

在图3.20所示的喷气式发动机中,单位时间内流入的空气流量为$\dot{m}_a$(kg/s),燃料流量为$\dot{m}_f$,排出气体的**质量流量**(mass flow rate)为$\dot{m}_e$。由于定常流动系统中总质量是不变化的,因此流入系统的质量流量与流出系统的质量流量相等,即

$$\dot{m}_a+\dot{m}_f=\dot{m}_e\ (\text{kg/s}) \tag{3.27}$$

也就是说,若$\dot{m}_{1i}$,$\dot{m}_{2j}$(kg/s)分别表示各种流入、流出的质量流量,则对定常流动系统使用**质量守恒**(conservation of mass)**定律**,有下式成立:

$$\sum_i \dot{m}_{1i}-\sum_j \dot{m}_{2j}=0 \tag{3.28}$$

这一关系式对系统内部发生化学反应的情况也是成立的。

3.5.2 流动功与焓(flow work and enthalpy)

下面考虑一下开口系统,通过系统界面流入系统的物质称为**工质**(working fluid)。为了使工质流入系统,在系统入口处需要克服压力挤入流体而做功。如图3.21所示的开口系统,流入系统的流体体积为V,这些截面面积为A的流体主要是从上面压入的,若不考虑假想活塞的断面摩擦。把流体压入系统,流体通过活塞施加在断面上的力为F,且移动了x距离,那么外界对系统做的功为

$$L_f=Fx=pAx=pV\ (\text{J}) \tag{3.29}$$

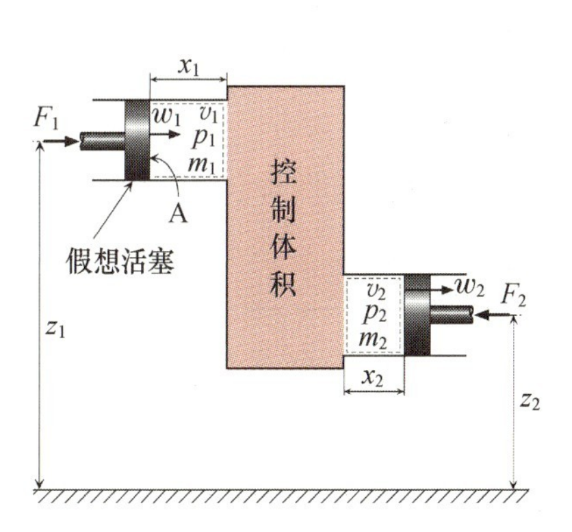

图3.21 开口系统流入的能量与流动功

这里，由于工质流入时是定常状态，处于力学平衡和热平衡，因而准静态过程是适用的。当流体流入开口系统时必须做**流动功**(flow work)或**位移功**(displacement work)。单位质量流体所做的流动功为

$$l_f = pv \ (\mathrm{J/kg}) \tag{3.30}$$

当工质从系统流出时，同样系统会对外界做功。

流入体积为V，质量为m的工质，具有的内能为U。同时，若工质流速为w(m/s)，高度为z(m)，那么除了工质具有的内能之外，还有其动能和势能一同流入系统。也就是说，流入系统的全部能量为

$$E_t = U + pV + mw^2/2 + mgz \ (\mathrm{J}) \tag{3.31}$$

这里，为了和比容符号相区别，速度使用了符号w(m/s)。若利用式(3.22)中定义的焓，则式(3.31)可变为

$$E_t = H + mw^2/2 + mgz \ (\mathrm{J}) \tag{3.32}$$

即焓可以表述为开口系统流入的能量。对于单位质量工质，式(3.32)可以写为

$$e_t = h + w^2/2 + gz \ (\mathrm{J/kg}) \tag{3.33}$$

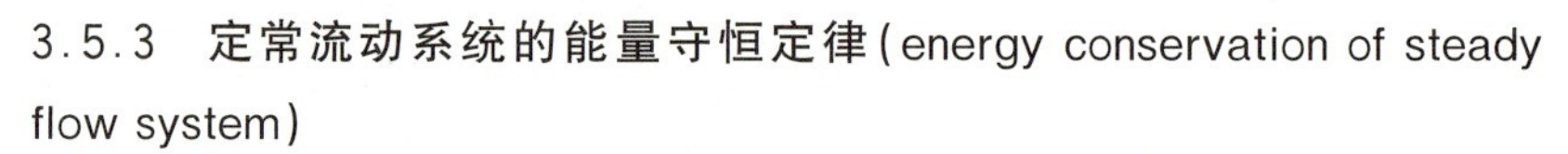

3.5.3　定常流动系统的能量守恒定律(energy conservation of steady flow system)

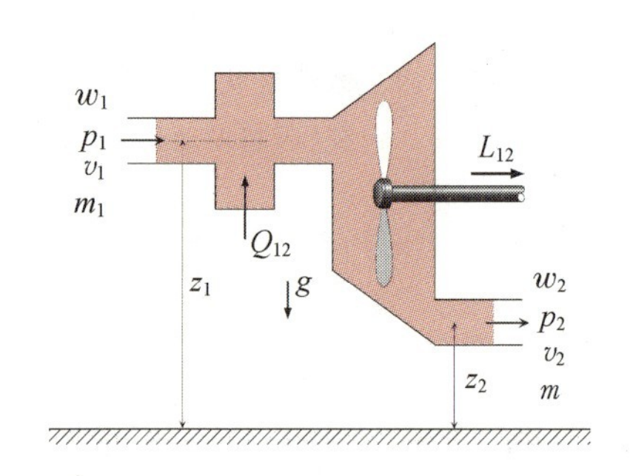

图3.22　开口系统的能量守恒定律

对定常流动系统而言，系统内的能量是一定的，因此，如图3.22所示，系统应遵循能量守恒定律。若流入系统的全部能量为E_{t1}，而流出系统的全部能量为E_{t2}，根据热力学的第一定律，定常流动系统有

$$E_{t2} - E_{t1} = Q_{12} - L_{12} \ (\mathrm{J}) \tag{3.34}$$

利用式(3.32)及质量守恒定律，上式可写为

$$(H_2 + mw_2^2/2 + mgz_2) - (H_1 + mw_1^2/2 + mgz_1) = Q_{12} - L_{12} \ (\mathrm{J}) \tag{3.35}$$

如表3.4所示。

表3.4　开口系统的能量守恒定律

$(H_2 + mw_2^2/2 + mgz_2)$ $-(H_1 + mw_1^2/2 + mgz_1)$ $= Q_{12} - L_{12}$ $(h_2 - h_1) + \dfrac{(w_2^2 - w_1^2)}{2} + g(z_2 - z_1)$ $= q_{12} - l_{12}$

单位质量的流动工质有

$$(h_2 - h_1) + \frac{(w_2^2 - w_1^2)}{2} + g(z_2 - z_1) = q_{12} - l_{12} \ (\mathrm{J/kg}) \tag{3.36}$$

到目前为止的讨论中，没有考虑工质流入、流出系统所需的时间。而对一般的机械设备，考虑单位时间内的热量、功以及工质流量等的情况很多。因此，在单位时间内流量为$\dot{m}$(kg/s)的流体工质定常流入及流出系统的情况下，式(3.36)可写为

$$\dot{m}\left[(h_2 - h_1) + \frac{(w_2^2 - w_1^2)}{2} + g(z_2 - z_1)\right] = \dot{Q}_{12} - \dot{L}_{12} \ (\mathrm{W}) \tag{3.37}$$

其中$\dot{Q}_{12}$与$\dot{L}_{12}$分别是热流密度与功率，单位是W。一般热工设备中使用式(3.37)的情况较多。

流体流过系统时，若其动能与势能可以忽略，则式(3.36)可以简化为式(3.38)的形式

$$h_2 - h_1 = q_{12} - l_{12}\ (\mathrm{J/kg}) \tag{3.38}$$

对微小变化下的定常流动，系统的热力学第一定律为

$$\mathrm{d}h = \delta q - \delta l \tag{3.39}$$

式(3.36)中，焓包含流动功，因此，除了开口系统的功 l_{12} 之外，准静态过程下，还包含对外界的排出功($p_2v_2 - p_1v_1$)，因此系统的**绝对功**(absolute work)为 $l_{12} + (p_2v_2 - p_1v_1)$。然而，除了流入口和流出口，系统对外界做的功只有 l_{12}，因此，开口系统的功 l_{12} 有时被称为**技术功**(technical work)。

现在，考虑如图 3.22 所示的单位质量的工质从状态 1 流入，从状态 2 流出。若以闭口系统来考虑，从状态 1 到状态 2 的功(绝对功)为

$$l_a = \int_1^2 p\mathrm{d}v \tag{3.40}$$

即图 3.23 中 a-1-2-b 围成的面积。另外，工质流入系统时有 p_1v_1 的功，即图 3.23 中的 c-1-a-0 围成的面积，工质以状态 2 流出时对外界做了 p_2v_2 的功，它们不是定常系统对外界做的功。也就是说，对可忽略动能与势能的准静态定常系统来说，功 l_{12} 可通过图 3.23 与式(3.38)表示为

$$l_{12} = \int_1^2 p\mathrm{d}v + p_1v_1 - p_2v_2 = \int_2^1 v\mathrm{d}p = h_1 - h_2 + q_{12} \tag{3.41}$$

相当于图 3.23 中的红色部分面积。

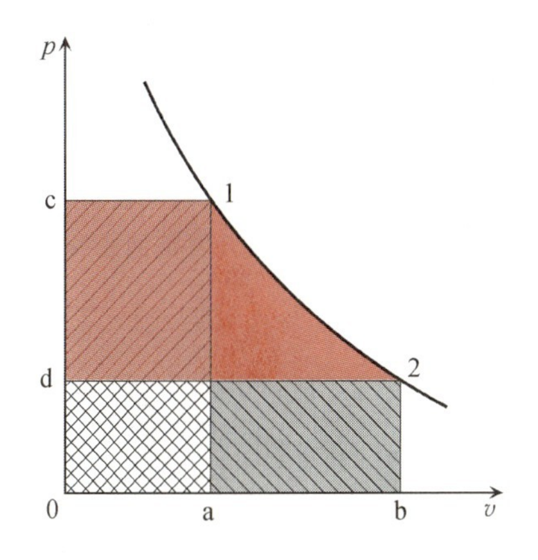

图 3.23　定常流动系统的技术功与绝对功的关系

3.5.4　各种机械设备中的定常流动系统(steady flow system in machinery)

流体机械与工业设备中多数情况下为定常运行的状态，它们的运行特征可以用定常系统来描述。本节中，以一些有代表性的定常流动系统设备为例，说明其与热力学第一定律之间的关系。

涡轮机(turbine)：使用蒸气或气体的动力机械，在水力发电站里，驱动发电机转动的装置就是涡轮机(如图3.24、图3.25所示)。其模

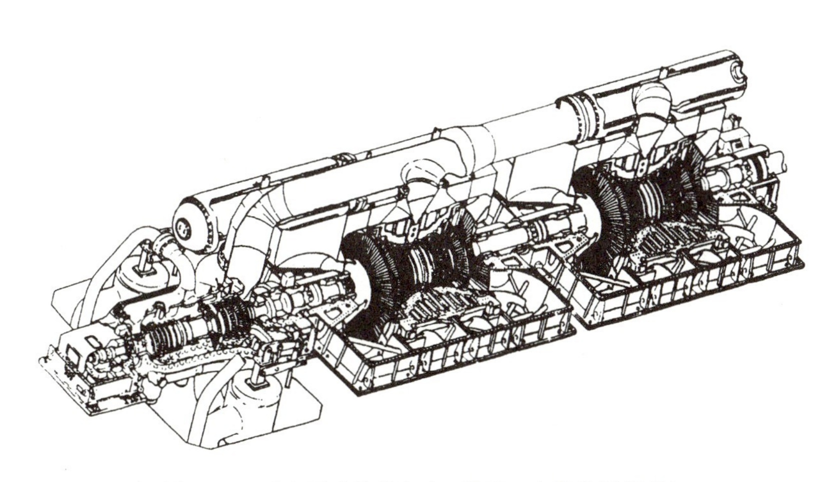
图 3.24　动力用蒸汽轮机(三菱重工有限公司提供)

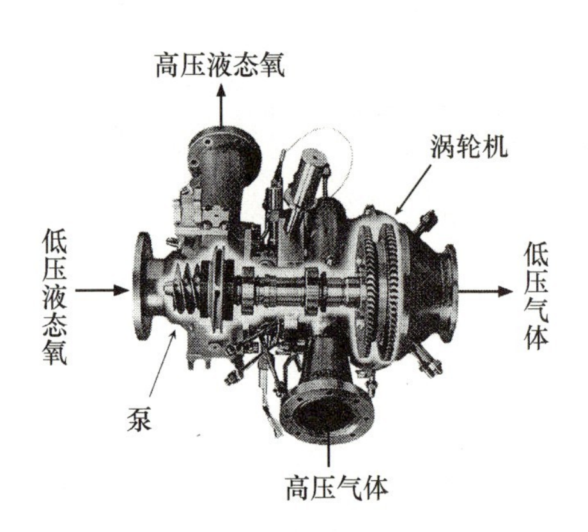

图 3.25 火箭发动机叶片与液态氧泵
（日本宇宙开发集团提供）

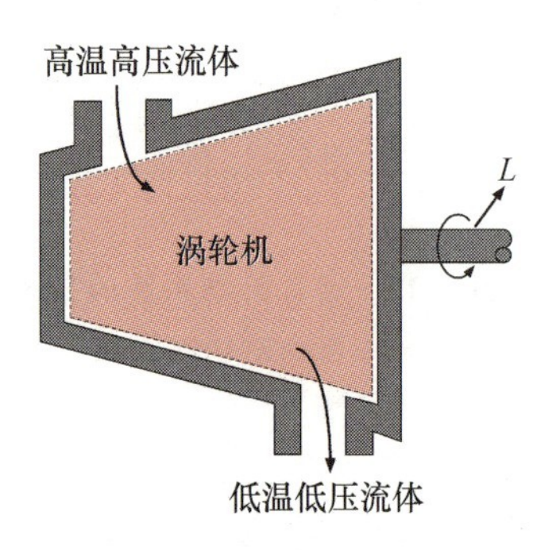

图 3.26 涡轮机模型图

型图如图 3.26 所示。涡轮机内流体流动时，流体与涡轮机叶片（turbine blade）之间进行动量交换的结果，是克服发电机的阻力转矩使轴转动起来，从而实现涡轮机做功。由于涡轮机是对周围环境做功，故功 $\dot{L}$ 为正值。图 3.20 中的喷气式发动机，涡轮机轴功是使用压缩机驱动，流体残余的能量以高速气流的动能形式从后面喷出。大多数情况下，涡轮机可以用绝热过程（$\dot{Q}_{12}=0$）来处理，若忽略势能的变化，式（3.37）就可以写成式（3.42）的形式：

$$\dot{m}[(h_2-h_1)+(w_2^2-w_1^2)/2]=-\dot{L}_{12}\ (\mathrm{W}) \tag{3.42}$$

另外，像发电用的轴流式动力机，也常常可以忽略流体的动能，此时涡轮机的动力 $\dot{L}_{12}$（W）从式（3.42）可以看出其值等于焓值的减少。

压缩机（compressor）：压缩机是一种增加流体压力的装置，外部对压缩机做功，式（3.37）中的功为负值，而能量方程式与涡轮机的表达式（3.42）有同样的形式。压缩机有如图 3.20 所示的喷气式发动机中的**轴流式压缩机**（axial-flow compressor），还有如图 3.27 所示的**螺杆式压缩机**（screw compressor）等各种形式（如图 3.28、图 3.29 所示）其模型图如图 3.30 所示。

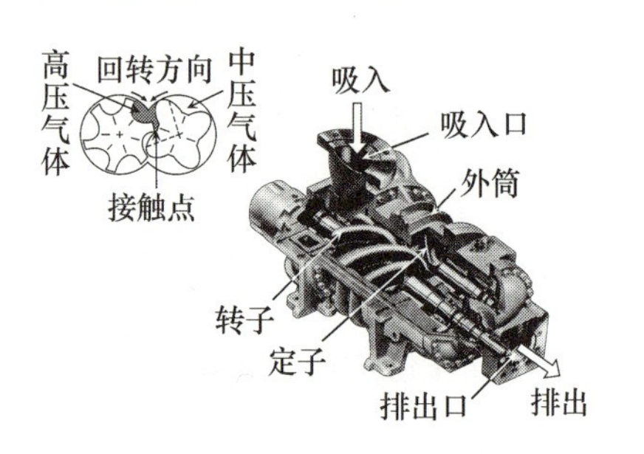

图 3.27 制冷机中的螺杆压缩机
（日本前川制作所提供）

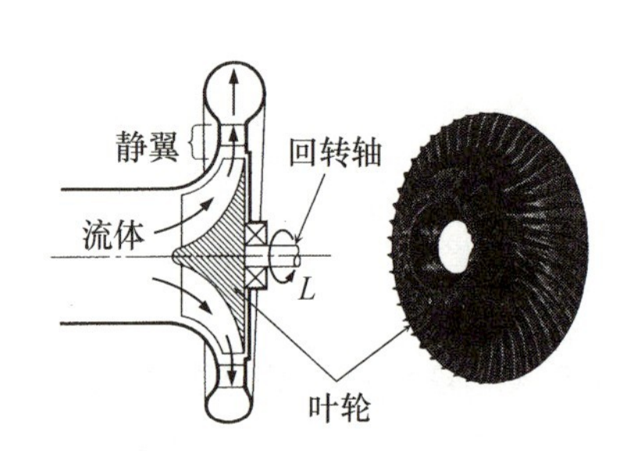

图 3.28 离心式压缩机

泵、风机和压缩机一样，都是通过施加功使流体压力增加的装置。泵常常处理的是液体，而风机是使气体的压力上升，再转变为流体的动能的装置。使气体的压力上升使用压缩机，一般是压力上升超过 100 kPa 的设备称为压缩机，而以下的称为送风机，压力上升超过 10 kPa 以上时称为**鼓风机**（blower），以下的称为**风扇**（fan）。

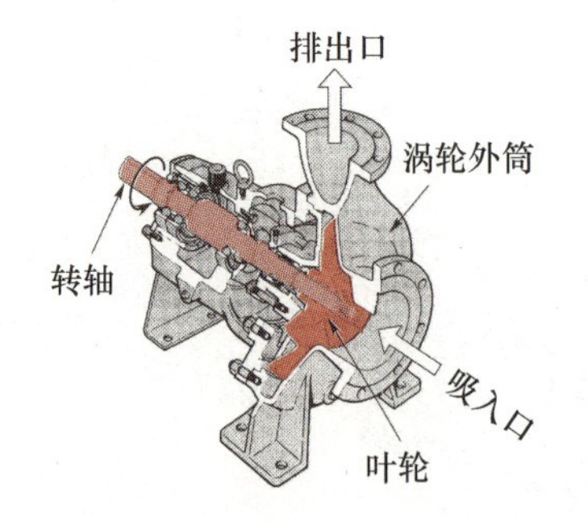

图 3.29 单边吸入单级涡轮泵
（日本荏原制作所提供）

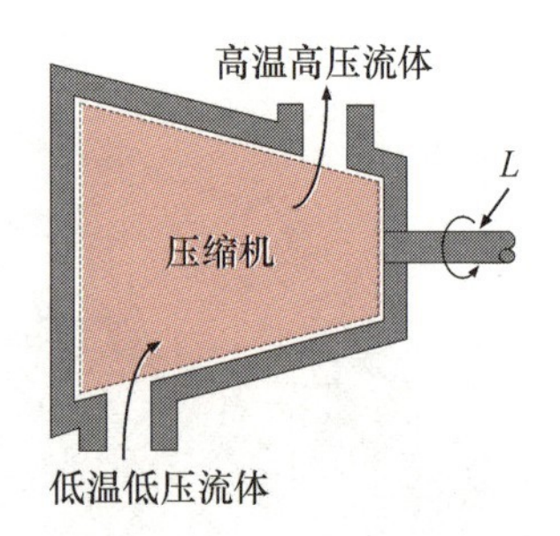

图 3.30 压缩机的模型图

节流阀（throttling valve）：节流阀有时也称**减压阀**（pressure reducing valve）、**膨胀阀**（expansion valve），是一种阻碍流体流动的部件，

产生减小流体压力的效果。节流阀有调压阀(adjustable valve)、毛细管(capillary tube)、多孔塞(porous plug)等多种形式,如图 3.31 所示。流体通过节流阀时,绝热且对外界不做功。通常情况下,势能与动能的变化可以忽略,能量守恒的方程式(3.37)可以写为

$$h_2 = h_1 \tag{3.43}$$

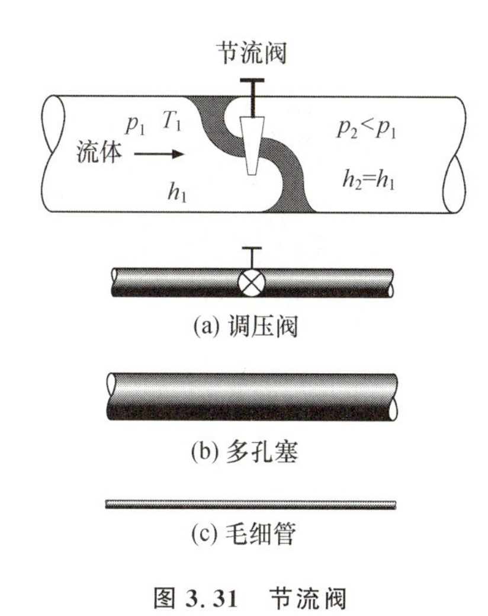

图 3.31　节流阀

管道(图 3.32)、**通道**(pipe and duct):利用管道或通道进行流体输送,很多情况下是机械中的主要部分。在其定常流动中,流体输送通道对外界不做功。在管道内流速比较大,或有减压装置管道以及横截面变化较显著时,动能的变化不容忽略。在许多情况下,工质通过管道比较长时会有被加热或被冷却的情况。同时很多情况下,流体通过管道时,管道的高度也经常变化。特别是在输送液体的情况下,其势能的变化就不能忽略。也就是说,能量守恒方程式可写为

$$\dot{m}[(h_2-h_1)+(w_2^2-w_1^2)/2+g(z_2-z_1)]=\dot{Q}_{12} \tag{3.44}$$

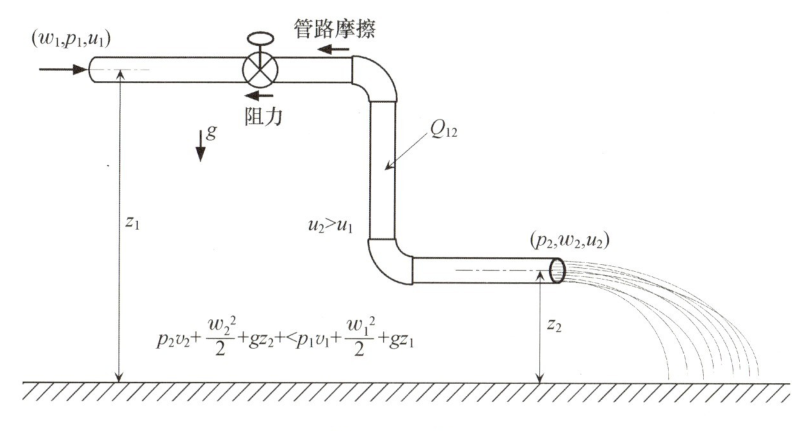

图 3.32　管道

管道的高度变化、流速的变化,甚至传热可忽略的情况下,式(3.43)是满足的。在管道内,由于管壁与流体的摩擦,弯管处、阀门处的流动阻力等因素,流体的入口压力 p_1(Pa)比流体出口压力 p_2 大,而从式(3.43)得知,焓值不发生变化。因此,水等时压力的变化造成的体积变化可以忽略的流体,压力减少带来的能量的减少部分,增加了内能 u。

换热器(heat exchanger):换热器是通过固体壁面等界面实现高温流体与低温流体间热交换的装置。其模型图如图 3.33 所示。根据其用途可以分为**加热器**(heater)、**冷却器**(cooler)、**蒸发器**(evapor-

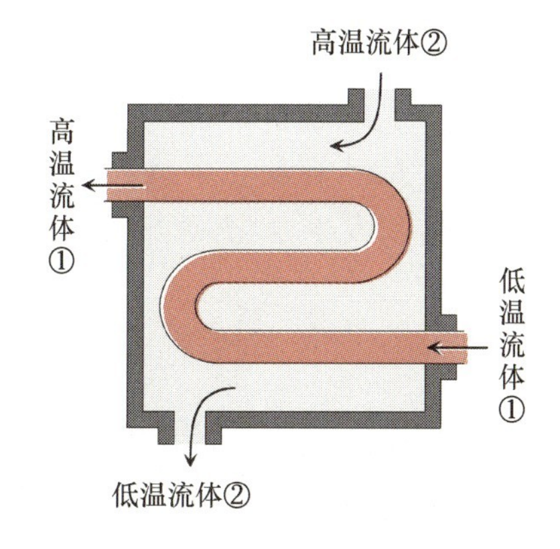

图 3.33　换热器模型图

ator)、冷凝器(condenser)等。换热器不包含功的相互作用,对于一般的流体,势能与动能也可以忽略。换热器内部是为了实现两种流体间的热交换,一般情况下与外界环境是绝热的。一种流体失去的能量与另一种流体得到的热是相等的,整个换热器作为一个系统考虑时,换热量为零。然而,一般可以考虑其中一方工质的换热量。图3.34所示的汽车用散热器是用空气冷却高温水的换热器的一个代表。

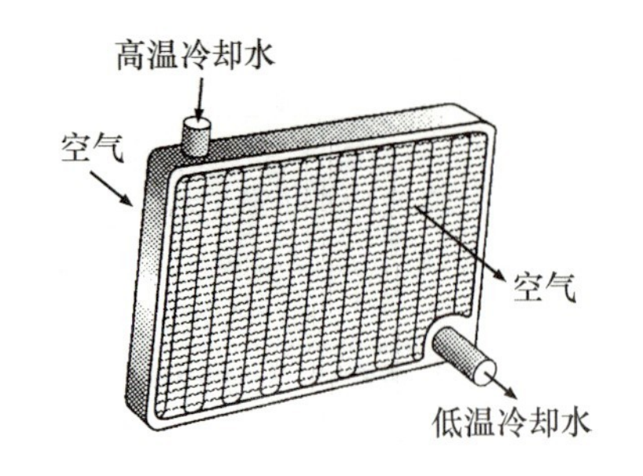

图3.34 汽车用散热器

3.6 理想气体的热力学第一定律(the first law applied to ideal gas)

3.6.1 理想气体与内能(ideal gas and internal energy)

所谓理想气体(ideal gas)是把实际气体的性质理想化后的物质,有时也称完全气体(perfect gas)。对理想气体,压力 p(Pa)、比容 v(m^3/kg)、体积 V(m^3)、质量 m(kg)、温度 T(K)之间存在如下关系:

$$pv=RT,\quad pV=mRT \tag{3.45}$$

式中,R(J/(kg·K))为气体常数(gas constant),不同的气体其值不同。这一关系式在低温、高压以外的情况下近似成立。

式(3.45)中,由于气体的质量 m 等于分子量 M 与物质的量 n 的乘积,所以有

$$pV=nMRT=nR_0T \tag{3.46}$$

式中 R_0 为普适气体常数(universal gas constant),其值为:

$$R_0=MR=8.314\,\text{J/(mol·K)} \tag{3.47}$$

在化学与物理领域,常用单位1 mol的状态变化来评价,因此,使用普适气体常数的理想气体方程式(3.46)的情况较多。表3.7列出了主要气体的分子量与气体常数。

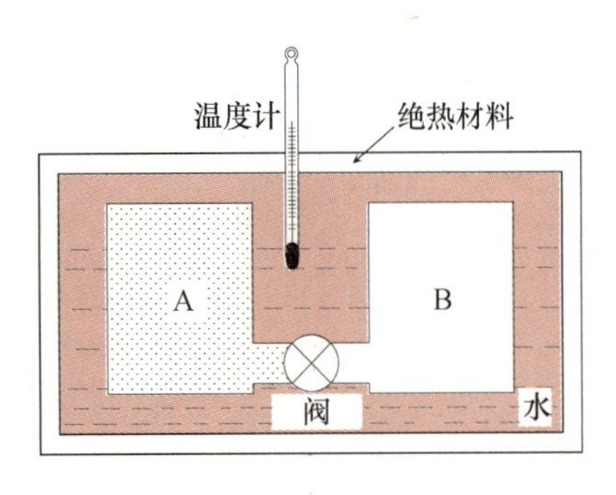

图3.35 焦耳实验

焦耳利用图3.35所示的装置进行了气体自由膨胀(free expansion)的实验。首先,在容器A中充入气体,容器B是真空状态,然后打开阀门,A内的气体会流入容器B。经过长时间稳定达到热力学平衡状态后测量系统的温度,并与试验前的结果对比。焦耳实验的结果表明,在阀门打开前后平衡状态下的温度没有变化。

把图3.35所示的装置整体作为一个系统来看,系统与外界之间没有热交换,同时也没有功。也就是说,热力学第一定律表达式(3.6)与式(3.8),过程前后系统内能保持不变。另一方面,比内能一般可以表示为比容和温度的函数

$$u=u(T,v) \tag{3.48}$$

焦耳的实验证明,气体的比容变化了,而气体的温度没有发生变化。温度保持一定,即使体积发生变化,理想气体的内能也不会变化,用公式可表示为

$$\left(\frac{\partial u}{\partial v}\right)_T=0 \tag{3.49}$$

即可以表述为理想气体的内能与比容是无关的,它只是温度的函数。这一关系对实际气体只能说近似地成立。然而,对满足式(3.45)的

理想气体来说式(3.49)是严格成立的。这一点将在6.4节进一步阐述。

理想气体的内能可以表示为

$$u=u\ (T) \tag{3.50}$$

理想气体的焓也可以表示为

$$h=u+pv=u+RT=h\ (T) \tag{3.51}$$

即也只是温度的函数。

以上各关系总结如表3.5所示。

表3.5 理想气体

$pv=RT$，$pV=mRT$
$pV=nR_0T$
$u=u\ (T)$
$h=h\ (T)$
理想气体 c_p，c_v 一定
半理想气体
$c_v=c_v(T)$，$c_p=c_p(T)$

*3.6.2 理想气体的比热(specific heat of ideal gas)

如2.2节所述，根据**气体分子运动论(kinetic theory of gases)**，理想气体的一个分子的平均内能只有一个自由度，可写为

$$\bar{e}=\frac{1}{2}kT\ (\mathrm{J}) \tag{3.52}$$

其中，$k=1.380\ 650\times10^{-23}$ (J/K)，为**玻尔兹曼常数(Boltzmann's constant)**，普适气体常数 R_0 与 M(g)分子量为 M 的物质所含有分子数，也即阿伏加德罗常数 $N_A=6.022\ 142\times10^{23}$ (1/mol)之间的关系有

$$R_0=kN_A \tag{3.53}$$

1mol气体的内能用 U(J/mol)表示，根据**能均分定理(principle of equipartition of energy)**，理想气体的内能可以表示为

$$U=\frac{v}{2}N_AkT=\frac{v}{2}R_0T\ (\mathrm{J}) \tag{3.54}$$

式中，v 是分子的自由度。如图3.36所示，单原子气体在空间三维坐标上有平动的动能，因此有3个自由度。如图3.37所示，对于氮气或氧气等双原子气体，除了平动的动能之外还有围绕轴的转动能量，而旋转轴只能取两个方向的自由度，所以分子全部动能的自由度有5个。

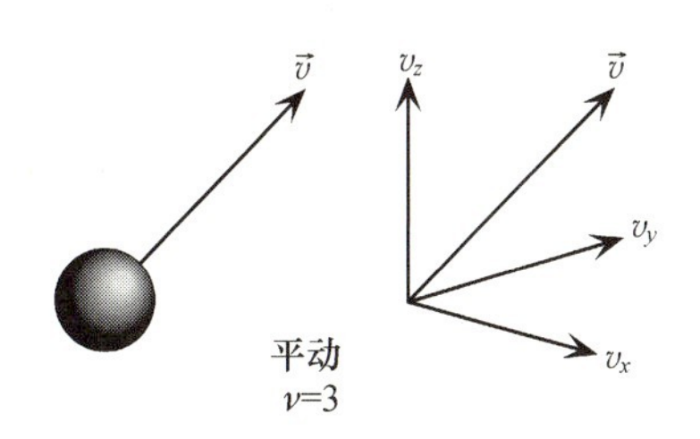

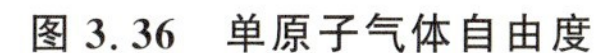

图3.36 单原子气体自由度

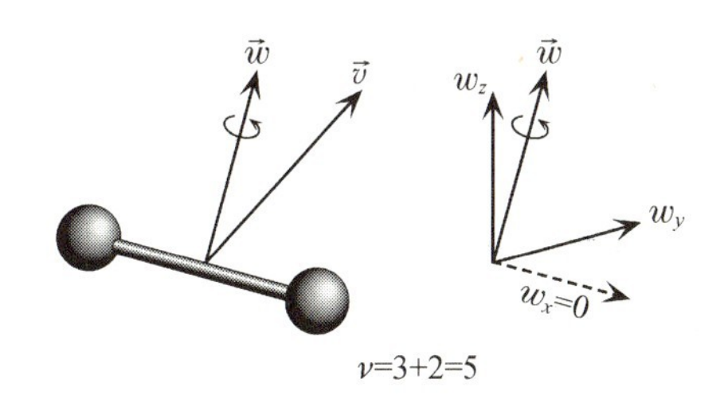

图3.37 双原子气体的运动自由度

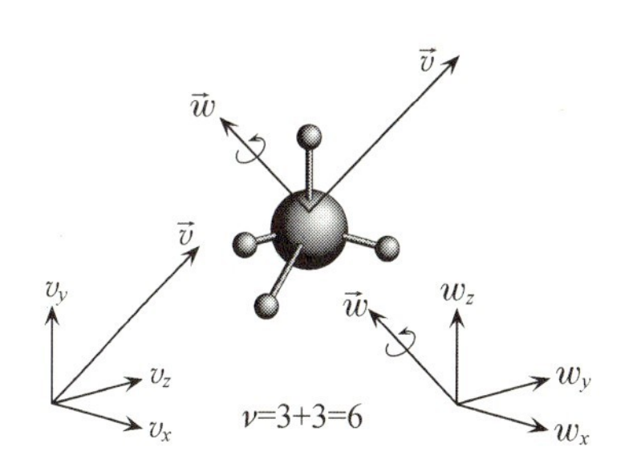

图3.38 多原子气体的运动自由度

如图3.38所示的多原子气体可以视为刚体来处理，对应有围绕3个旋转轴的旋转自由度，因此分子的动能有6个自由度F运动能量组成。

1mol分子气体的定容比热与定压比热分别用 C_v，C_p (J/(mol·K))来表示

$$C_v=\frac{\mathrm{d}U}{\mathrm{d}T}=\frac{v}{2}R_0(\mathrm{J/(mol\cdot K)}) \tag{3.55}$$

1mol 分子气体的体积用 V 来表示，那么定压比热为

$$C_p=\frac{\mathrm{d}H}{\mathrm{d}T}=\frac{\mathrm{d}(U+pV)}{\mathrm{d}T}=\left(\frac{v}{2}+1\right)R_0 \tag{3.56}$$

由式(3.55)及式(3.56)可知

$$C_p-C_v=R_0 \tag{3.57}$$

定压比热与定容比热的比值称为**比热比**(specific-heat ratio)。由式(3.55)与式(3.56)可知，理想气体的比热比为

$$\kappa=\frac{c_p}{c_v}=\frac{C_p}{C_v}=\frac{v+2}{v} \tag{3.58}$$

比热和比热比与温度没有关系，是一个定值。理想气体的比热比 κ 对单原子气体来说为 5/3，而对双原子来说为 7/5=1.4，对多原子气体来说为 4/3。然而，对实际气体来说，双原子气体或多原子气体在高温下需要考虑分子间存在的振动能量，如图 3.39 所示。所以实际气体在有较大温度范围内的状态变化，其比热与比热比常常与温度是有关系的。表 3.6 列举了标准状态下一些实际气体的比热与比热比。

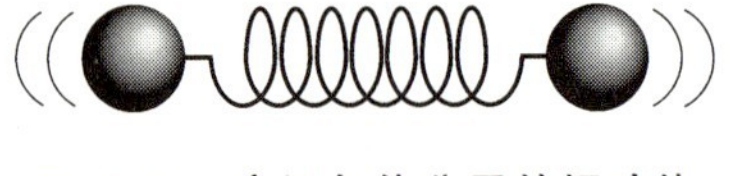

图 3.39 高温气体分子的振动能

表 3.6 一些主要气体的气体常数、分子量和比热(101.3 kPa, 298 K)
(日本热物性学会编 根据热物性手册计算得到)

气体	分子量 M	气体常数 R (J/(kg·K))	比容 v (m³/kg)	定压比热 c_p (kJ/(kg·K))	定容比热 c_v (kJ/(kg·K))	比热比 κ
氦气，He	4.0030	2076.9	6.110	5.197	3.120	1.666
氢气，H_2	2.0160	4124.0	12.13	14.32	10.19	1.405
氮气，N_2	28.013	296.79	0.873	1.040	0.744	1.399
氧气，O_2	31.999	259.82	0.764	0.915	0.655	1.397
空气	28.970	286.99	0.844	1.006	0.719	1.399
一氧化碳，CO	28.010	296.82	0.873	1.043	0.746	1.398
氯化氢，HCl	36.461	228.02	0.671	0.798	0.570	1.400
一氧化氮，NO	30.006	277.08	0.815	0.995	0.718	1.386
二氧化碳，CO_2	44.010	188.91	0.556	0.850	0.661	1.286
水蒸气，H_2O (400 K)	18.015	461.50	1.358	2.000	1.538	1.300
二氧化硫，SO_2	64.059	129.79	0.382	0.622	0.492	1.264
乙炔，C_2H_2	26.038	319.30	0.939	1.704	1.385	1.231
氨气，NH_3	17.030	488.20	1.436	2.156	1.668	1.293
甲烷，CH_4	16.043	518.23	1.525	2.232	1.714	1.302
乙烯，C_2H_4	28.054	296.36	0.872	1.566	1.270	1.233
乙烷，C_2H_6	30.069	276.50	0.813	1.767	1.491	1.186

有时把比热为常数的气体称为狭义的理想气体，比热为温度函数的气体称为半理想气体。

考虑单位质量下的状态量，理想气体的内能与焓的变化为

$$\mathrm{d}u=c_v\mathrm{d}T,\ \mathrm{d}h=c_p\mathrm{d}T \tag{3.59}$$

理想气体在准静态过程下的热力学第一定律表示为

$$\delta q=\mathrm{d}u+p\mathrm{d}v=c_v\mathrm{d}T+p\mathrm{d}v \tag{3.60}$$

$$\delta q = dh - v dp = c_p dT - v dp \tag{3.61}$$

用式(3.61)减去式(3.60)，并利用理想气体的关系式

$$d(pv) = p dv + v dp = R dT \tag{3.62}$$

可得

$$c_p - c_v = R \tag{3.63}$$

这就是**理想气体的梅尔关系式(Mayer relation)**。这在 6.3 节中将进一步讨论。式(3.63)对半理想气体来说也是成立的。同时，利用式(3.58)及式(3.63)可得

$$c_v = R/(\kappa - 1),\ c_p = \kappa R/(\kappa - 1) \tag{3.64}$$

理想气体的比热总结如表 3.7 所示。

表 3.7　理想气体的比热

$c_p - c_v = R$
$c_v = R/(\kappa - 1)$
$c_p = \kappa R/(\kappa - 1)$

3.6.3　理想气体的准静态过程(quasi-static processes of ideal gas)

如图 3.40 所示，气缸与活塞组成的容器内存有理想气体，考虑几种有代表性的约束条件下(如等温、等压、绝热等)准静态的变化过程，从状态 1 变化到状态 2。

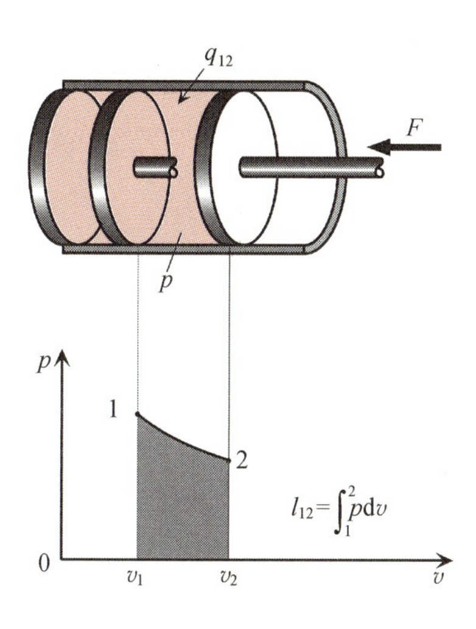

图 3.40　理想气体的状态变化与 p-v 图

对于准静态过程，单位质量下的状态量表示的热力学第一定律为式(3.60)及式(3.61)：

$$\delta q = c_v dT + p dv = c_p dT - v dp \tag{3.65}$$

由式(3.45)理想气体的状态方程式为

$$pv = RT \tag{3.66}$$

在本节中，为了简单起见，只考虑比热不随温度变化的狭义理想气体。

等温过程(isothermal process)：温度保持不变，理想气体在被加热和膨胀的情况下，初始和终了状态分别用下角标 1、2 来表示，根据式(3.66)可以得知在等温过程中有

$$pv = RT = p_1 v_1 = p_2 v_2 = \text{常数} \tag{3.67}$$

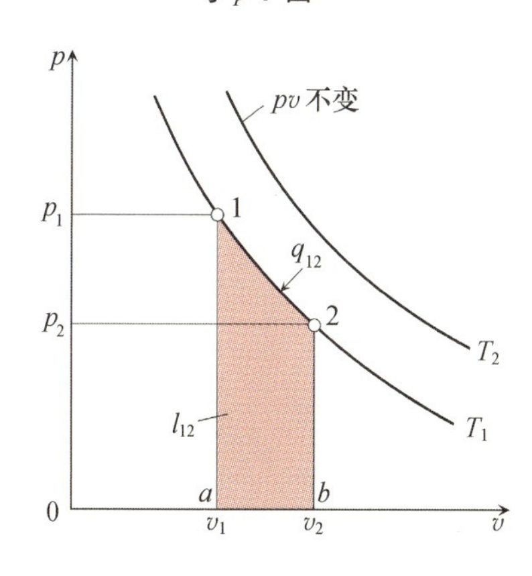

图 3.41　等温过程

在图 3.41 所示的 p-v 图中，单位质量的气体对外界所做的功 l_{12} 是 1-2-b-a 围成的面积，即

$$l_{12} = \int_1^2 p dv = p_1 v_1 \int_1^2 \frac{dv}{v} = p_1 v_1 \ln \frac{v_2}{v_1} = p_1 v_1 \ln \frac{p_1}{p_2} = RT \ln \frac{p_1}{p_2} \tag{3.68}$$

此时，膨胀过程中的 $v_2/v_1 = r$ 被称为**膨胀比(expansion ratio)**，压缩过程中的 $v_1/v_2 = \varepsilon$ 被称为**压缩比(compression ratio)**。

理想气体的内能只是温度的函数，因此等温过程中内能 u 保持一定。同时，根据热力学第一定律式(3.65)可知，给气体加的热量 q_{12} 与气体对周围所做的功是相等的，亦即

$$q_{12} = l_{12} = RT\ln(p_1/p_2) \tag{3.69}$$

质量为 m(kg)的气体加热量 Q_{12} 为

$$Q_{12} = mq_{12} = ml_{12} = mRT\ln(p_1/p_2) \tag{3.70}$$

因此，在准静态下的等温过程中，所加的热可以全部转变为功，在等温压缩过程中，压缩过程所需要的功转换为热量并全部释放到外界。

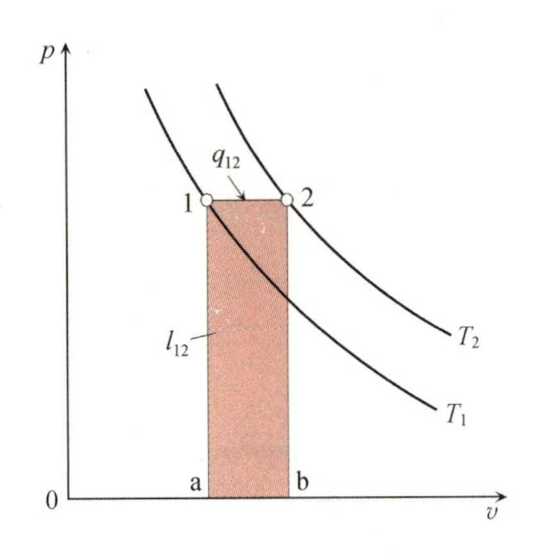

图 3.42 定压过程

定压过程(isobaric process):一般在等压燃烧过程中可看到,变化过程中压力不变,在如图3.42所示的 p-v 图上,单位质量的气体所做的功可表示为长方形1-2-b-a的面积,即

$$l_{12}=\int_1^2 p\mathrm{d}v=p(v_2-v_1)=R(T_2-T_1) \tag{3.71}$$

同时根据式(3.66),定压过程中有

$$\frac{T}{v}=\frac{T_1}{v_1}=\frac{T_2}{v_2}=\text{常数} \tag{3.72}$$

热量根据热力学第一定律式(3.65)可知

$$q_{12}=h_2-h_1=c_p(T_2-T_1) \tag{3.73}$$

利用式(3.65)及式(3.58)可得内能的变化

$$u_2-u_1=c_v(T_2-T_1)=q_{12}/\kappa \tag{3.74}$$

又 $c_p-c_v=R$,故

$$q_{12}=c_p(T_2-T_1)=(R+c_v)(T_2-T_1)=l_{12}+u_2-u_1 \tag{3.75}$$

这说明所加的热量用于气体对周围做功,同时也用于内能的增加。

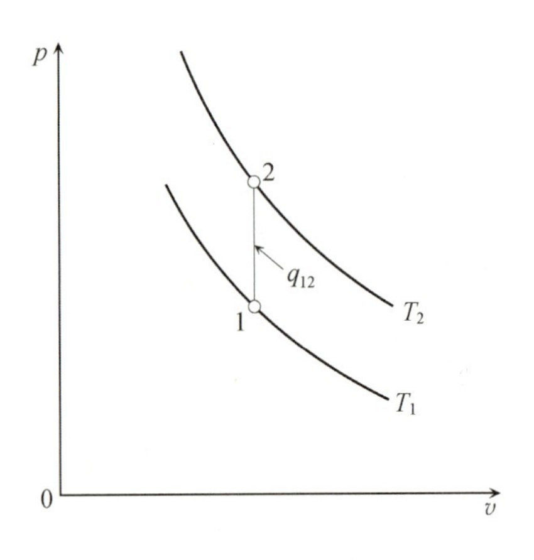

图 3.43 定容过程

定容过程(isochoric process):在体积保持一定的容器内,气体的加热或燃烧过程常被看做定容过程。这一变化中由于比容 v 保持不变,通过状态方程式(3.66)可知,对定容过程有

$$\frac{T}{p}=\frac{T_1}{p_1}=\frac{T_2}{p_2}=\text{常数} \tag{3.76}$$

另外,对外做的功为 $l_{12}=\int p\mathrm{d}v=0$,变化过程在图3.43上表示为1-2的垂直线段。

加热量 q_{12} 通过式(3.65)以及 $\mathrm{d}v=0$ 可知

$$q_{12}=u_2-u_1=c_v(T_2-T_1) \tag{3.77}$$

因此,所加的热量只是增加了内能。

可逆绝热过程(reversible adiabatic process)与**等熵过程**(isentropic process):气体与周围之间没有热交换,而且也没有摩擦等内部生成热的变化过程。由式(3.65)中的 $\delta q=0$ 可得

$$c_v\mathrm{d}T+p\mathrm{d}v=0 \tag{3.78}$$

利用理想气体的状态方程式(3.66),把 $T=pv/R$ 代入式(3.78)得到

$$c_v(p\mathrm{d}v+v\mathrm{d}p)+Rp\mathrm{d}v=0 \tag{3.79}$$

把式(3.63)代入上式得

$$c_pp\mathrm{d}v+c_vv\mathrm{d}p=0 \tag{3.80}$$

利用 $c_p/c_v=\kappa$ 可得

$$\kappa\frac{\mathrm{d}v}{v}+\frac{\mathrm{d}p}{p}=0 \tag{3.81}$$

对式(3.81)积分可得

$$\kappa\ln v+\ln p=\text{常数} \tag{3.82}$$

因此,对可逆绝热过程有

$$pv^{\kappa}=p_1v_1^{\kappa}=p_2v_2^{\kappa}=\text{常数} \tag{3.83}$$

在 p-v 图上，如图 3.44 所示的曲线为 $pv^{\kappa}=$常数。由式(3.83)与状态方程式(3.66)可得下式(3.84)及式(3.85)的关系式。

$$Tv_v^{\kappa-1}=T_1v_1^{\kappa-1}=T_2v_2^{\kappa-1}=\text{常数} \tag{3.84}$$

$$\frac{T}{p^{(\kappa-1)/\kappa}}=\frac{T_1}{p^{(\kappa-1)/\kappa}}=\frac{T_2}{p^{(\kappa-1)/\kappa}}=\text{常数} \tag{3.85}$$

即可逆绝热膨胀过程的压力、温度都将减少，而可逆绝热压缩过程的压力和温度将增加。值得注意的是式(3.82)～式(3.85)中的常数值各不相同。

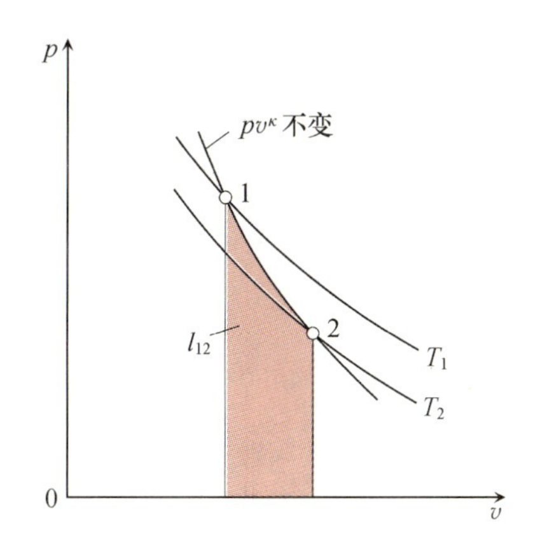

图 3.44 绝热过程

绝热过程在变化过程中系统的热量不变，因此对外所做的功通过式(3.83)可得

$$l_{12}=\int_1^2 p\mathrm{d}v=p_1v_1^{\kappa}\int_1^2\frac{1}{v^{\kappa}}\mathrm{d}v=p_1v_1^{\kappa}\frac{1}{-\kappa+1}\left(\frac{1}{v_2^{\kappa-1}}-\frac{1}{v_1^{\kappa-1}}\right)$$

$$=\frac{p_1v_1}{\kappa-1}\left[1-\left(\frac{v_1}{v_2}\right)^{\kappa-1}\right] \tag{3.86}$$

再利用式(3.83)～式(3.85)，上式可表示为

$$l_{12}=\frac{p_1v_1}{\kappa-1}\left[1-\left(\frac{p_2}{p_1}\right)^{(\kappa-1)/\kappa}\right]$$

$$=\frac{1}{\kappa-1}(p_1v_1-p_2v_2)=\frac{R}{\kappa-1}(T_1-T_2) \tag{3.87}$$

多变过程(polytropic process)：在一些热力机械或压缩机等装置中，实际发生的气体状态变化未必能表述为上述的某一过程。在这种情况下，可逆绝热过程可视为一般过程，尽管变化过程中有一些热量的输入或输出，但仍然可以表示成类似于式(3.83)的下式

$$pv^n=p_1v_1^n=p_2v_2^n=\text{常数} \tag{3.88}$$

这一过程被称为多变过程(polytropic process)，常数 n 称为多变指数。

理想气体的准静态过程总结如表 3.8 所示。

表 3.8 理想气体的准静态过程

过程	关系式
等温过程	$pv=RT=$常数
定压过程	$T/v=$常数
定容过程	$T/p=$常数
绝热过程	$pv^{\kappa}=$常数
多变过程	$pv^n=$常数

与可逆绝热变化的情况相同，利用状态方程式可以把式(3.88)变为

$$Tv^{n-1}=\text{常数} \tag{3.89}$$

$$\frac{T}{p^{(n-1)/n}}=\text{常数} \tag{3.90}$$

当 n 取为特定值时，多变过程就表示为前面所述的各种状态的变化过程。比如，当 $n=0$ 时表示等压变化，$n=1$ 时为等温变化，$n=\kappa$ 时为绝热变化，$n=\infty$时为等容变化，如图 3.45 的 p-v 图所示的那样，每个变化过程都可视为多变过程的特例。

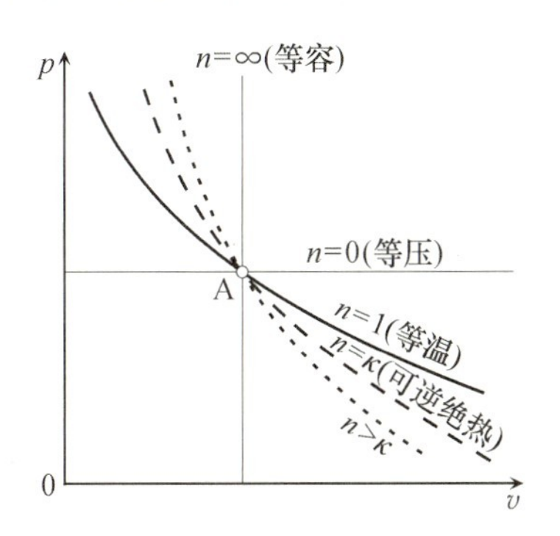

图 3.45 各状态变化的比较

表 3.9 多变过程

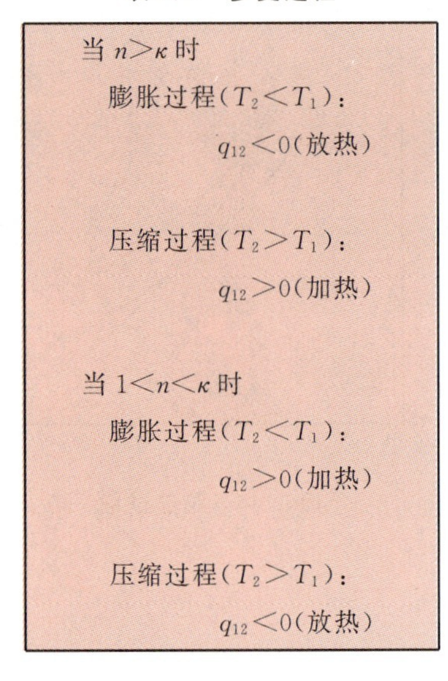

当 $n>\kappa$ 时

膨胀过程($T_2<T_1$)：

$q_{12}<0$(放热)

压缩过程($T_2>T_1$)：

$q_{12}>0$(加热)

当 $1<n<\kappa$ 时

膨胀过程($T_2<T_1$)：

$q_{12}>0$(加热)

压缩过程($T_2>T_1$)：

$q_{12}<0$(放热)

当 $n\neq1$ 时，每 1 kg 的理想气体对外界所做的功可按下式考虑

$$l_{12}=\int_1^2 p\mathrm{d}v=\frac{p_1v_1}{n-1}\left[1-\left(\frac{v_1}{v_2}\right)^{n-1}\right]=\frac{p_1v_1}{n-1}\left[1-\left(\frac{p_2}{p_1}\right)^{(n-1)/n}\right]$$

$$=\frac{1}{n-1}(p_1v_1-p_2v_2)=\frac{R}{n-1}(T_1-T_2) \qquad (3.91)$$

当 $n=1$ 时，

$$l_{12}=RT_1\ln\frac{p_1}{p_2} \qquad (3.92)$$

多变过程中施加的热量 q_{12}，可以通过热力学第一定律式(3.6)得到

$$q_{12}=c_v(T_2-T_1)+l_{12} \qquad (3.93)$$

再利用式(3.91)得

$$q_{12}=c_v(T_2-T_1)+\frac{R}{n-1}(T_1-T_2)$$

$$=\left(c_v-\frac{c_p-c_v}{n-1}\right)(T_2-T_1)=c(T_2-T_1) \qquad (3.94)$$

其中，

$$c=c_v\frac{n-\kappa}{n-1} \qquad (3.95)$$

c 表示多变过程的比热。通过式(3.89)以及式(3.94)，n 与 κ 的大小关系可按表 3.9 所示取其正负值。也就是说，在图 3.45 中，若从 A 开始膨胀或压缩，可逆绝热线为 $n=\kappa$ 线，则在此线之上为加热，而在之下为放热。

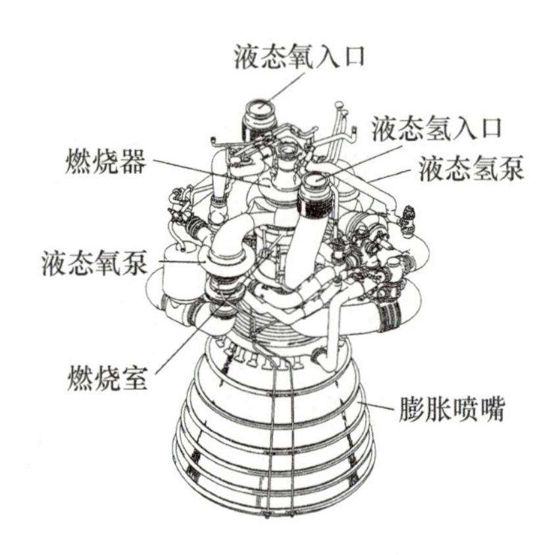

图 3.46 液体燃料火箭发动机
(日本宇宙开发事业团提供)

【例题 3.2】 ************************

图 3.46 表示使液态氧与液体氢燃烧的火箭发动机，液态氧与液态氢通过泵的加压在燃烧室燃烧，生成高温高压气体后通过喷管绝热膨胀得到高速气流。气体的动能变化转变为火箭的推动力。

这一过程可通过如图 3.47 所示的模型来说明。在燃烧室得到温度为 3 000 K、压力为 13 MPa 的燃气以 250 kg/s 的流量流过面积为 0.3 m^{2}的喷管入口(1)。喷管出口(2)的压力为 0.1 MPa 时，计算喷管出口处气体温度、气体流速，以及大气压力 0.1 MPa 下的发动机推力。其中，燃烧气体视为理想气体，气体常数 $R=560$ J/(kg・K)，比热比 $\kappa=1.3$。

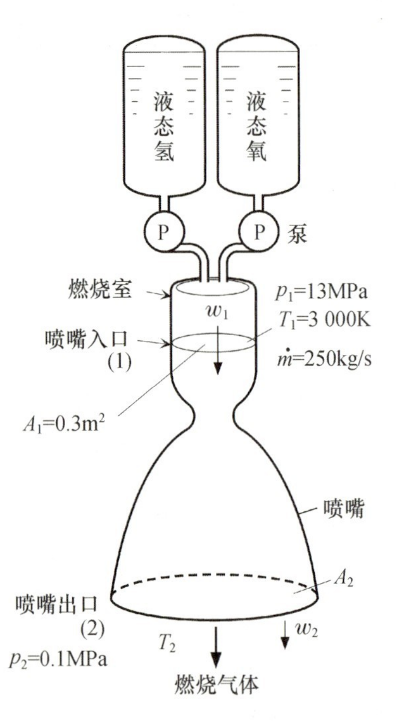

图 3.47 火箭发动机模型图

【解答】 式(3.37)右边为 0，势能的变化可以忽略，通过热力学第一定律，利用式(3.59)的关系有

$$w_2=\sqrt{2c_p(T_1-T_2)+w_1^2} \qquad (\text{ex}3.3)$$

由理想气体关系式及质量流量 $\dot{m}$ 可知，

$$w_1=\dot{m}v_1/A_1=\dot{m}RT_1/(p_1A_1) \qquad (\text{ex}3.4)$$

喷管内绝热膨胀视为准静态过程，那么有

$$T_2 = T_1 (p_2/p_1)^{(\kappa-1)/\kappa} \tag{ex3.5}$$

利用式(3.64)，那么式(ex3.3)可写为

$$w_2 = \sqrt{2\frac{\kappa R}{(1-\kappa)}T_1\left[1-\left(\frac{p_2}{p_1}\right)^{(\kappa-1)/\kappa}\right]+w_1^2} \tag{ex3.6}$$

因此，可得 $T_2=976\,\mathrm{K}$，$w_2=3\,134\,\mathrm{m/s}$。初始速度为0的燃料通过加速，有 $\dot{m}w_2$ 动量的燃烧气体喷出时，会施有相同大小的反作用驱动力，$F=7.83\times10^5\,\mathrm{N}$，约 80 000 kgf(80 000 kg 重量)的推力作用在火箭上。

****

*3.6.4　混合理想气体(ideal gas mixture)

几种不发生反应的理想气体间的扩散和混合现象，可以看成是各自独立的气体的自由膨胀过程。由于混合后的气体再分离需要必要的功，因此物质的扩散混合过程与气体的自由膨胀过程一样是典型的不可逆过程。与气体混合有关的**混合气体压力，即总压(total pressure)，等于各组分气体的分压(partial pressure)之和，即所谓道尔顿定律(Dalton's Law)。这里各组分气体的分压即各组分气体与混合气体的温度、体积相同时的压力。**这意味着各组成气体间没有相互影响，各气体有独立存在的含义。

现在如图3.48所示，压力、温度等各不相同的 n 种理想气体分别放置于不同的室，然后去掉各室间的隔板，各气体间就会扩散混合，最终达到均质的混合气体。混合前各组分气体的质量、体积、压力、温度、摩尔质量、物质的量分别为 $m_i, V_i, p_i, T_i, M_i, n_i (i=1,2,\cdots,n)$，混合后记为 m, V, p, T, M, n，那么

$$m = \sum_{i=1}^{n} m_i \tag{3.96}$$

$$V = \sum_{i=1}^{n} V_i \tag{3.97}$$

而且各组分气体的理想气体状态方程成立，即

$$p_i V_i = m_i R_i T_i, \quad pV = mRT \tag{3.98}$$

由于系统是在所有气体的总体积保持不变的情况下混合的，对外部系统也未做功，另外容器与外界保持绝热，没有热传递。因此，根据热力学第一定律，系统的总内能混合前后没有变化，即

$$mu = \sum_{i=1}^{n} m_i u_i \tag{3.99}$$

混合后的温度为 T 时有

$$T\sum_{i=1}^{n} m_i c_{vi} = \sum_{i=1}^{n} m_i c_{vi} T_i \tag{3.100}$$

通过上式有以下关系式成立

$$T = \frac{\sum_{i=1}^{n} m_i c_{vi} T_i}{\sum_{i=1}^{n} m_i c_{vi}} = \frac{\sum_{i=1}^{n} p_i V_i \frac{c_{vi}}{R_i}}{\sum_{i=1}^{n} \frac{p_i V_i}{T_i}\frac{c_{vi}}{R_i}} = \frac{\sum_{i=1}^{n} \frac{p_i V_i}{\kappa_i - 1}}{\sum_{i=1}^{n} \frac{p_i V_i}{T_i(\kappa_i - 1)}} \tag{3.101}$$

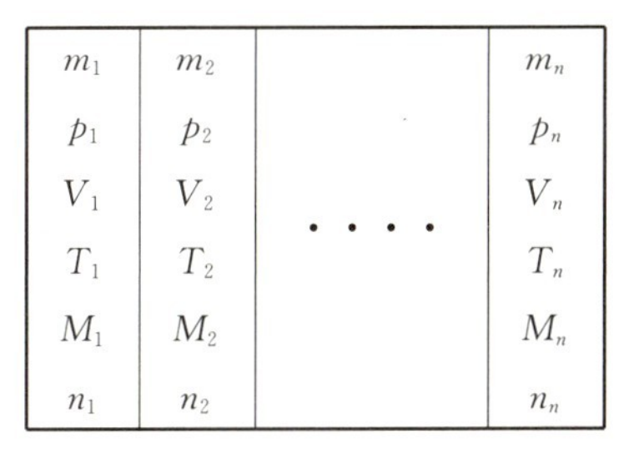

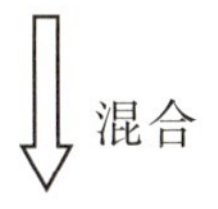

$$m = m_1 + m_2 + \cdots + m_n$$

$$v = v_1 + v_2 + \cdots + v_n$$

$$p = \frac{T}{V}\sum_{i=1}^{n} m_i R_i$$

$$T = \sum_{i=1}^{n} m_i c_{vi} T_i \Big/ \sum_{i=1}^{n} m_i c_{vi}$$

$$R = \frac{1}{m}\sum_{i=1}^{n} m_i R_i$$

$$n_t = \sum_{i=1}^{n} n_i$$

图3.48　一定体积下的混合

对于压力，各组分气体通过混合容积从 V_i 膨胀到 V，其压力从 p_i 变为 p'_i。p'_i 可由式(3.98)导出

$$p'_i = p_i \frac{V_i T}{V T_i} \tag{3.102}$$

式中，p'_i 是混合气体的分压。通过道尔顿定律可知，混合气体的压力等于各组分气体分压的和，因此混合后的压力为

$$p = \sum_{i=1}^{n} p'_i = \frac{T}{V} \sum_{i=1}^{n} \frac{p_i V_i}{T_i} = \frac{T}{V} \sum_{i=1}^{n} m_i R_i \tag{3.103}$$

式中 p 为总压。

在图3.48中，考虑将压力与温度都相等的各组分气体分隔成小块，然后取走隔板，在没有化学反应条件下，各气体通过扩散形成均质的混合气体。此时，V 与 V_i 的关系由式(3.97)可得

$$V = \sum_{i=1}^{n} V_i = \frac{T}{p} \sum_{i=1}^{n} m_i R_i = \frac{mT}{p} \sum_{i=1}^{n} \frac{m_i}{m} R_i = \frac{V}{R} \sum_{i=1}^{n} g_i R_i \tag{3.104}$$

根据上式，混合气体的气体常数 R 可由质量比 $g_i = m_i/m$ 与混合气体各气体的气体常数来表达，即

$$R = \sum_{i=1}^{n} g_i R_i \tag{3.105}$$

由于混合时不发生化学反应，混合前后的气体总分子数目，亦即物质的量不变。混合气体的分子量为 M，总物质的量为 n_t，则有

$$n_t = \sum_{i=1}^{n} n_i \tag{3.106}$$

$$n_t = \frac{m}{M}, \quad n_i = \frac{m_i}{M_i} \tag{3.107}$$

因此有

$$n_t = \sum_{i=1}^{n} n_i = \sum_{i=1}^{n} \frac{m_i}{M_i} = \frac{m}{M} \tag{3.108}$$

因此混合气体的分子量 M 为

$$M = \frac{1}{\sum_{i=1}^{n} \frac{g_i}{M_i}} \tag{3.109}$$

至于其比热，是使混合气体的温度在定压或定容条件下，仅升高单位温度时所需要的热量，也是各组分气体的温度分别上升单位温度时所需热量的综合，即

$$\left.\begin{aligned} mc_p &= \sum_{i=1}^{n} m_i c_{pi}, \quad c_p = \sum_{i=1}^{n} g_i c_{pi} \\ mc_v &= \sum_{i=1}^{n} m_i c_{vi}, \quad c_v = \sum_{i=1}^{n} g_i c_{vi} \end{aligned}\right\} \tag{3.110}$$

混合前后的内能 u、焓 h 是不变的，所以有

$$u = \sum_{i=1}^{n} g_i u_i, \quad h = \sum_{i=1}^{n} g_i h_i \tag{3.111}$$

无化学反应下的理想气体混合的各式总结如表3.10所示。

表3.10 无化学反应下的理想气体混合

$m = \sum m_i$,	$g_i = \frac{m_i}{m}$
$u = \sum_{i=1}^{n} g_i u_i$,	$h = \sum_{i=1}^{n} g_i h_i$
$R = \sum_{i=1}^{n} g_i R_i$,	$M = \frac{1}{\sum_{i=1}^{n} \frac{g_i}{M_i}}$
$c_p = \sum_{i=1}^{n} g_i c_{pi}$,	$c_v = \sum_{i=1}^{n} g_i c_{pi}$
$n_t = \sum_{i=1}^{n} \frac{m_i}{M_i}$	

练习题

【3.1】 Steam enters a turbine with a flow rate of 1.8 kg/s, a velocity of 20 m/s and an enthalpy of 3 140 kJ/kg. The steam exits the turbine after expanding with an accompanying enthalpy of 2 500 kJ/kg at a velocity of 38 m/s. The heat loss and potential energy changes may be disregarded. What power is generated at the turbine shaft?

【3.2】 无摩擦的气缸活塞内充入理想气体,并从体积为 10 ft^3、压力为 15 psi 的状态,准静态地变化到体积为 5 ft^3、压力为 15 psi 的状态。若在这一过程中放出的热量为 35 Btu,那么求(a) 压缩所需要的功,(b) 内能的变化,(c) 焓的变化。

【3.3】 An ideal gas is flowing from point (1) to point (2). The specific heat at constant volume of the gas is 700 J/(kg·K), and its gas constant is 280 J/(kg·K). The properties of the fluid at points (1) and (2) are listed in Table 3.11. Answer the following questions:

(a) What is the increase in kinetic energy between points (1) and (2)?

(b) What is the change in enthalpy between points (1) and (2)?

(c) What is the change in flow energy (i.e., pV-work) between points (1) and (2)?

(d) What is the potential energy between points (1) and (2)?

(e) What is the mass flow rate?

(f) If no work is done by the fluid on the surroundings, what is the total heat transfer (gain) between points (1) and (2)?

(g) If 50 kJ/kg of heat is added to the system between points (1) and (2), what power is transferred to the surroundings?

(h) What is the specific heat at constant pressure of the fluid?

Table 3.11

position	(1)	(2)
diameter (m)	0.15	0.124
density (kg/m^3)	6.0	0.8
velocity (m/s)	60	660
u (kJ/kg)	292	125
p (kPa)	700	40
elevation (m)	0	10

【3.4】 把压力为 1 MPa、温度为 300 K、比热比为 1.4 的理想气体 0.01 m^3 充入气缸活塞构成的容器内,并使其准静态地膨胀到 0.1 MPa。若这一变化是(a) 等温过程,(b) 绝热过程,求膨胀后气体的体积、温度、气体对周围所做的功以及所增加的热量。

【答案】

3.1 1 151 kW

3.2 (a) −13.9 Btu(负号表示是对气体所做的功)

(b) 根据热力学第一定律,−21.1 Btu(负号表示内能的减少)

(c) −35.0 Btu(负号表示在这一过程中焓是减少的)

3.3 (a) 216 kJ/kg (b) −234 kJ/kg (decrease)

(c) −66.7 kJ/kg (decrease) (d) 98 J/kg (e) 6.4 kg/s

(f) -115 kW　(g) 435 kW　(h) 980 J/(kg·K)

3.4　(a) 体积：0.1 m^3　温度：300 K　功：23 kJ　热量：23 kJ

(b) 体积：0.0518 m^3　温度：155 K　功：12 kJ　热量：0 J

第 4 章

热力学第二定律

The Second Law of Thermodynamics

4.1　热功转换效率：卡诺的功绩 (conversion efficiency from heat to work：Carnot's achievement)

应用在机械工学中的**热力学第二定律**(the second law of thermodynamics)指出了发动机、涡轮机等热能转换成机械功的装置(以下记为热⇒功)的理论最大热效率，并且是可以定量地揭示实际中的热系统(发动机、空调机等)不能达到理论最大热功率原因的定律。如第 1 章所述，在工学中应对地球环境、能源、资源问题方面，热力学第二定律(以下简称第二定律)的观点今后将变得更加重要。第二定律本身不能说非常复杂，但是，定量地表示第二定律熵的概念，是以人类的长期经验为基础并由许多先驱者建立的，而不是建立在效率基础上的理论体系，所以对于初学者来说难理解部分和容易误解的地方较多。到目前为止，已对第二定律逻辑的、通俗易懂的叙述进行了许多尝试。在本章中，以这些成果为基础，从第二定律的先驱者卡诺(图 4.1)开始，尝试用有助于今后机械工学的、现代的、具体的语言叙述第二定律。即使经过了 150 多年的今天，卡诺从工学角度观察和认识问题的方法的光辉仍毫不减色，同时即使在今天，机械工学的重要课题之一也仍然是把提高热效率作为目标。因此以卡诺的功绩作为本章的开篇应该是合适的。

图 4.1　考虑热机理论热效率的卡诺
(Nicolas Leonard Sadi Carnot **1796—1832**)
引自文献[1]

4.1.1　热效率有上限吗? (upper limit of thermal efficiency?)

如第 3 章中的热力学第一定律所述，热和功都是能量的形式之一，并且已知它的总量守恒。而且加热物体所需能量是非常大的(参照例题 3.1)。如日常生活中经历的，用火使物体的温度上升是比较简单的，如果高温物体储存的热能(分子无规则运动的总和)转换为机械能，那么它的利用价值应该是很高的。众所周知，人类历史上最初大规模地实现将热能转换为机械功是因为蒸汽机的发明，并由此产生了工业革命，进入了现代(参照第 1 章)。

此时，不禁产生了重要的疑问。这就是所谓“热⇒功”的转换效率(热效率)可以是 100%吗? 热力学重大使命之一是指出效率高并且对环境影响小，由热能产生出对人类有用的功的技术措施。针对该问题，热力学第一定律告诉我们的是热和功在能的“量”方面的等价性。与之相比更需要知道的是热与功相互转换的比例。尽管已经知道功⇒热转换效率是 100% (例如摩擦可使物体的温度上升)，但是，反之，热⇒功的转换效率是多少，第一定律并不能回答。那么，看看实际情况

100
50
20
10
5
2
1
热效率,%
1750
1800
1850
1900
1950
2000
年

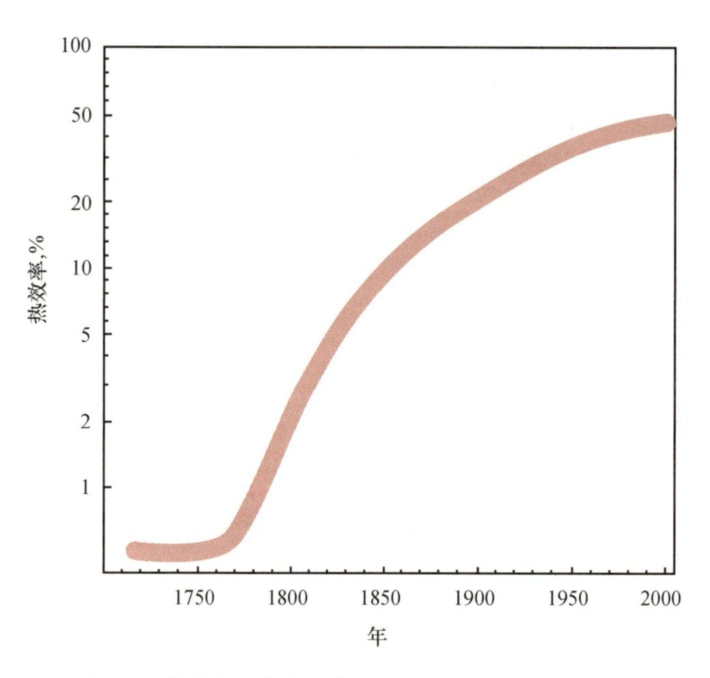

图 4.2　热效率历史变迁的概况(注意纵轴为对数坐标)

如何。图 4.2 是发动机、蒸汽机及涡轮机等的热效率(热⇒功的转换效率)的历史变迁概况。初次见到的人可能感到意外,因为即使是现在最先进的技术,实际上一半以上的能量没有利用,被废弃了。此外,成为工业革命动力的最初的蒸汽机的效率实际上没有达到 1%,热⇒功转换效率提高的过程就是热机发展的历史。现在,寻求解决发动机燃料费增加以及减少二氧化碳排放的对策,正在成为非常重要的课题。

热⇒功转换效率这么低是由于技术不成熟还是由于什么未知(对初学者来说)自然规律的限制,这些问题仅由第一定律无法得知。实际上,指出这个限制的是第二定律(参照图 4.3),1824 年最初科学地思考这个问题的是当时 28 岁的卡诺。那么试着追踪体验一下卡诺是怎样思考的吧。

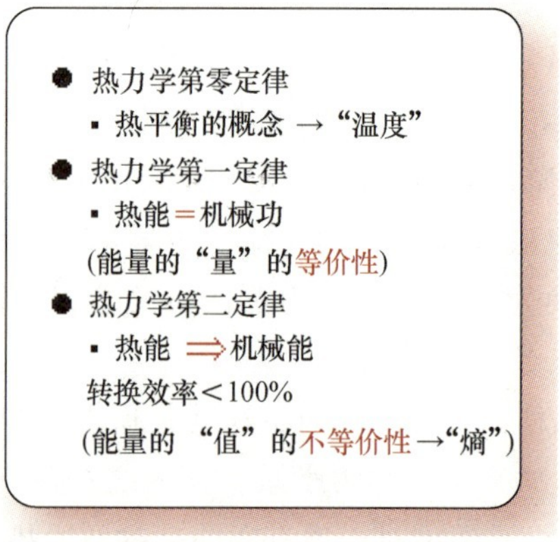

● 热力学第零定律
▪ 热平衡的概念 → “温度”
● 热力学第一定律
▪ 热能＝机械功
(能量的“量”的等价性)
● 热力学第二定律
▪ 热能 ⇒ 机械能
转换效率＜100%
(能量的“值”的不等价性→“熵”)

图 4.3　热力学定律的要点

4.1.2　卡诺的思考(Carnot's reflections)

对当时已经广泛使用的蒸汽机(例如第 1 章图 1.6 的纽克曼蒸汽机),卡诺提出了如下问题[1]。“尽管对火力机械的构成做了各种努力,而且尽管今天它到达了满意的状态，但对火力机械的研究很少，并且改进机械的试验大部分断断续续地进行。”用现在容易理解的语言归纳卡诺提出的具体问题如下(图 4.4)：

(1) 什么样的热机(循环)可获得最大热效率？
(2) 效率随工质变化吗？(存在划时代的工质吗？)
(3) 存在受自然法则支配的热⇒功转换的上限吗？

● 卡诺提出的问题

(1) 最大效率的热机是怎样的？
(2) 最大效率随工质改变吗？
(3) 存在热 ⟹ 功转换的上限吗？

图 4.4 卡诺提出的问题

作为科学问题，卡诺理想化地重新设定了上面的问题，他从蒸汽机的构造、运行以及复杂的装置中抽象出本质要素，提出了几个重要的(卡诺式的)模型。这些被简洁地归纳如下：

(1) 可逆过程(准静态过程)(等温过程和绝热过程)
(2) 热源
(3) 卡诺循环

对于上面的几个要素，将在下节详细说明，根据卡诺热机模型化的要求，首先关注的是热机的本质，而不涉及热机复杂的内部构造等。图 4.5 和图 4.6 给出了实际热机**热力学模型化**(thermodynamic modeling)的方法。从这个模型得出的独特的、抽象化的热机在后续章节中将以循环解析等方式多次出现。详细情况将在后续章节叙述，这里只考虑热机的最高温度 T_H、最低温度 T_L、流入热量 Q_H、流出热量 Q_L 和功 L，内部的运行没有损失、可逆地进行。

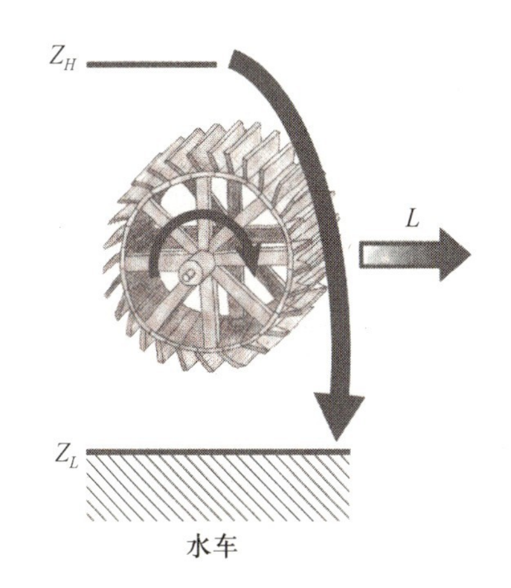

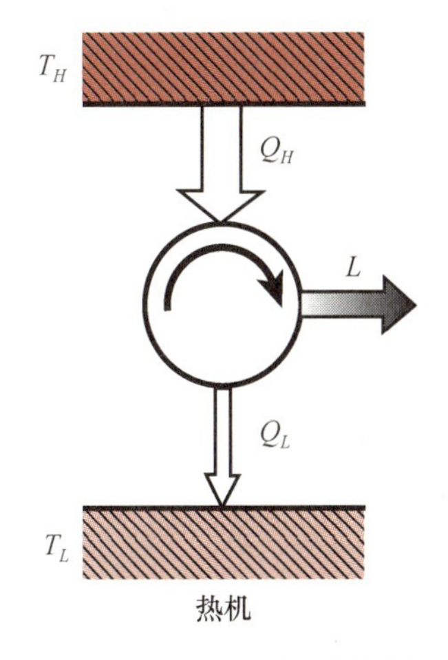

图 4.5 模拟水车的热机模型图(温度→高度，热量→水量，因为水自然流动，因此若没有低的场所，水车就不会旋转，同理，不向低温处排放热量，就不能从热机得到连续的功)

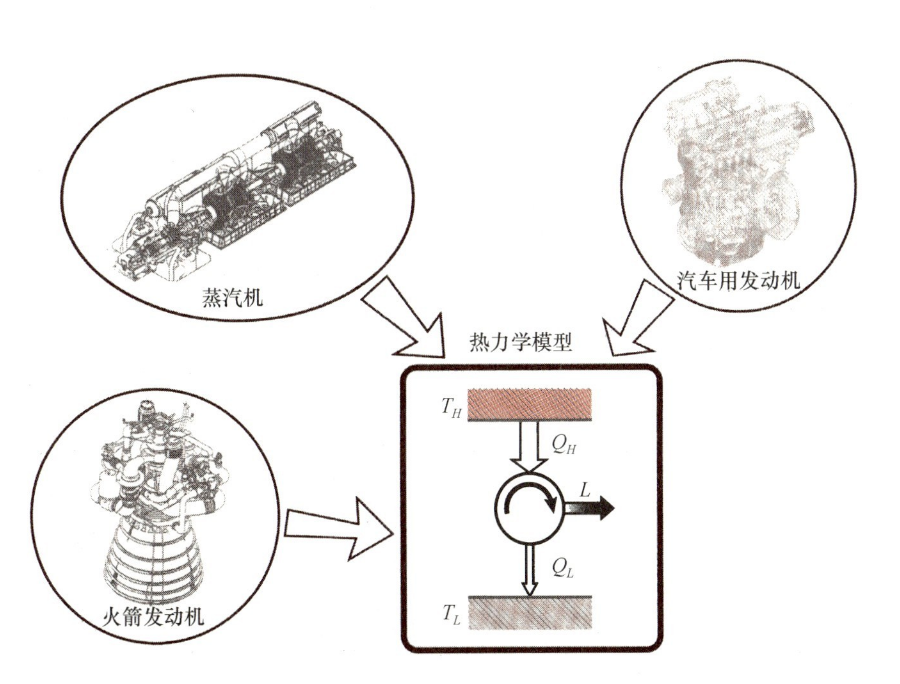

图 4.6 热力学中简化的热机模型

那么，根据这样的模型，卡诺获得的成果可以归纳为以下三点：

(1) 为了热⇒功转换连续地进行(循环)，只有高温热源是不行的，因为必须要排放一部分热，所以低温热源是必要的。

(2) 卡诺循环具有在相同的高温、低温热源间运行热机中的最大热效率(理论最大热效率)。

(3) 理论最大热效率 η_{Carnot} 与工质种类无关，只取决于高温、低温热源的热力学温度 T_H、T_L(K)，用式(4.1)表示。

$$\eta_{\mathrm{Carnot}}=1-\frac{T_L}{T_H} \tag{4.1}$$

以上，用现代的语言概括了卡诺观察和认识问题的方法、思考的方法及成果，这就是历史上发现第二定律的出发点。但是，为了正确地理解这部分内容，进一步地推进到熵的概念，一些预备知识是必要的(为卡诺循环的准备)。因此，下面介绍有关热机的热力学模型化的方法。

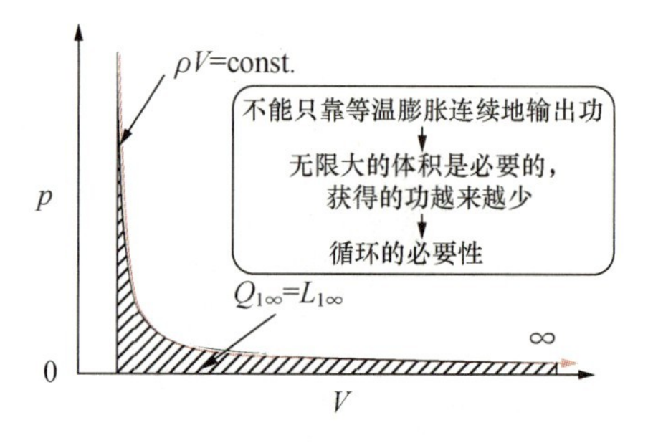

图 4.7 不能只靠等温膨胀连续地输出功

4.2 热机的模型化(thermodynamic modeling of heat engine)

4.2.1 循环(cycle)

如第3章的理想气体的准静态过程所述，利用气体膨胀的方法是最简单的热转换成功的方法。例如，如果利用等温膨胀，得 $Q_{12}=L_{12}$(式(3.69))，热可以全部转换成功。但是，用这种方法不能连续地输出功。为什么呢？为了完成上面过程需要无限大的体积，这实际上是不可能的(参照图4.7)。虽然像爆炸那样只限一回的热⇒功转换是可以的，但是对人类持续得到有用的功是无用的。为了解决这个问题，气体膨胀到某处热转换为功后，若加上其他过程再次回到最初状态就行了，这样的封闭过程就是循环(参照图4.8)。

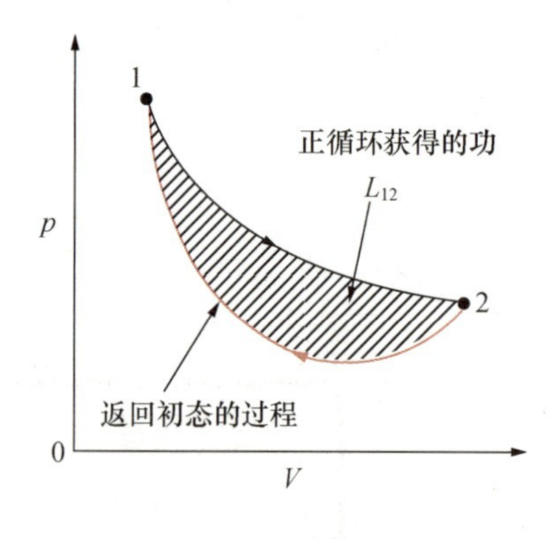

图 4.8 循环的意义

热机这个名称已经使用了几次，现从热力学模型化的角度作进一步的说明。所谓**热机**(heat engine)是指从温度 T_H 的高温热源输入热量 Q_H(考虑单位时间的情况用 $\dot{Q}_H$，其他不变)，连续向温度为 T_L 的低温热源放出热量 Q_L，向外部输出功 L 的装置。具体地说，汽车的发动机、核电厂等都是热机的代表。图 4.9 是抽象化表现的热机。首先，第一步用中央圆表示热机内部，处理成黑盒子，只考虑输入、输出热机的热量和功。其次假定**热源(thermal reservoir)**是热容量无限大的理想闭口系统，不论有多少热输入和输出，温度都保持一定。在现实中，高温热源相当于燃气、高温蒸汽等，而低温热源相当于海、大气等，但热力学模型中不注意热源的细节，只考虑它的最高、最低温度。如用图 4.9 下面的 p-V 图上的封闭曲线表示热机的循环，这个曲线顺时针回转一周对应一个循环，每一循环的热的输入、输出用箭头表示，向外部输出的功量与封闭曲线的面积相等(参照第 3.4.2 节(准静态过程))。**循环(cycle)**是指热机内工质途中经过各种变化最后回到初态的过程。**工质(working fluid)**(也称为工作媒介、工作流体)是指在循环装置中成为热交换和体积膨做作功媒介的流体，具体地说，工质是指汽油发动机中的燃烧气体、蒸汽机中的水(水蒸气)、空调机中的 HFC-134a，以及热泵系统中的 CO_2 等制冷剂。

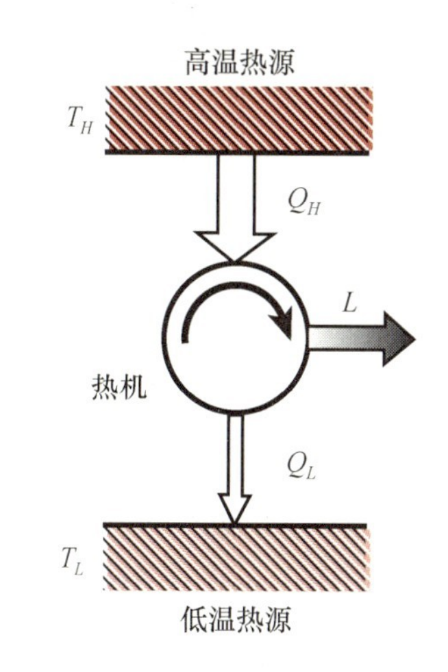

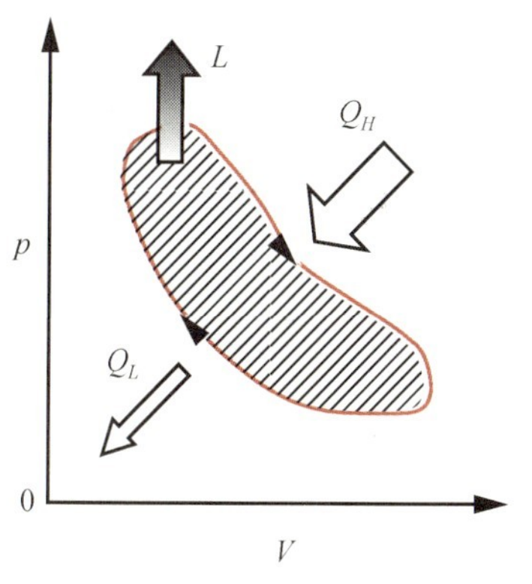

图 4.9　热机的热力学抽象化

表现热机性能最重要的指标是用式(4.2)表示的**热效率(thermal efficiency)**η。

$$\eta=\frac{[\text{输出的净功}]}{[\text{输入的热量}]}=\frac{L}{Q_H} \tag{4.2}$$

将 L(J)和 Q_H(J)换成 $\dot{L}=\mathrm{d}L/\mathrm{d}t$(W)和 $\dot{Q}_H=\mathrm{d}Q_H/\mathrm{d}t$(W)，这个关系也可以用于表示单位时间的量。由热力学第一定律，得

$$L=Q_H-Q_L \tag{4.3}$$

代入式(4.2)，热效率可表示如下：

$$\eta=\frac{Q_H-Q_L}{Q_H}=1-\frac{Q_L}{Q_H}<1 \tag{4.4}$$

目前为止，关于热机的一般描述为：

(1) 既可是实际循环也可是理想循环；
(2) 与构成循环的过程无关；
(3) 什么物质都可以作为工质。

若让热机反向运行，如图 4.10 所示(与自然的传热方向相反)可以使热从低温热源向高温热源传递(p-V 图上逆时针状态变化)。这个装置在工学中可以有两个用途，以从低温热源取走热量 Q_L(冷却)为目标的**制冷机(refrigerator)**和向高温热源输送热量 Q_H(取暖)为目标的**热泵(heat pump)**。因为这些装置是热机的逆循环，因而从外部提供功是必要的，这些功量在大多数情况下与驱动压缩机的电动机的耗功相等。制冷机和热泵的性能分别用式(4.5)和式(4.6)定义的**工作性能系数(coefficient of performance: COP，也称为成绩系数)**来表示。

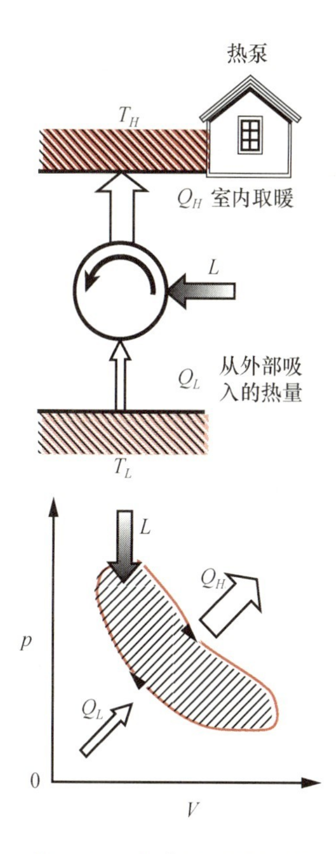

图 4.10　制冷机和热泵的抽象化

$$\text{制冷机：}\varepsilon_R=\frac{Q_L}{L}=\frac{Q_L}{Q_H-Q_L}=\frac{1}{Q_H/Q_L-1} \tag{4.5}$$

$$\text{热　泵：}\varepsilon_H=\frac{Q_H}{L}=\frac{Q_H}{Q_H-Q_L}=\frac{1}{1-Q_L/Q_H} \tag{4.6}$$

在相同的 Q_H，Q_L 的情况下，两个工作性能系数的以下关系成立。

$$\varepsilon_H=\varepsilon_R+1 \tag{4.7}$$

因此，热泵的供热系数比1大，现实家庭中使用的热泵的工作性能系数平均为3～4，即热泵输入1的功，可以得到3～4倍的热，是环境负荷小的装置(与用电加热取暖的场合输入1的电功只能得到1的热量比较而言)。

【例题4.1】 ************************

一辆汽车的发动机输出为80 PS，以热效率25%运行，试求该发动机1小时消耗的燃料的质量。该燃料燃烧的发热量是4.4×10^7 J/kg。

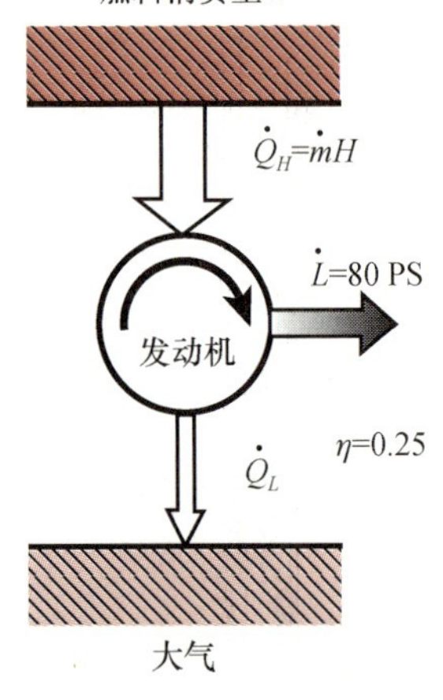

图4.11　例题4.1的发动机

【解答】 该发动机模型化后变成如图4.11所示，由热效率的式(4.2)，必要的输入热量$\dot{Q}_H$是

$$\dot{Q}_H=\frac{\dot{L}}{\eta}=\frac{80\ \text{PS}\times0.735\ \text{kW/PS}}{0.25}=235.2\ \text{kW} \tag{ex4.1}$$

因此，1小时消耗的燃料的质量$\dot{m}$为

$$\dot{m}=\frac{\dot{Q}_H}{H}=\frac{235.2\times10^3\ \text{W}\times3600\ \text{s/h}}{4.4\times10^7\ \text{J/kg}}=19.2\ \text{kg/h} \tag{ex4.2}$$

****

4.2.2　可逆过程与不可逆过程(reversible and irreversible processes)

为了考虑热机的最大热效率，对实际热机内产生的各种各样的现象进行理想化是必要的。以力学问题为例，考虑投入空气中的球的理想运动的情况，当球是没有大小的质点时，可以不考虑与空气的摩擦阻力，该理想化与热力学中理想化的类似。在热力学中，将现实中的不可逆过程理想化成可逆过程，这与力学中将实际上有摩擦(不可逆过程)的现象理想化成无摩擦(可逆过程)的现象是相同的。只是热力学的对象更加复杂，例如，包含了流体流动和热传递等的理想化，因此有必要描述更广义的可逆过程的概念。

可逆过程(reversible process)是指某系统可以对外界不造成任何影响的再次回到初态的过程。不可逆的过程称为不可逆过程(irreversible process)。所有的自然现象都是不可逆过程，只能向一个方向进行，为了回到初始状态，某些工作(人为地对外界造成一些影响)是必要的。

列举一些典型的不可逆因素如下：

- 摩擦(固体的滑动摩擦和流体的流动摩擦)
- 有温差的传热(传导、对流、辐射)
- 不同物质的混合
- 气体的自由膨胀

· 化学反应
· 塑性变形
· 流过电阻的电流

例如,倒入杯中的热咖啡温度自然地下降最后变成与室温相同。可以使这杯咖啡的温度回到原来状态,但是,为此需再次加热而消耗能量,因此造成了外界的变化成为不可逆过程。可逆过程是现实中的不可逆过程理想化到极限的过程。例如,真空中振动的振子,若支点的摩擦非常小,事实上可以认为是可逆过程。

在考虑热机的理想化方面,以下两个可逆过程是重要的。

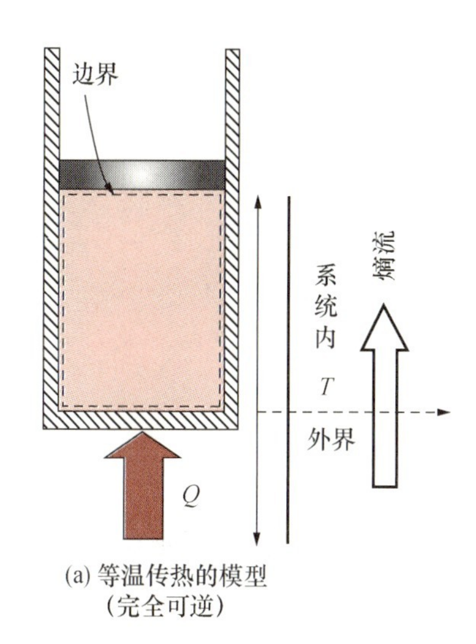

(a) 等温传热的模型
(完全可逆)

(1) 活塞、气缸系统内压缩、膨胀的气体:尽管实际的发动机内部存在流体的涡旋和活塞与气缸之间的摩擦等是不可逆过程,但当没有温差和摩擦的活塞,时刻保持平衡、缓慢运动时,可以理想化为可逆过程(参照第 3 章理想气体的准静态过程)。

(2) 温度不同的物体间的传热:虽然没有温差就没有传热,但若温差无限小,则与可逆过程接近(等温传热,但需要无限长的时间)。

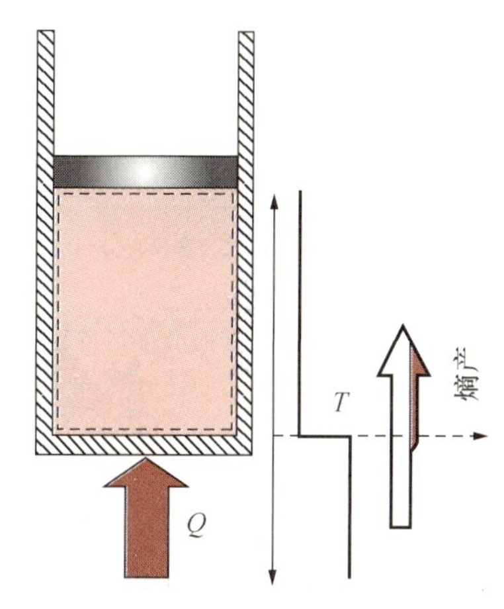

(b) 外界存在温差的传热的模型
(内部可逆)

*4.2.3 内部可逆过程(internally reversible processes)

比已知的可逆过程更有用的概念是**内部可逆过程(internally reversible process)**。在用热力学模型处理不可逆过程时,正确地认识不可逆过程是在何处产生是非常必要的。是系统内部、外界,还是这两者?系统内部没有不可逆过程的情况称为内部可逆过程。例如,如图 4.12 所示,对系统的加热过程进行热力学模型化时,如图 4.12(a)所示,假设为**等温传热(isothermal heat transfer)**,(系统全体)变为可逆过程。另外,考虑如图 4.12(b)所示的有温差传热的不可逆过程。如果温差存在于系统外部,那么由传热引起的不可逆过程在外界中产生,就变为内部可逆过程。但是,如图 4.12(c)所示,假设在系统内部存在温差,就造成了系统内部不可逆过程的产生,使分析研究系统内的循环等变得复杂,很难理想化。对于多数热力学模型化过程,即使全体是不可逆过程(循环),也可通过适当选取系统,使系统外部(外界)分担不可逆过程,使循环运行的系统内部成为可逆过程,这种方法是常用的。对于闭口系统中的内部可逆过程,过程中系统的温度、压力、比体积等全部强度性状态参数是均匀一致的,这是因为如果温差存在,就会自然地传热,会造成不可逆过程的发生。热源的全部过程都是内部可逆过程。

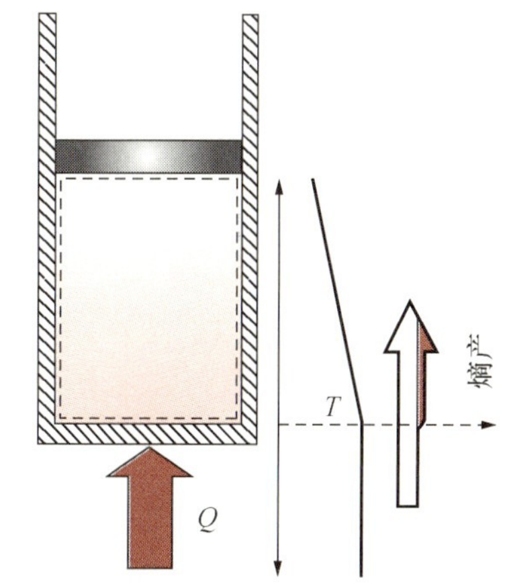

(c) 系统内存在温差的传热的模型
(内部不可逆)

图 4.12 内部可逆过程的模型化

此外,第 3 章介绍的准静态过程实际上也是内部可逆过程。准静态过程的这个名称概念模糊,意味着"时刻保持平衡且十分缓慢地进行的过程"。准静态地进行本质上也是不可逆的过程(如真空气体的自由膨胀),因为各教科书中对它的解释各不相同,所以,比较混乱。尽管熵的概念将在第 4.5 节中引入,但是因为本质上没有熵产的过程是热力学的理想化过程,所以为了避免混乱,下面不再使用准静态过程这一名称,使用内部可逆过程这一名称就很难引起误解。只是在考察卡诺循环等时,要将活塞无限缓慢的运动理想化为可逆过程,这一想象力是重要的。

可逆、不可逆的概念,由于目前只是用语言来说明,可能不容易理解,如图 4.12 中向上的箭头描绘的那样,可逆过程是熵产为 0 的极限过程,实际过程是熵产>0 的不可逆过程(参照第 4.5.2 节)。

4.3 卡诺循环的性质(characteristics of Carnot cycle)

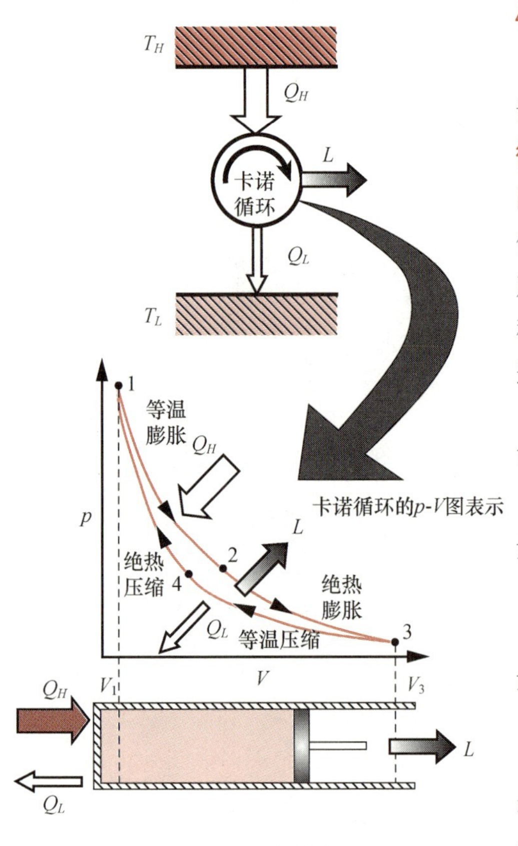

图 4.13 卡诺循环

那么,这里终于完成了为了正确理解卡诺循环所作的准备。现在让我们看看它是怎样的循环。为了考察热机的理论最大热效率,**卡诺循环(Carnot cycle)**是卡诺依靠直觉引入的理想的热机,热机的模型如图 4.13 所示,从温度为 T_H 的高温热源吸入热量 Q_H,向温度为 T_L 的低温热源释放热量 Q_L,得到功 L。该热机不是第 8 章所述的在气缸内产生热的内燃机,而是气缸内封闭的气体依靠外部加热、冷却而使活塞移动的外燃机。可以理解为使高温热源、低温热源交替与气缸接触以达到加热、冷却的目的。

卡诺机是(不是如第 4.2 节所述的黑盒子而是具体的)由下面 4 个可逆过程构成的循环。参照图 4.13 的 p-V 图,考察各过程:

- 1→2 的过程:等温膨胀(从热力学温度 T_H(K)的热源吸收热量 Q_H);
- 2→3 的过程:绝热膨胀;
- 3→4 的过程:等温压缩(向热力学温度 T_L(K)的热源释放热量 Q_L);
- 4→1 的过程:绝热压缩。

卡诺认为在热⇒功转换过程中完全没有能量损失。即加热过程不引起气体温度上升,而是将其热力学能变化全部转换成体积膨胀的等温变化,并且热机内的变化全部是由可逆过程构成的,而且,与系统外的热交换也是在温差无限小的情况下进行的,系统和外界完全是可逆过程。此外,为了形成连续做功的循环,将等温过程和绝热过程组合在一起,这些变化表示在 p-V 图上就是,利用它们的斜率不同($(\partial p/\partial V)_{绝热} > (\partial p/\partial V)_{等温}$,参照第 3 章的图 3.45),将四个过程组成一个封闭循环。进而可知,为了使循环运行,向低温热源放热也很重要。

卡诺循环重要的性质,已在 4.1.2 节介绍过。这里,对各个性质加以证明。

(这部分是使第二定律定律化的关键内容,因为存在难理解的内容,初次阅读时可跳过这部分。)

(1) 卡诺循环的效率是在相同的高温、低温热源之间运行的热机的最大热效率(理论最大热效率)。

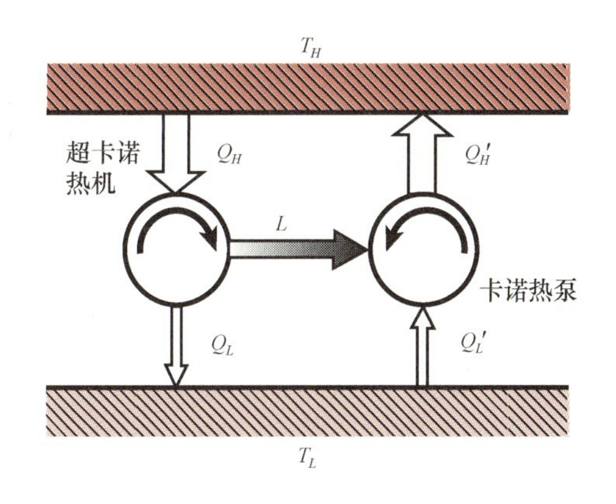

图 4.14　卡诺循环最大热效率的证明

如图 4.14 所示,假设存在比卡诺循环热效率高的超卡诺热机。又因为卡诺循环是可逆机,可以逆向运行,成为卡诺热泵,在相同温度的低温、高温热源之间,使这两个循环如图所示运行,超卡诺热机的热效率是

$$\eta_{\text{Super Carnot}}=\frac{L}{Q_H} \tag{4.8}$$

而卡诺热泵的供热系数是

$$\varepsilon_{\text{H,Carnot}}=\frac{Q'_H}{L} \tag{4.9}$$

如果超卡诺热机比卡诺热泵的效率高(参照式(4.2)和式(4.6)),那么

$$\eta_{\text{Super Carnot}}>\frac{1}{\varepsilon_{\text{H,Carnot}}} \tag{4.10}$$

的关系应该成立。因此,整理式(4.10)变为下式

$$\frac{L}{Q_H}>\frac{L}{Q'_H} \tag{4.11}$$

$$Q'_H-Q_H=Q'_L-Q_L>0 \tag{4.12}$$

式(4.12)意味着外部不提供功,就可以使 Q'_H-Q_H 的热量从低温热源向高温热源移动。这违反第二定律(第 4.4.1 节的克拉修斯表述:(注)),因此,比在相同的低温、高温热源间的运行的卡诺循环热效率高的超卡诺循环存在的假设是不正确的。

(2) 理论最大热效率 η_{Carnot} 不依赖于工质的种类。

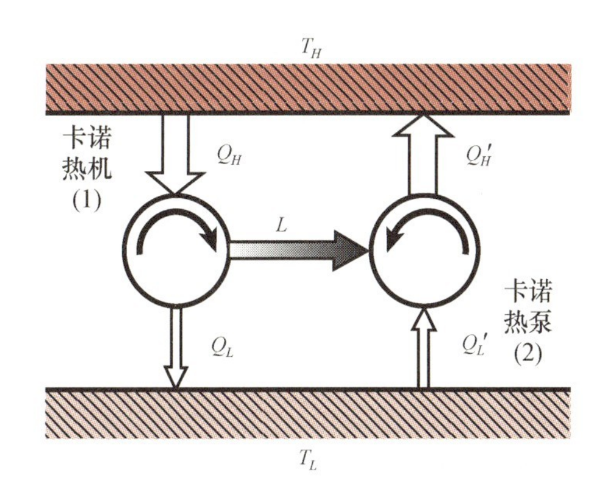

图 4.15　卡诺循环的热效率不依赖于工质

如图 4.15(不同于图 4.14)所示,卡诺循环热机 Carnot(1)和卡诺循环热泵 Carnot(2)在相同的低温、高温热源之间运行。两循环使用不同的工质,Carnot(1)用工质(1)而 Carnot(2)用工质(2),如果使用工质(1)比使用工质(2)时的热效率高,与式(4.10)同样的考虑,变成

$$\eta_{\text{Carnot(1)}}\geqslant\frac{1}{\varepsilon_{\text{H,Carnot(2)}}} \tag{4.13}$$

其次,Carnot(1)和 Carnot(2)的用途相互变换,同理,得

$$\eta_{\text{Carnot(2)}}\geqslant\frac{1}{\varepsilon_{\text{H,Carnot(1)}}} \tag{4.14}$$

如果要同时满足式(4.13)和式(4.14),则

$$\eta_{\text{Carnot(1)}}=\eta_{\text{Carnot(2)}} \tag{4.15}$$

成立是必要的。这意味着卡诺循环的热效率不依赖于工质。

(注) 以上的两个证明是在第 4.4.1 节中叙述第二定律的前提。表 4.1 给出了第二定律从卡诺论文开始直到以后第二定律被定型的整个过程。因而,卡诺以现在看来是错误的思考方式“热素说”为基础,在没有发现第二定律的情况下,证明了上面的性质。但是,卡诺的基本主张是“具有最大热效率的热机是可逆热机”,这是正确结论。关于这方面的内容,本章的文献[2]进行了通俗易懂的说明。

(3) 卡诺效率为 $\eta_{Carnot}=1-T_L/T_H$。

因为已知卡诺循环的热效率不依赖于工质的种类，所以当具体计算它的热效率时，可以使用任何物质。因此，以最简单的理想气体为工质进行计算，分别计算四个可逆过程的功，结果如下（参照第3.6.3节）

- 等温膨胀 1→2：$L_{12}=Q_H=mRT_H\ln(V_2/V_1)$　　(4.16)
- 绝热膨胀 2→3：$L_{23}=mc_v(T_H-T_L)$　　(4.17)
- 等温压缩 3→4：$L_{34}=-Q_L=mRT_L\ln(V_4/V_3)$　　(4.18)
- 绝热压缩 4→1：$L_{41}=mc_v(T_L-T_H)$　　(4.19)

将式(4.16)～式(4.19)代入热效率的定义式(4.4)，得

$$\eta_{Carnot}=1-\frac{Q_L}{Q_H}=1-\frac{-mRT_L\ln(V_4/V_3)}{mRT_H\ln(V_2/V_1)}\tag{4.20}$$

而且，两个绝热过程的以下关系成立。

$$T_HV_2^{\kappa-1}=T_LV_3^{\kappa-1}\tag{4.21}$$

$$T_LV_4^{\kappa-1}=T_HV_1^{\kappa-1}\tag{4.22}$$

从式(4.21)和式(4.22)，得出如下关系

$$\frac{V_2}{V_1}=\frac{V_3}{V_4}\tag{4.23}$$

将式(4.23)代入式(4.20)，求出下面的卡诺循环热机的热效率。

$$\eta_{Carnot}=\eta_{max}=1-\left(\frac{Q_L}{Q_H}\right)_{Carnot}=1-\frac{T_L}{T_H}\tag{4.24}$$

虽然初看式(4.24)是非常简单的，但是所有热机的理论循环上限是只取决于高温热源和低温热源的热力学温度的卡诺循环效率，这具有非常重要的意义。而且，由这一结论诞生了将在下节中介绍的熵的概念。这里，$(1-T_L/T_H)$被称为**卡诺因子(Carnot factor)**，在第二定律中会多次出现。

将式(4.24)的关系带入式(4.5)和式(4.6)，逆卡诺循环的制冷机和热泵的理论最大工作性能系数为(参照图4.16)

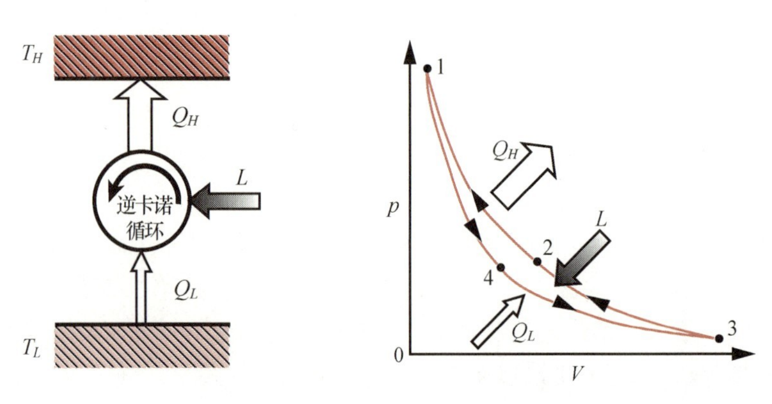

图4.16　逆卡诺循环

$$制冷机: \varepsilon_{r,\text{Carnot}}=\varepsilon_{r,\max}=\left(\frac{Q_L}{L}\right)_{\text{Carnot}}=\frac{T_L}{T_H-T_L}=\frac{1}{T_H/T_L-1} \quad (4.25)$$

$$热\quad 泵: \varepsilon_{h,\text{Carnot}}=\varepsilon_{h,\max}=\left(\frac{Q_H}{L}\right)_{\text{Carnot}}=\frac{T_H}{T_H-T_L}=\frac{1}{1-T_L/T_H} \quad (4.26)$$

【例题 4.2】 ************************

夏季考虑用空调机冷却房间，环境温度为 37℃时，要将室内温度保持在 25℃，试求该空调机所需的最小功率。从外部传入室内的热量是 3 kW。

【解答】 由于是按逆卡诺循环运行的制冷机所需功率最小，由式(4.25)，注意 T 是热力学温度，得

$$\varepsilon_{r,\text{Carnot}}=\frac{1}{T_H/T_L-1}=\frac{1}{(37+273.15)/(25+273.15)-1}=24.8 \quad (\text{ex}4.3)$$

由于与外部传入的热量 $\dot{Q}_L$ 相等，得

$$\dot{L}_{\min}=\frac{\dot{Q}_L}{\varepsilon_{r,\text{Carnot}}}=\frac{3\ \text{kW}}{24.8}=121\ \text{W} \quad (\text{ex}4.4)$$

注意：实际的空调机的 ε_r 是 3～4，与理论的上限相比非常小。

****

4.4 闭口系统的第二定律(the second law for closed systems)

到上节为止，已展示的卡诺的成果，是指明了热⇒功转换理论上限这一重要的结论，不论如何，若只局限于此，对机械工学有用的只是它的理论最大热效率表达式(4.1)。利用热机和冷冻机的工质的最高和最低温度计算理论最大热效率，与实际的热效率比较，应该是理论最大热效率乘以经验系数，才能达到计算实际所需的热、功等的程度(参照例题 4.2)。但是，它真正的价值是卡诺循环背后的更加深奥的物理定律，即热力学第二定律，以及定量地表示第二定律的熵。开尔文和克劳修斯从揭示出卡诺循环中隐藏的本质，用语言表述了热力学第二定律，到提出作为热力学第二定律的数学表述的称为熵的新的状态参数，经过了约 40 年(参照表 4.1)。该表有逻辑地说明了其流程。(注意：所有叙述的情况限定在闭口系统，不考虑物质流入、流出，热和物质存在输入输出的开口系统的第二定律将在 4.5 节中说明。)

表 4.1 从卡诺循环到第二定律以及熵的历史

年份	事 件
1824	卡诺关于火的动力的看法论文
1842	梅尔能量守恒的论文
1845	焦耳“热功当量的试验”
1848	开尔文注意到卡诺的论文
1849	开尔文“卡诺的热动力理论的说明”→卡诺函数不依赖于工质种类而取决于热力学温度
1850	克劳修斯“热的普遍性原理与特殊性原理”(第一定律与第二定律)
1851	开尔文“热的动力学理论(dynamical theory of heat)”(第一定律与第二定律)
1852	开尔文“关于力学的能量耗散的自然界的普遍倾向”(地球“热死说”)
1854	克劳修斯“论热的动力学理论的第二定律的不同表述”，第二定律“热不可能由低温物体传到高温物体，而不同时引起其他关系的变化”，循环条件下，第二定律的数学表达(克劳修斯不等式)
1865	克劳修斯“关于热的动力理论的基础方程式的各种应用的简便形式”提出了“第一、第二定律现代形式的定型”，导入熵(集大成，成为以后教科书的原形)，有名的表述“宇宙的能量是一定的，宇宙的熵趋向于最大值”
1872	玻尔兹曼“H 定理”
1876	吉布斯“关于非均质的热力学”→热力学势、相平衡、自由能、T-S 图
1877	玻尔兹曼“熵的统计解释 $S=k\ln W$”

4.4.1　与单一热源作用的循环：第二定律的语言表述(cycle in contact with one heat reservoir——the second law by statements)

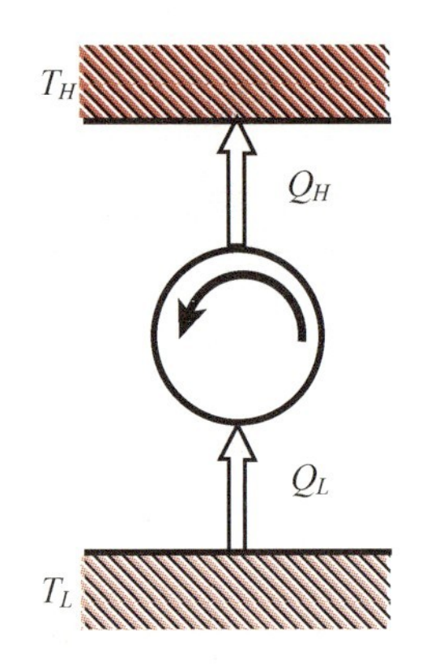

图 4.17　违反第二定律的装置(克劳修斯表述的图解)

如前卡诺成果所述，为了使热机连续地进行热⇒功转换，最理想的情况是必须将这一部分热向低温热源排放。而反之，闭口系统中可以用功(如摩擦)产生热。由经验可知，只利用单一温度的热源，连续地做功的热机是不可能实现的，不向低温热源释放热量的情况是不可能的。这一基本的不利规律成为热力学第二定律。经典的热力学第二定律的表述侧重表示热现象本质(方向的单一性)的基本的物理规律，并不直接叙述这一限度存在的理由。

• 克劳修斯的表述：若在自然界中不产生任何变化，不可能制造出连续使热从低温向高温的物体传递的装置(参照图 4.17)。

• 开尔文 · 普朗特的表述：若在自然界中不产生任何变化，不可能制造出使一定温度的热源的热连续地转换成功的装置(参照图 4.18)。

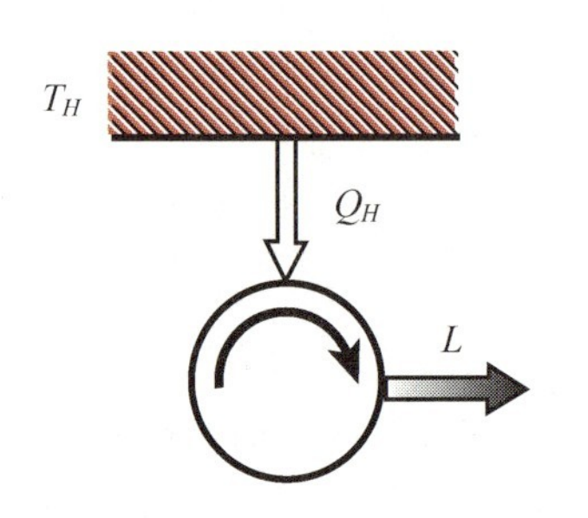

图 4.18　违反第二定律的装置(开尔文 · 普朗特表述的图解)

以上两个表述是等价的，这些用语言表述的是**“适用于闭口系统循环”的热力学第二定律**。因为这些表述有些难理解，所示经过简化，归纳成下面两点：

(1) 热可以从高温向低温传递，不能自然地反向进行。

(2) 不存在将全部热转换成功的循环。

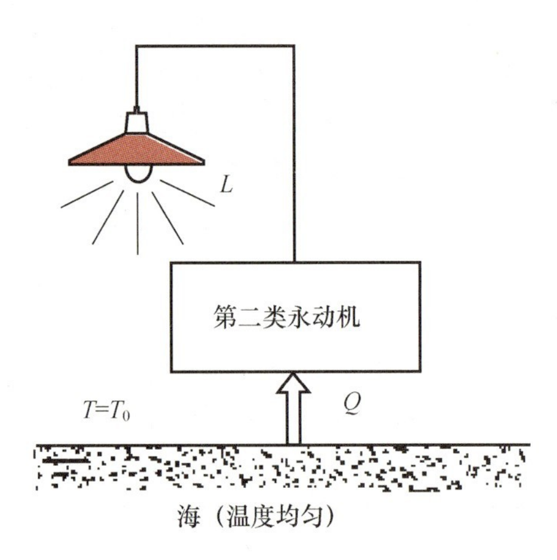

图 4.19　第二类永动机不可能实现→热力学第二定律(例如，如果温度一定的海水具有的热力学能无温差地转换成功……)

违反开尔文 · 普朗特的第二定律表达的机械，换而言之，无温差地将物体具有的热力学能全部转换成功的机械称为**第二类永动机(perpetual motion of the second kind)**(参照图 4.19)。热力学第二定律也可以表述为第二类永动机是不可能实现的。

如果用关系式来表示开尔文 · 普朗特表述的第二定律，规定了作用在系统的功 L 和热量 Q 的符号(向外输出功为正，从外部吸收热量 Q 为正)，那么关系式变成如下

$$\oint_{1\text{热源}} \delta L \leqslant 0 \tag{4.27}$$

式(4.27)的循环积分表示一个循环，即与单一热源发生作用的热机，不能通过循环向外输出功。而且，因为当循环回到初态时，热力学能的变化为 0，对循环使用热力学第一定律，得

$$\oint_{\text{cycle}} \delta Q = \oint_{\text{cycle}} \delta L \tag{4.28}$$

所以，将式(4.27)代入式(4.28)，得

$$\oint_{1\text{热源}} \delta Q \leqslant 0 \tag{4.29}$$

式(4.29)是(用语言表述的热力学)第二定律的解析式。但是，它是只对与单一热源发生作用的闭口系统循环成立的第二定律。之后，式(4.29)依次扩展到复杂的系统(从增加热源数的循环到过程)，使其一般化，最终得出熵产的概念。

4.4.2 与两个热源作用的循环(cycle in contact with two heat reservoirs)

虽然只有一个热源不能形成循环，但有高、低温两个热源的场合可以构成循环，进而，如果它是可逆循环，(如前所述)就成为卡诺循环。因为卡诺循环的性质在4.3节已介绍，故这里只引用其结果。卡诺循环热效率用式(4.24)表示，输入、输出循环的热根据第一定律规定，如果设定为从外界输入的热量为正，向外输出的热量为负，那么 $Q_L \to -Q_L$，式(4.24)变形后，如下关系式成立。

$$\frac{Q_H}{T_H}+\frac{Q_L}{T_L}=0 \ (\text{可逆循环}) \tag{4.30}$$

并且，任意的不可逆循环的热效率一定小于卡诺循环的热效率，所以式(4.31)成立。

$$\frac{Q_H}{T_H}+\frac{Q_L}{T_L}<0 \ (\text{不可逆循环}) \tag{4.31}$$

将式(4.30)和式(4.31)归纳在一起，对于与两个热源发生作用的循环，热力学第二定律(闭口系统)可以写成如下形式

$$\frac{Q_H}{T_H}+\frac{Q_L}{T_L}\leqslant 0 \tag{4.32}$$

式(4.32)成为与单一热源作用的闭口系统循环的第二定律式(4.29)的扩展形式。这是因为若用单一热源温度 T_H、热量 Q_H 表示式(4.29)，可以记为下式。

$$\frac{Q_H}{T_H}\leqslant 0 \tag{4.33}$$

4.4.3 与 *n* 个热源作用的循环(cycle in contact with *n* heat reservoirs)

热力学第二定律从与单一热源接触的循环向与两个热源接触的循环扩展，导出了式(4.33)和式(4.32)。若将这个结果进一步向与 n 个热源接触的循环扩展，使其一般化，应该怎么办呢？因为热源数超过了2个，下标由 H 和 L 变成1,2,3,…后，可以表示如下：

$$\frac{Q_1}{T_1}\leqslant 0 \tag{4.34}$$

$$\frac{Q_1}{T_1}+\frac{Q_2}{T_2}\leqslant 0 \tag{4.35}$$

$$\vdots$$

$$\frac{Q_1}{T_1}+\frac{Q_2}{T_2}+\cdots+\frac{Q_n}{T_n}=\sum_{i=1}^{n}\frac{Q_i}{T_i}\leqslant 0 \tag{4.36}$$

一般表达式(4.36)可以证明如下，如图4.20所示，任意的可逆循环可以用许多卡诺循环的组合来近似表示。这时，分别将卡诺循环的热量的输入、输出按图4.20表示，对于每个卡诺循环，与式(4.30)同样的考虑，则下式成立

$$\left(\frac{Q_1}{T_1}+\frac{Q_n}{T_n}\right)+\left(\frac{Q_2}{T_2}+\frac{Q_{n-1}}{T_{n-1}}\right)+\cdots+\left(\frac{Q_i}{T_i}+\frac{Q_{i+1}}{T_{i+1}}\right)=0 \tag{4.37}$$

因此，对于可逆循环，有

$$\sum_{i=1}^{n}\frac{Q_i}{T_i}=0(\text{可逆循环}) \tag{4.38}$$

并且，对于不可逆循环，若对各个循环分别应用式(4.31)，则

$$\left(\frac{Q_1}{T_1}+\frac{Q_n}{T_n}\right)+\left(\frac{Q_2}{T_2}+\frac{Q_{n-1}}{T_{n-1}}\right)+\cdots+\left(\frac{Q_i}{T_i}+\frac{Q_{i+1}}{T_{i+1}}\right)<0 \tag{4.39}$$

即

$$\sum_{i=1}^{n}\frac{Q_i}{T_i}<0(\text{不可逆循环}) \tag{4.40}$$

由式(4.38)和式(4.40)得

$$\sum_{i=1}^{n}\frac{Q_i}{T_i}\leqslant 0 \tag{4.41}$$

式(4.36)得证。

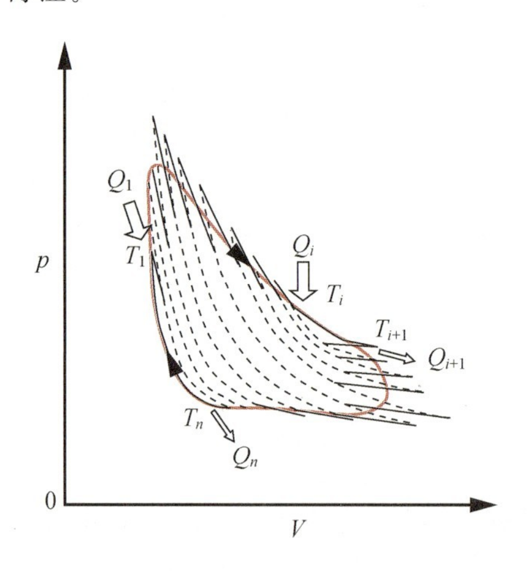

图4.20　用许多卡诺循环近似地表示任意的可逆循环(红线)

其次，作为到目前为止对第二定律进行一般化的最后步骤，如果图4.20中的热源数是无限的，那么可以对式(4.36)中的 $Q_i\to\delta Q$，$T_i\to T$ 进行置换，各循环之和也可以换成循环积分，即写成如式(4.42)的形式。

$$\oint\frac{\delta Q}{T}\leqslant 0 \tag{4.42}$$

式(4.42)称为**克劳修斯不等式(Clausius inequality)**，对于闭口系

统的任意循环,第二定律用不等式来表示。等号意味着可逆循环,不等号意味着不可逆循环。

4.5 熵(Entropy)

4.5.1 状态参数熵的定义(entropy as thermodynamic property)

现在终于完成了引入新的状态参数熵的所有准备。用语言表述的热力学第二定律扩展成为对任意闭口系统都成立的式(4.42)。那么下面将式(4.22)只取等号,限定在可逆过程进行推导。因为当循环限定在内部可逆时,可逆过程的热输入、输出确定,所以表示如下。

$$\oint \frac{\delta Q_{\mathrm{rev}}}{T} = 0 \tag{4.43}$$

下标 rev 表示 reversible (可逆),以区别于一般的不可逆过程。

式(4.43)表示,在闭口系统的可逆循环中,$\delta Q_{\mathrm{rev}}/T$ 的计算与经过的路径无关,保持一定(守恒)。换言之,$\delta Q_{\mathrm{rev}}/T$ 这个变量成为与压力、温度、体积等相同的决定系统状态的状态参数。

克劳修斯将 $\delta Q_{\mathrm{rev}}/T$ 作为新的(抽象的)状态参数 S 定义如下,并命名为熵(entropy)。

$$\mathrm{d}S = \frac{\delta Q_{\mathrm{rev}}}{T} \ (\mathrm{J/K}) \tag{4.44}$$

(熵,源自希腊语,意思是"transformation"是采用了与该物理量密切相关的能量尽可能相似的词汇。)如果将式(4.44)从最初的平衡状态 1 到最终的平衡状态 2 积分,可以计算熵的变化如下。

$$S_2 - S_1 = \int_1^2 \frac{\delta Q_{\mathrm{rev}}}{T} \tag{4.45}$$

式(4.45)中,因为热力学温度恒为正,所以若对系统加热,熵将增加,反之,若放热,则熵将减少。熵是与质量成正比的广延性参数,比熵(specific entropy)s 定义为单位质量的熵,给出下式

$$s = \frac{S}{m} \ (\mathrm{J/(kgK)}) \tag{4.46}$$

目前,用语言表述热力学第二定律的一般形式已经取得了进展,用式(4.44)定义了状态参数熵,可以处理闭口系统的可逆过程。利用这个状态参数(守恒)熵,如在以下章节中所述,可以对循环进行评价或者导出各种热力学一般关系式。

第4.6节利用此处介绍的状态参数熵进行了具体计算。

(注)因为循环积分为零和状态参数的概念靠直觉难以理解,所以参考图 4.21,以体积为例加以说明。如图所示,活塞、气缸系统组成的热机进行循环,这里的一个循环是指活塞从体积最小的 V_1 开始,到达最大体积 V_2,又返回最初位置的一系列过程。以此为例,考察活塞、气缸内气体的体积,应该立刻明白一个循环中体积的循环积分为零,即$\oint \mathrm{d}V = 0$成立。因为体积只由现在的状态决定,而不依赖于变化的

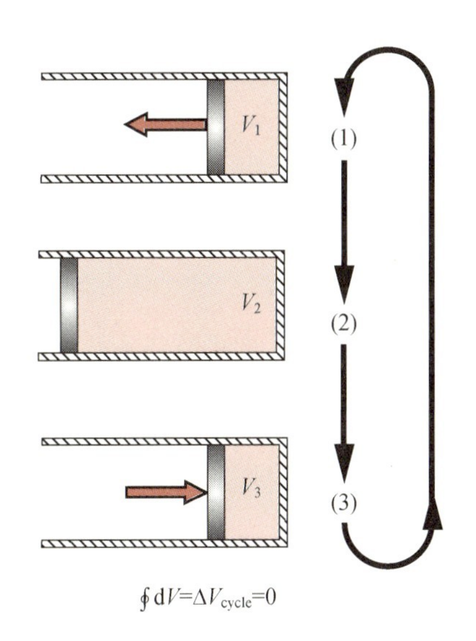

图 4.21 状态参数与循环积分的意义

路径(历史),因此成为**状态参数**(property **或者** quantity of state)。这些对温度和压力等状态参数同样成立。与之相对地,功和热经过不同的路径到达现在状态的值各不相同,所以它不是状态参数。

【例题 4.3】 ************************

如图 4.22 所示,活塞、气缸装置中装有 100℃的饱和状态的水,外界向系统等温等压地加入 140 kJ 的热,一部分水蒸发,成为饱和液体和饱和蒸汽(湿蒸汽),试计算这个过程中系统内熵的变化。

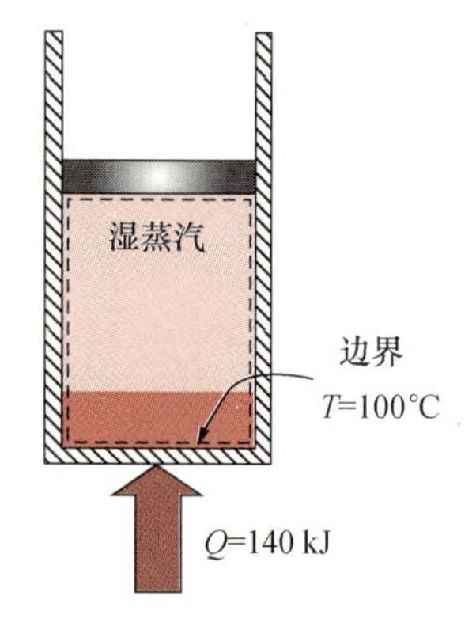

图 4.22　例题 4.3 的内部可逆循环的熵变

【解答】 因为等温传热,所以是内部可逆过程,认为系统中没有不可逆过程。因此可以使用熵的变化式(4.45),得

$$\Delta S=\frac{Q_{rev}}{T}=\frac{140\ \text{kJ}}{(100+273.15)\text{K}}=0.375\ \text{kJ/K} \tag{ex4.5}$$

****

4.5.2　闭口系统的熵平衡(不可逆过程的熵产)(entropy balance for closed systems: entropy generation by irreversible processes)

到目前为止讨论的第二定律的表述限定在闭口系统的循环。本小节中除去循环这一特殊的限制,考察任意过程(由初、终态决定)的第二定律或熵的变化。如图 4.23 所示,考察初态 1、终态 2 的不可逆过程,以及经过不同路径反向进行的可逆过程 2→1,1→2→1 全过程构成了不可逆循环。因为对于这个循环克劳修斯不等式成立,所以如下关系成立。

$$\oint\frac{\delta Q}{T}=\int_1^2\frac{\delta Q}{T}+\int_2^1\frac{\delta Q_{rev}}{T}\leqslant 0 \tag{4.47}$$

将式(4.45)代入式(4.47),得

$$\underbrace{\int_1^2\frac{\delta Q}{T}}_{\substack{\text{熵流}\\\text{非状态参数}}}\leqslant \underbrace{(S_2-S_1)}_{\substack{\text{熵变}\\\text{状态参数}}} \tag{4.48}$$

即,对于一般的不可逆过程,式(4.48)的右边表示状态参数熵的变化量(S_2-S_1),总是比沿着路径的积分 $\delta Q/T$ 值大。式(4.48)使用等号的目的是为了导出定量地表示不可逆性程度的新的物理量**熵产**(entropy generation **或者** entropy production)S_{gen}。

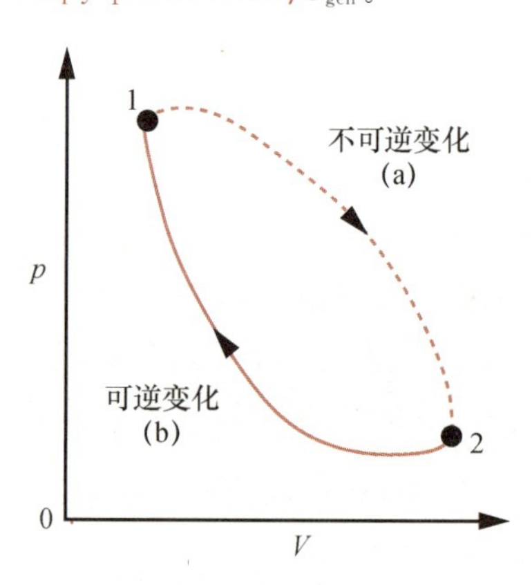

图 4.23　由不可逆过程组成的循环

$$\underbrace{S_{gen}}_{\substack{\text{熵产}\\\text{非状态参数}}} = \underbrace{(S_2 - S_1)}_{\substack{\text{熵变}\\\text{状态参数}}} - \underbrace{\int_1^2 \frac{\delta Q}{T}}_{\substack{\text{熵流}\\\text{非状态参数}}} \geqslant 0\ (\mathrm{J/K}) \tag{4.49}$$

或

$$\mathrm{d}S_{gen} = \mathrm{d}S - \frac{\delta Q}{T} \tag{4.50}$$

由式(4.50)可知，熵产恒为正，定量地表示系统内产生的不可逆的程度，极限的可逆过程变为零。(也有用 $\mathrm{d}S_{gen} \to \mathrm{d}_i S$，$\mathrm{d}S_{irr}$(熵产)以及 $\delta Q/T \to \mathrm{d}_e S$(熵流)表示的情况。)闭口系统的熵产和熵流如图 4.24 所示。

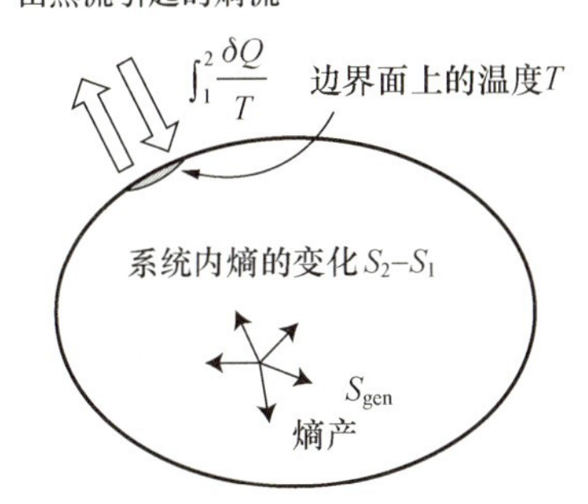

图 4.24　闭口系统的熵产和熵流

现在终于可以用熵产的概念来一般地表述热力学第二定律。热力学第二定律的表述如下：

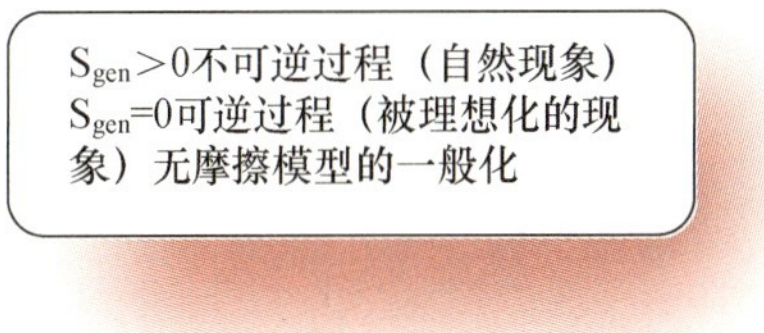

对于所有的不可逆过程，$S_{gen}>0$。只有对可逆过程，$S_{gen}=0$，(作为状态参数的)熵保持一定。$S_{gen}<0$ 不能实现，如图 4.25 所示。

$S_{gen}>0$：不可逆过程(全部实际情况)

$S_{gen}=0$：可逆过程(理想化的情况)　　(4.51)

$S_{gen}>0$不可逆过程（自然现象）
$S_{gen}=0$可逆过程（被理想化的现象）无摩擦模型的一般化

图 4.25　熵产是不可逆过程的定量的量度，熵产为零是可逆过程

这里应该注意，尽管 S_{gen} 不能为负，但是由式(4.49)可知，因为有伴随着热量传递产生的熵流，所以系统内熵的变化可正、可负，即

$$(S_2 - S_1):\begin{cases} >0 \\ =0 \\ <0 \end{cases} \tag{4.52}$$

此外，如果对没有能量和物质交换的孤立系统(isolated system)使用式(4.49)，由于伴随热量传递的熵流的右边第二项为零，所以

$$S_2 - S_1 = S_{gen} \geqslant 0 \quad : \quad \text{孤立系统} \tag{4.53}$$

因为所有实际过程都生成熵，所以孤立系统内发生的唯一现象就是熵的增加。这被称为**熵增原理或者熵最大原理**(the principle of entropy increase or the entropy maximum principle)。

从卡诺观察、认识问题开始的第二定律，用熵表述比用循环表述更加开放，并向各个领域浸透。

(注) 下面是可能引起对熵误解的地方。因为熵变是状态参数，如果变化的两端(最初和最终的平衡状态)被确定后，那么经历任何路径，熵变恒定。如图 4.26 所示，初态 1 和终态 2 固定后，经历的路径可能是各种各样的可逆过程或不可逆过程。以不可逆的路径为例，用式(4.49)计算熵变化在理论上是可行的，但是为了计算不可逆过程的熵

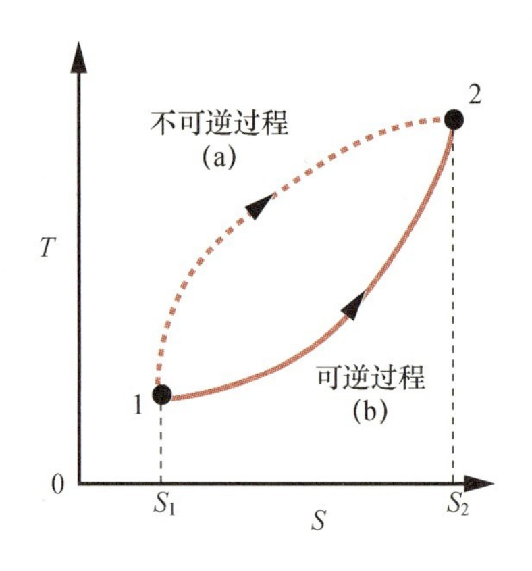

图 4.26 熵变的计算方法(初、终态确定后,用任意路径计算,结果相同)

产,需要知道经过路径的详细情况(如温度变化、分布等),这一般很难做到。这时,不由相同的初、终状态的可逆过程直接计算熵产,而是求出熵的变化。因而,如果确定了初、终状态,即使过程实际上是不可逆过程,也可以用可逆过程的熵变关系式进行计算。如用理想气体的初、终态关系式来计算。只是,虽然不可逆路径与可逆路径相比应该有多余的熵产生,但它被认为是在系统外部产生的。

4.5.3 开口系统的熵平衡:开口系统的第二定律(entropy balance for open systems: the second law for open systems)

目前熵平衡或者第二定律考虑的系统是与外界只有能量交换的闭口系统。考察机械工学中所涉及的各种各样的装置,大部分是有物质流入流出的开口系统(特别是涡轮机等的定常流动系统)(参照第3章中开口系统的第一定律,与之对比)。因此,为了在实际中应用第二定律,将现有第二定律的一般表述再进一步扩展,作为最终阶段,有必要推导可以适用于有能量和物质输入、输出开口系统的熵平衡方程。图4.27表示了与外界热和物质交换的开口系统的模型。如果考虑热和物质的多种输入、输出,并考虑其随时间的变化量,熵方程式变为

$$\dot{S}_{gen} = \frac{dS}{dt} - \sum_i \frac{\dot{Q}_i}{T_i} + \sum_{out} \dot{m}s - \sum_{in} \dot{m}s \geqslant 0 \ (\mathrm{W/K}) \tag{4.54}$$

公式左边是系统内的熵产(单位时间的熵产量),右边第一项是系统内熵变,右边第二项是由热输入、输出造成的熵流,右边第三、第四项是随着质量流量 $\dot{m}$ 流入、流出的物质的净熵流。式(4.54)包括了适用于所有已导出的各种系统的第二定律(熵平衡方程)。如没有物质的进出(右边的第三、第四项为零),并且只有一个热出入的闭口系统,对时间积分就可以得到式(4.49)。

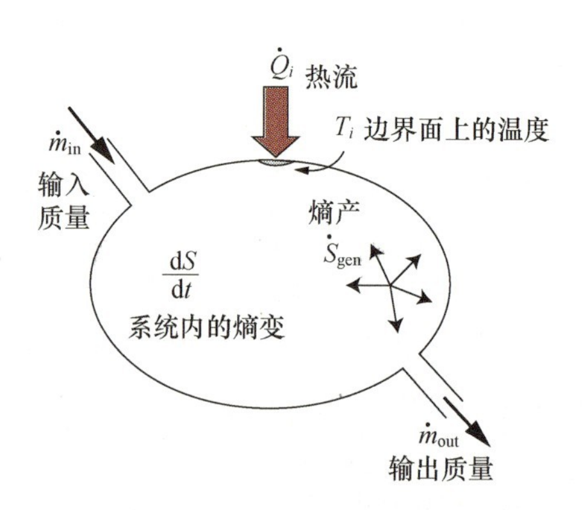

图 4.27 开口系统的熵平衡

4.5.4 第二定律、熵以及熵产的总结(some remarks about the second law, entropy and entropy generation)

本章最初从卡诺对提高热效率问题的认识开始,基本上沿着第二定律的历史脉络推进,到用式(4.54)表示的最一般化的开口系统的第

二定律。热力学第二定律，首先以语言表述(4.4节)和“宇宙的熵永远增加”这样模糊的表述，因此对于机械工学中很早就使用的 T-s 图和 h-s 图等与熵的密切关系，许多部分很难理解。下面试着给出对第二定律、熵以及熵产的总结和注意事项。

(1) 用语言表述的热力学第二定律，只对闭口系统的循环这一限定条件成立。在此处，最一般地(或用现代语言)表述的第二定律变成：“自然现象全部向熵产发生的方向进行。即只有 $S_{gen}>0$ 的过程发生，违反这个原理的现象是不可能发生的。”

(2) 熵产是定量地表示过程不可逆程度的物理量，不是状态参数。但是，处于某平衡状态(相对于任意的基准点)时，确定的熵是状态参数，不依赖于到达平衡状态的过程。

(3) 在理想化的内部可逆过程中，因为熵产变为零($S_{gen}=0$)，所以熵守恒。因此，熵变是因为外部传热产生的熵流。

(4) 对于热力学，循环的评价和各种各样的关系式，基本只考虑了前面所述的可逆过程，并没有积极地利用熵产的概念。

(5) 为了用 end-to-end process 计算熵变化，可以利用任意路径计算。所以，从计算的难易程度考虑，通常利用的是可逆过程。

4.6　熵的工程应用(use of entropy for engineering applications)

从现在开始(根据具体情况可从4.5.1节直接跳入)，当为内部可逆过程时，针对具体系统介绍熵变的计算方法。因为熵产为零，所以系统的熵变只以伴随传热的熵流作为计算对象。工程热力学中通常所说的熵的计算，就是如此。

4.6.1　熵变的关系式：TdS 关系式(equations for entropy change: TdS equations)

如果两个平衡状态被确定(状态1(p_1,V_1,T_1)和状态2(p_2,V_2,T_2))，理论上熵的变化可以用式(4.45)计算。(如4.5.2节所述，即使1→2的变化是不可逆过程，也可以假想为容易计算的可逆过程，计算出系统内的熵变。)热交换边界的温度为等温时(如例题4.3)，用式(4.45)可以非常简单地求出熵变。这里，推导边界温度变化时的熵变。

对于由纯物质 m(kg)构成的闭口系统，改写熵的定义式(4.44)和准静态过程(内部可逆过程)的热力学第一定律表达式(3.12)，得

$$\delta Q_{rev}=T\mathrm{d}S \tag{4.55}$$

$$\delta Q_{rev}=\mathrm{d}U+p\mathrm{d}V \tag{4.56}$$

将式(4.56)代入式(4.55)，得

$$T\mathrm{d}S=\mathrm{d}U+p\mathrm{d}V \tag{4.57}$$

对于由纯物质构成的闭口系统(或者定常流动系统内质量没有变化的情况),式(4.57)是由第一、第二定律组合而成的非常重要的关系式,称为**吉布斯关系式(Gibbs equation)**。此外,如果用焓表示熵(参照式(3.24)),则

$$dH = dU + pdV + Vdp \tag{4.58}$$

若将式(4.57)代入式(4.58)并消去 dU,得到如下又一熵变的微分式。

$$TdS = dH - Vdp \tag{4.59}$$

式(4.57)和式(4.59)同除以系统内物质的质量 m,用单位质量表示,得(如图4.28所示)

$$Tds = du + pdv \tag{4.60}$$

$$Tds = dh - vdp \tag{4.61}$$

$Tds = du + pdv$

$Tds = dh - vdp$

图4.28 综合了第一、第二定律的 Tds 式是最重要的热力学关系式

式(4.60)和式(4.61)是综合了第一、第二定律,并且将熵这样不能直接测量的抽象的物理量,用容易测量的温度、体积和压力等状态参数表示的热力学一般关系式。在第6章将从这些关系式开始导出各种热力学一般关系式。

4.6.2 理想气体的熵变(entropy change of ideal gases)

将前项得出的熵的一般计算式(式(4.60)和式(4.61))试着应用到理想气体。在第8章的气体循环的热效率评价等内容中,理想气体熵变的计算是必要的。写出比熵形式的两个关系式:

$$ds = \frac{du}{T} + \frac{pdv}{T} \tag{4.62}$$

$$ds = \frac{dh}{T} - \frac{vdp}{T} \tag{4.63}$$

当理想气体的比热不随温度变化(为定值)时,

$$pv = RT, \quad du = c_v dT, \quad dh = c_p dT \tag{4.64}$$

将这些关系式代入式(4.62)和式(4.63),整理成可积分的形式,分别变成式(4.65)和式(4.66)

$$ds = c_v \frac{dT}{T} + R\frac{dv}{v} \tag{4.65}$$

$$ds = c_p \frac{dT}{T} - R\frac{dp}{p} \tag{4.66}$$

若对式(4.65)和式(4.66),从初态1到终态2(end-to-end process)分别积分,得

$$\Delta s = c_v \int_1^2 \frac{dT}{T} + R\int_1^2 \frac{dv}{v}$$
$$= s_2(T_2, v_2) - s_1(T_1, v_1) = c_v \ln\left(\frac{T_2}{T_1}\right) + R\ln\left(\frac{v_2}{v_1}\right) \ (\mathrm{J/(kg \cdot K)}) \tag{4.67}$$

$$\Delta s = c_p\int_1^2 \frac{dT}{T} - R\int_1^2 \frac{dp}{p}$$
$$= s_2(T_2, p_2) - s_1(T_1, p_1) = c_p \ln\left(\frac{T_2}{T_1}\right) - R\ln\left(\frac{p_2}{p_1}\right) \ (\text{J/(kg·K)}) \tag{4.68}$$

这些关系式是当理想气体从初态 (p_1, v_1, T_1) 变化到终态 (p_2, v_2, T_2) 时比熵变化量表达式。

【例题 4.4】 ************************

300 K、400 kPa 空气的状态发生变化，最终变成 600 K、300 kPa。试求这时空气的比熵的变化。空气为理想气体，$c_p = 1.00$ kJ/(kg·K)，$R = 0.286$ kJ/(kg·K)。

【解答】 将相应的数值代入式(4.68)，得

$$\Delta s = 1.00\ \ln\left(\frac{600}{300}\right) - 0.286\ \ln\left(\frac{300}{400}\right) = 0.775\ (\text{kJ/(kg·K)}) \tag{ex4.6}$$

****

4.6.3 液体、固体的熵变(entropy change of liquids and solids)

因为对于固体和液体，温度和压力变化时的体积变化(即密度变化)与气体相比小到可以忽略，所以可以近似为**不可压缩物质(incompressible substance)**，$dv = 0$，即没有必要区分定压比热和定容比热，$c = c_v = c_p$，将这些代入式(4.62)，得

$$ds = c\frac{dT}{T} \tag{4.69}$$

当比热不是温度函数而为定值时，积分式(4.69)，得到式(4.70)

$$\Delta s = c\int_1^2 \frac{dT}{T} = s_2(T_2) - s_1(T_1) = c\ln\left(\frac{T_2}{T_1}\right) \ (\text{J/(kg·K)}) \tag{4.70}$$

即对于固体、液体，如果已知比热、初温和终温后，可以计算熵变。

4.6.4 用蒸汽表计算熵变(calculation of entropy change using steam tables)

在前面两小节中介绍了关于理想气体和不可压缩物质熵变的计算方法。尽管这些结果在工学中充分地被利用，但是毕竟是模型化的物质，不能适用于所有的物质。对一般的实际流体，特别是当蒸汽轮机和制冷机内的工质(如水和氟利昂)发生汽液相变时，不能简单地利用熵变的定义式(4.45)进行求解。对于这些流体，将由实验得出的 p-v-T 数据拟合制作成复杂的状态方程式，把这些状态方程应用到第 6 章的热力学一般关系式进行熵变计算。为了方便使用，将计算出的熵值制成表(各种物质蒸汽表)或者软件。以便于使用的状态为基准，将计算出的熵的相对值作为该状态的熵。如果将式(4.45)中的状态 1 作为基准状态 0，可以表示如下

$$s_1 = s_0 + \int_0^1 \frac{\delta Q_{\text{rev}}}{T} \ (\text{J/(kg·K)}) \tag{4.71}$$

例如水，以水的三相点(273.16 K，0.611 66 kPa)的液体水为基准点，令比熵 $s_0=0$ 和热力学能 $u_0=0$，进行计算。对于机械工学，因为只需要熵的相对值，所以本质上这个基准值不起作用。在物理化学领域，熵的绝对值是必要的，绝对的基准点成为必需的。决定这些的是**热力学第三定律**(the third law of thermodynamics)，这因为没在本书中使用而省略。

*4.6.5　熵产的计算(calculation of entropy generation)

用式(4.49)定义适用于闭口系统的熵产。如前面反复介绍过的，两个平衡状态间的熵变(S_2-S_1)经过任意的路径计算结果都相同，所以，理论上无论可逆过程还是不可逆过都可以计算熵变。以前利用简单的可逆过程，可以计算出熵变。那么，对于不可逆过程，应该怎样积极地计算熵产呢？实际现象中因为不可逆过程存在着温度梯度而传热，依靠浓度梯度进行物质扩散，不仅系统不均匀，而且随时间变化，所以只能求出局部某时刻的熵产。这些当然是可能的，但已超出了本书的热力学范围。积极的熵产计算尽管对下章介绍的㶲和第二定律的评价有用，但那时只需知道在时间上是稳态，而在空间上是系统全体的总和就可以了。

只是，对于孤立系统，由式(4.53)可知，熵变的原因完全是因为熵产是不可逆过程，实质上也可以求出熵产。还可以使用其他的好方法，如果只以因不可逆过程引起的系统变化的现象作为研究对象，那么熵变完全是由于熵产引起的。下面用例题4.5具体地介绍这种方法。

【例题4.5】　＊＊＊＊＊＊＊＊＊＊＊＊＊＊＊＊＊＊＊＊＊＊＊

如图4.29所示，在容器中注入质量 m(kg)温度、T_1(K)的液体，用下面两种不同方法使这些液体最终上升到平衡温度 T_2，分别对不同的方法，求熵变和熵产。液体的比热不随温度变化(为定值)，液体不可压缩而且没有相变。

(a) 从外部准静态地(内部可逆地)加热液体时(参照图4.29(a))；

(b) 从外部不加热，而用装在内部的搅拌器搅拌液体时。

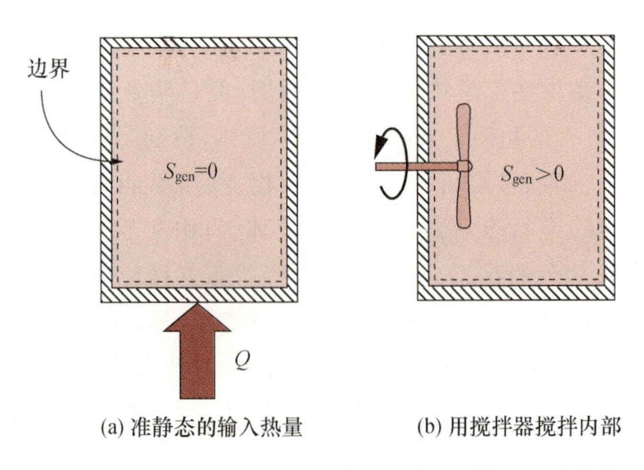

图4.29　例题4.5　两个不同过程具有相同的熵变

【解答】 因为两种情况都是闭口系统，将熵产的定义式(4.49)和不可压缩工质的熵变式(4.70)组合后，得

$$S_2 - S_1 = mc\ln(T_2/T_1) + S_{gen} \tag{ex4.7}$$

(a) 因为是内部可逆的传热，系统内没有不可逆过程，所以 $S_{gen}=0$。熵变只是由等温传热的熵流引起。因此，由式(ex4.7)，熵变＝熵流：$S_2-S_1=mc\ln(T_2/T_1)$，熵产 $S_{gen}=0$。

(b) 这个过程与焦耳热功当量实验相当，状态的变化完全是由于不可逆过程的搅拌引起的。因此，式(ex4.7)右边的第一项伴随传热的熵流为零。但是，因为终态与可逆过程(a)相同，所以熵变与方法(a)相同。因此，熵变＝熵产：$S_2-S_1=S_{gen}=mc\ln(T_2/T_1)$。

****

此外，作为典型的不可逆过程，不同温度物体间的传热见例题4.6，物质扩散混合见例题 4.6。

【例题 4.6】 ************************

如图 4.30 所示，绝热容器中有两个不同的物体 A 和 B。抽出它们之间的绝热隔板后，温度趋于均匀一致，针对该不可逆过程的熵变，回答以下问题。物体不可压缩，无化学反应，无混合和相变，只是热量混合的不可逆过程。

(a) 最终平衡温度 T_f；

(b) 熵产 S_{gen}；

(c) 物质 A 为金属，$T_A=80℃$，$c_A=400\ J/(kg\cdot K)$，$m_A=1\ kg$，而物质 B 为水，$T_B=20℃$，$c_B=4\ 200\ J/(kg\cdot K)$，$m_B=2\ kg$，试分别计算物质的熵变以及系统的熵产。

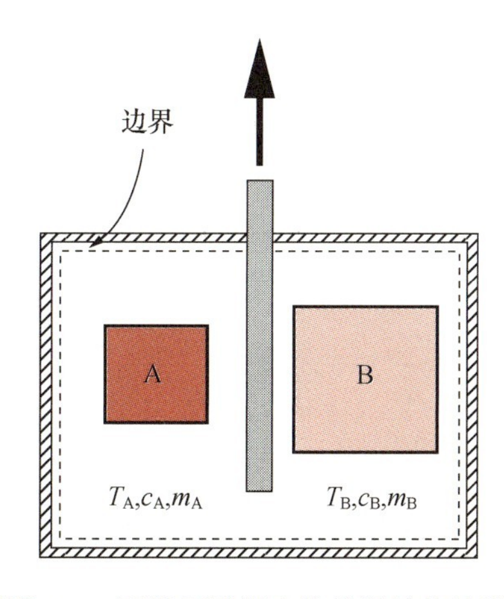

图 4.30 例题 4.6 两种不同温度物体间的传热造成的熵产

【解答】 (a)如果应用孤立系统第一定律,因为初态和终态的热力学能量守恒,有

$$(m_A c_A + m_B c_B)T_f = m_A c_A T_A + m_B c_B T_B \tag{ex4.8}$$

$$T_f = (m_A c_A T_A + m_B c_B T_B)/(m_A c_A + m_B c_B) \tag{ex4.9}$$

(b) 对该系统应用式(4.49),各物体熵变分别为 ΔS_A 和 ΔS_B,进而如果应用于不可压缩物质的熵变式(4.70),有

$$\begin{aligned} S_{gen} &= S_2 - S_1 = (S_{A2} - S_{A1}) + (S_{B2} - S_{B1}) = \Delta S_A + \Delta S_B \\ &= m_A c_A \ln(T_f/T_A) + m_B c_B \ln(T_f/T_B) > 0 \end{aligned} \tag{ex4.10}$$

(c)向(a)、(b)中所得出的结果,代入具体数值,得

$T_f = 22.73℃$

金属的熵变:

$$\Delta S_A = 1\times 400\times \ln\left(\frac{22.73+273.15}{80+273.15}\right) = -70.78(\mathrm{J/K}) \tag{ex4.11}$$

水的熵变:

$$\Delta S_B = 2\times 4\,200\times \ln\left(\frac{22.73+273.15}{20+273.15}\right) = 77.86(\mathrm{J/K}) \tag{ex4.12}$$

系统的熵产:

$$S_{gen} = \Delta S_A + \Delta S_B = 7.08(\mathrm{J/K}) \tag{ex4.13}$$

所以,温度下降的金属熵减少,温度上升的水的熵增加,因为不可逆过程有熵产产生,所以系统全体的熵增加。这是式(4.51)和式(4.52)的具体例子。

****

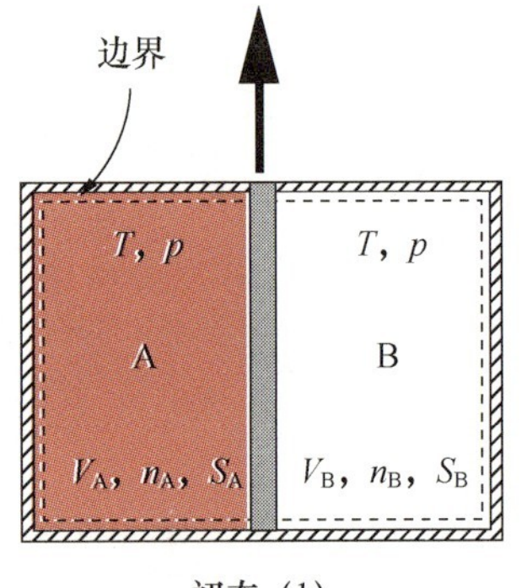

初态 (1)

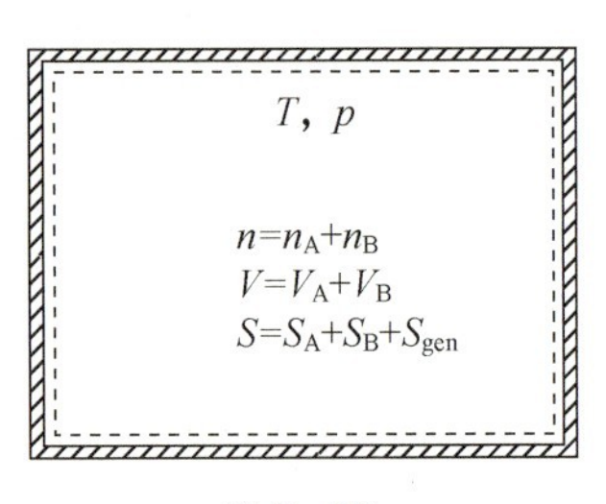

终态 (2)

图 4.31 例题 4.7 理想气体扩散造成的熵产

【例题 4.7】 ************************

如图 4.31 所示,初态(1),A、B 两种不同种类的理想气体,温度相同,为 T,压力相同,为 p,被分为两部分。抽出隔板后,两种气体自然扩散最终成为状态(2),成为具有相同温度和压力的混合气体。试求该过程的熵产。气体无化学反应。

【解答】 由于物质的扩散是不可逆过程,并且是与外界没有热、质量交换的孤立系统,所以该过程系统的熵变全部变成熵产。由式(4.49),得

$$S_{gen} = S_2 - S_1 = (S_{A2} - S_{A1}) + (S_{B2} - S_{B1}) = \Delta S_A + \Delta S_B \tag{ex4.14}$$

因为扩散现象是分子的输送现象,所以用物质的量比用质量表示更接近本质。将理想气体熵变式(4.67)用每摩尔表示,并且等温过程 $T_1 = T_2$,得

$$\begin{aligned} S_{gen} &= n_A \Delta\bar{s}_A + n_B \Delta\bar{s}_B \\ &= n_A R_0 \ln(V/V_A) + n_B R_0 \ln(V/V_B) > 0 \end{aligned} \tag{ex4.15}$$

这是混合产生的熵产。式中 R_0 是普适气体常数,n_A,n_B 分别是各气体的物质的量。式(ex4.15)两边同除以总物质的量 $n(=n_A+n_B)$,整理后变为下式。

$$\frac{S_{gen}}{n} = \bar{S}_{gen} = R_0\left(x_A \ln\frac{1}{x_A} + x_B \ln\frac{1}{x_B}\right) > 0\ (\mathrm{J/(mol\cdot K)}) \tag{ex4.16}$$

式中，$x_i=n_i/n=V_i/V$ 是 i 成分的摩尔分数。如果两个组分的摩尔分数相等，则 $x_A=x_B=0.5$，得

$$\bar{S}_{gen}=R_0\ln 2=5.76\text{J}/(\text{mol}\cdot\text{K}) \quad (\text{ex}4.17)$$

如图 4.32 所示，因为混合时在混合比为 1∶1 时熵产达到最大值，所以，可以忽略微量不纯物、污染物等造成的混合熵产。

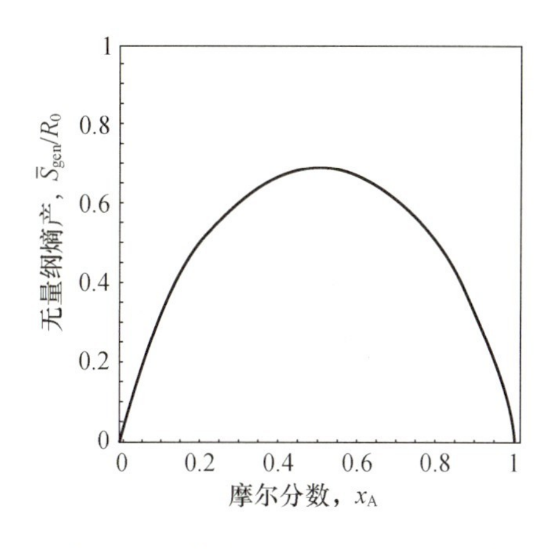

图 4.32 例题 4.7 2 组分理想气体混合造成的熵产与摩尔分数

n 成分的理想气体混合后的熵产可以容易地扩展为

$$\bar{S}_{gen}=R_0\sum_{i=1}^{n}x_i\ln\frac{1}{x_i}>0 \quad (\text{ex}4.18)$$

如第 3.6.4 小节理想气体混合所示，混合后热力学能、体积等广延性参数是各组分之和，因为是不可逆过程，所以熵增加。

****

4.6.6 含有熵参数的图，熵的图解利用(property diagram involving entropy，graphical utilization of entropy)

如 p-v 图和 p-T 图等所示，不仅是数字组成的各种状态参数，从广义范围讲，表示了图解的图是在进行复杂的过程和抽象的热力学的评价时有助于理解并赋予想象力的视觉工具。与第一定律相关的，在第 3 章中使用了 p-v 图，为了将第二定律图解化，有必要将一个坐标轴设定为熵。具体地，T-S 图和 h-s 图被广泛利用。

改写熵的定义式(4.44)，得

$$\delta Q_{rev}=T\text{d}S \quad (4.72)$$

在 T-S 图(T-S diagram)，即纵坐标轴为温度 T、横轴取熵 S 作成的图上，描述这个关系式。如图 4.33 所示，δQ_{rev} 对应微小面积，所以，1→2 的内部可逆过程的传热量(理想的无温差传热)表示为如下积分

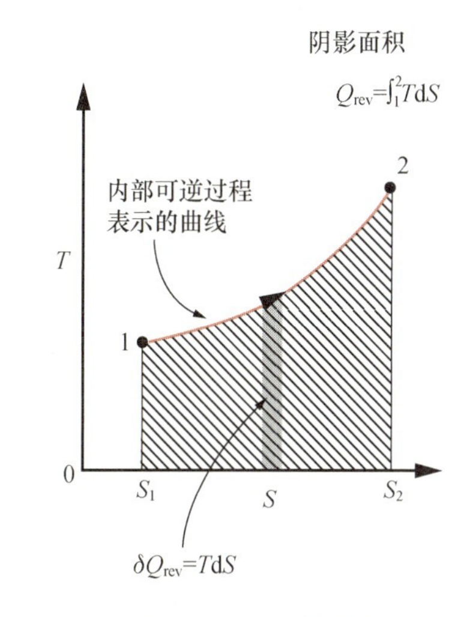

图 4.33 T-S 图中阴影的面积等于热量

$$Q_{rev}=\int_1^2 T\text{d}S \quad (4.73)$$

与之对应的 T-S 图，表示成过程曲线下方的面积。这个关系与可逆的体积变化时功表示为 p-v 图的面积(参照图 3.16)相似，如表 4.2 所示，功(能)和热(熵)成对记忆是方便的。并且，因为可逆绝热变化(参照第 3.6.3 节)为等熵过程(isentropic processes)，在 T-S 图上表示为垂线，如图 4.34 所示。并且，不可逆过程熵变大于可逆过程熵变的情形同样可以用图 4.34 中的虚线表示。图中，用虚线表示不可逆过程，这是因为不可逆过程所经过的路径在图中不能确定。

表 4.2 功和热量的对照关系

	能	强度性参数	广延性参数	关系式
力　学	功 L	压力 p	体积 V	$\text{d}L=p\text{d}V$
热力学	热量 Q	温度 T	熵 S	$\text{d}Q=T\text{d}S$

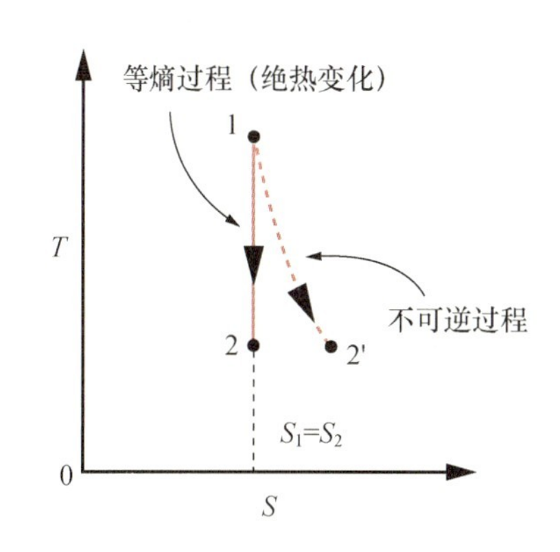

图 4.34 T-S 图上的可逆过程和不可逆过程

另一个以熵为轴的有用的图是 h-s 图。h-s 图(h-s diagram)是以比焓为纵轴，比熵为横轴，由工质(如水)的状态方程计算并描绘出的图，别名为莫里尔图(Mollier diagram)。因为该图中 h 是稳定流动过程第一定律的特征状态参数，s 是定量地表示第二定律的状态参数，所以，当对稳定流动过程的蒸汽循环，如朗肯循环等评价时，该图在实用上非常出色。h-s 图不仅是与 T-S 图相同，可用垂线表示可逆绝热过程，还可以用纵轴上线段长度的数值直观地表示循环中热⇒功转换时

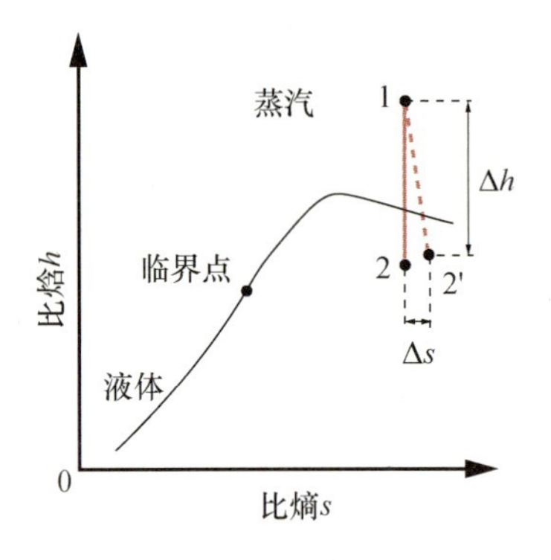

图 4.35 h-s 图上的不可逆过程

焓的变化量(落差)(越长转换量越多)(参照图 4.35)。

练习题

【4.1】 冷库工作使库内温度保持在−5℃。外面气体的温度为25℃,从冷库向外部传递热量500W,从外部输入功量150W。求该冷库的COP。并且,求该温度条件下理论最大COP,分析与实际差异的原因。

【4.2】 A 3kg air mass is at an initial state of 100kPa and 300K. The air is then compressed polytropically with $n=2.56$, to a final pressure of 500kPa. Assuming that the air is an ideal gas and that the specific heats are constant, calculate the change in entropy using the ideal gas equation.

【4.3】 不同温度的两个物体间(T_H,T_L),存在稳态传热 $\dot{Q}$ 时,求熵产 $\dot{S}_{gen}$。

【4.4】 A Carnot cycle operates between two thermal reservoirs, at temperatures of 400℃ and 25℃. If 300 kJ are absorbed, find the work done and the amount of rejected heat.

【答案】

4.1 $\varepsilon_R=3.3$, $\varepsilon_{R,max}=8.9$

4.2 $\Delta S=1.57$ kJ/K

4.3 $\dot{Q}(1/T_L-1/T_H)>0$

4.4 167 kJ, 133 kJ

第4章 参考文献

[1] 広重徹,カルノー・熱機関の研究,(1973),p.41,みすず書房.

[2] 朝永振一郎,物理学とはなんだろうか 上,(1979),岩波新書.

第 5 章

能源的有效利用及㶲

Effective Utilization of Energy Resource and Exergy

5.1 㶲分析的必要性(background of exergy analysis)

目前我们所生活的社会是靠大量消耗石油、天然气、铀等**不可再生能源**(non-renewable energy resources)来维持的。伴随着能源的大量耗费,能源枯竭问题、因二氧化碳排放所导致的温室效应等全球规模的环境问题日益严重。因此,在节约资源、节约能源、综合循环利用等方针的指引下,新技术开发、现有技术的改进在工程领域内起着重要的作用。本章所述的㶲(可用能)分析的方法,针对涡轮机、热泵等的能量转换系统,是把可利用的那部分能量定量化,从而为系统的改良、创新性设计提供指导。

但是,我们在日常生活中谈及"能源问题"时所指的能源是否与物理学或机械工程学中所学到的能量一样呢?从物理学上来考虑,发动机内所发生的热⇒功转换过程中,能量形态发生了改变,但其总量并非增加或减少了而是保持恒定,这是热力学第一定律(能量守恒定律)所述的内容。另一方面,我们又感觉到"能源在减少、枯竭"。如图 5.1 所示,只要让汽车行驶,那么它必须要消耗汽油这一能源,最后势必会耗尽。这种情况下,"汽油所蕴涵的化学能+汽车发动机所产生的功+向大气放出的热量等能量形式的总和一定"这一物理学上的关于能量的考虑方法并无实用意义。只考虑能量守恒,对于能源资源的有效利用是不够的,我们必须从工程学上来考虑,即谈论"能源问题"必须考虑"实际可利用的能量",否则就不能知道问题的本质所在。

热力学正是利用了如上所述的以人类利用为出发点的"能量品质"这一概念,它就是㶲分析所讨论的问题,其核心是热力学第二定律(熵及熵产)。

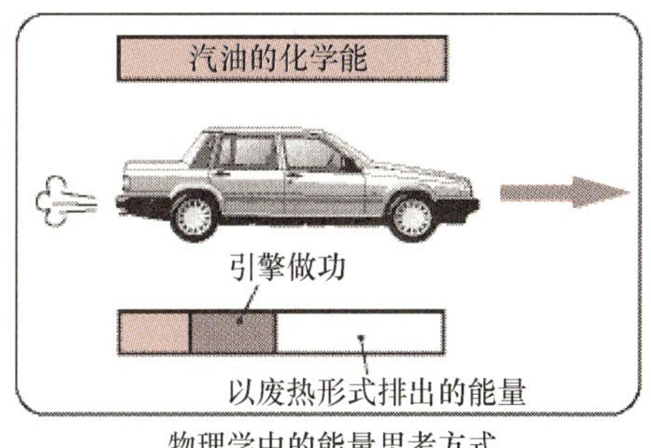

物理学中的能量思考方式

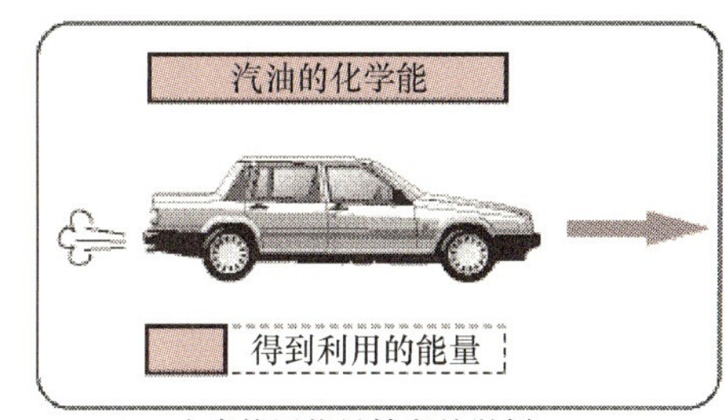

人类使用能量效率的举例

图 5.1 人类消耗掉的能源

从热力学第二定律到㶲(from the second law to exergy)

如第 4 章中热力学第二定律所述,热力循环机械中,虽然存在理论上的最高转换效率,但热量向低温热源排放总是必需的,提供给热力循环系统的热量 Q_H 只有其乘以卡诺循环效率的这一部分可用来做功。把此时得到的功作为最大值的话,从式(4.1)和式(4.2)可得如下表达式

$$L_{max}=L_{Carnot}=Q_H\eta_{Carnot}=Q_H\left(1-\frac{T_L}{T_H}\right) \quad (5.1)$$

卡诺循环效率只在完全不考虑热力循环系统因摩擦、传热等因素而产生的损失，即可逆过程中成立，而各式各样的实际不可逆过程所获得的功 L 必然要小于最大值

$$L<L_{max} \quad (5.2)$$

最大值与实际可获得的功之差 L_{lost} 表征了人类制作的热力循环系统的不完全性所造成的能量损失

$$L_{lost}=L_{max}-L>0 \quad (5.3)$$

例如，汽车发动机（奥托循环，参照第8章）的实际热效率仅为20%～35%，而另一方面，用燃气的最高温度 T_H 与排气最低温度 T_L 计算出来的卡诺循环效率（依赖于压缩比）可为55%～65%，此处的差异就对应着式(5.3)中的 L_{lost}。

热力学所研究的中心内容，就是探索如何从肉眼看不见的内能、热等形式的能量形态中抽取出便于人类利用的功的高效方法。因此，如果能够把从热力学第二定律所得的热⇒功转换的约束条件，扩展到不止包括热力循环，还包括燃烧、化学反应等更一般的能量转换过程中去，就可以进行更一般地获得更高能量转换效率方法的讨论，以及针对引起效率低的原因和如何提高效率等方面进行工业上的改进等。第5.2节介绍相当于 L_{max} 的㶲的基础知识，第5.3节讨论不同体系内㶲的计算方法，第5.4节讨论与㶲有密切关系的自由能，第5.5节叙述 L_{lost}。

5.2 做功的潜在能力：最大功(ability to generate work: maximum work)

本节介绍环境与温度、压力不同的体系（装置）在同其相接触的周围达到温度、压力平衡过程中可获得的最大功方面的基本知识。而㶲即是此处所说的最大功。

5.2.1 最大功(maximum work)

为考虑一任选体系对周围做功的可能性，图5.2给出了几个简单的例子。第一个例子如图5.2(a)所示，温度为 T_H 的高温物体置于温度为 T_0 的大气中，假定 $T_0<T_H$。这一高温物体（例如，炼铁厂刚刚制出的高温铁块置于屋外的状态）只要放在那里即使什么都不做（热量的流动不加控制），自然会向大气中散热，直至变得与大气温度相同，过程结束（与周围达到了平衡状态）。从能量的角度来看，物体内部的能量以热的形式向大气中转移，致使大气内部的能量增加，两者温度相同时该变化过程终了，物体与大气共同组成的系统的能量是守恒的。以上这一变化是单向、自然发生的，尽管能量是守恒的，但是如果想要发生逆向变化（使物体温度升高），没有诸如使用加热器或者是消耗掉多余的

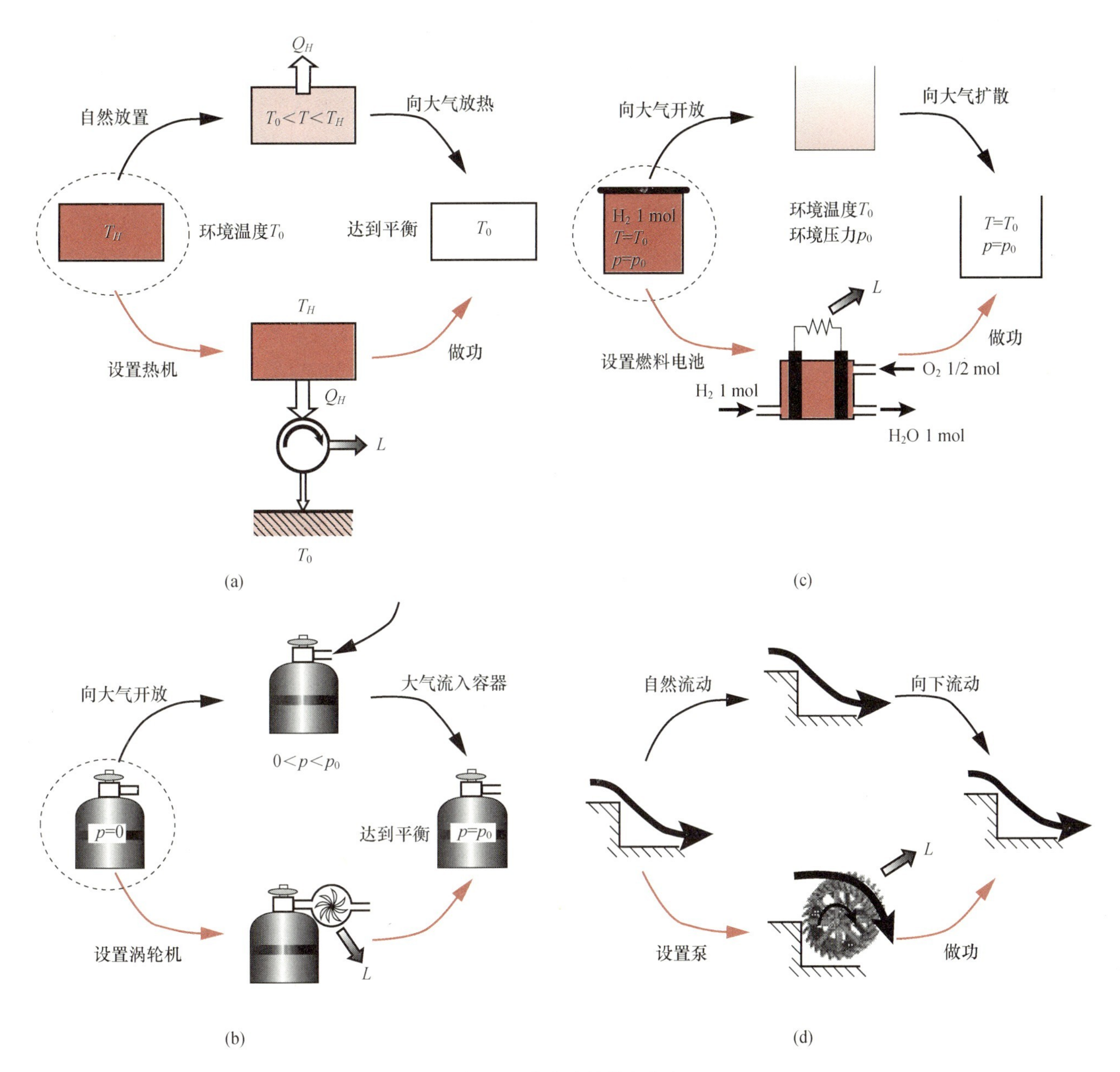

图 5.2 产生功的潜在能力

一部分能量等人为操作是无法实现的。那么，有没有把向大气散掉的热量利用起来而产生功的方法呢？达到这一目的的装置即是第 4 章从理论上所阐释的热力机械。如图 5.2(a)下半部的循环路径所示，把高温物体温度 T_H 与大气温度 T_0 之间的温度差作用在热力机械上，就可以或多或少地产生功(这里只是为了思考问题，先不涉及具体哪种热力机械)。

第 2 个例子是针对内部抽真空的容器(图 5.2(b))。如果把容器口的阀门打开并放置于大气中，大气会流入容器内，直到容器内外压力都变为大气压 p_0 时达到平衡状态。这也是自然发生的变化过程。如果从能量的角度考虑，因最初容器内部没有任何物质，其能量为零，但是当在容器外恰当地装置一个小的涡轮机(如风车)，空气流入时会带动该机械旋转从而使得做功成为可能(如图 5.2(b)下半部的循环路径所示)。

第 3 个例子是一个盛有 1 mol 氢气的容器的体系。假定氢气的温度和压力分别与大气相同，即 T_0 和 p_0。因此，如上面两个例子那样利用系统与大气间的温度差或压力差来达到做功的目的就实现不了。如果打开这个容器的盖子，氢气会向大气中扩散（即使没有压力差），但是无法有效做功。不过因为周围大气中富含氧气，只要让氢气燃烧产生热量，利用这一热量就可以如第 1 个例子那样利用热力机械来产生功；或者让这 1 mol 的氢气和从周围环境获得的 1/2 mol 氧气一起流过燃料电池，可从化学反应中直接获得电能（参照第 7 章）。

类似这样的方法与河流驱动水车旋转来做功（图 5.2(d)）的道理是一致的。只是，势能向动能的转化（理想情况下可以完全相互转换）比较容易理解，而利用热来产生动能的情况可能不易理解。

如上面介绍的 3 个例子所揭示的那样，与周围环境在热、力学、化学平衡（热力学平衡）方面均不能满足的体系，只要置于大气中并与之接触，并不会向外界做功，最终达到与大气间的平衡状态。但是，一旦设置了某种装置，这样的非平衡体系总可以产生某种形式的功。所谓的**㶲**(exergy)[①]就是指与周围环境处于非平衡状态下的某一体系，在与周围环境接触并达到与之相平衡状态时所可能产生的**最大功**(maximum work)，或者**理论最大功**(maximum theoretical work)。还有其他一些与㶲有相同内涵的表达词汇，其中**可用能**(available energy，availability)一词也经常被使用。此外，也把总能减去㶲而剩下的不可利用的能量称为**无效能**(anergy，炾)。㶲概念的用处体现在上面描述的 3 个例子中所示的把热、压力、化学反应转换成功的过程，动能、位势能、电能等全部都是㶲。

5.2.2　周围环境对㶲（最大功）的影响(effects of surroundings on exergy)

根据定义，㶲的大小并无绝对值，而是与周围环境的状态相对应相对来确定。例如，在拥有大气环境的地球上，一个真空系统是有㶲的，而在宇宙空间或者如月球表面那样周围也是真空环境时，任何的真空系统的㶲就为零。这里首先针对大气压力、温度、组分等最简单系统所涉及的能量装换过程进行讨论。

1. 体积变化产生的㶲(exergy of volume change)

如第 3 章所述，活塞-圆筒这一体积可变系统对外做功的可逆过程可用下式表达（这里只考虑体积变化所产生的功，而不考虑因体积变化所产生的热量的出入）。

$$\delta L = p\mathrm{d}V \tag{5.4}$$

或者对于状态 1→2 的过程

---

① ex-是有“向外”意思的英文词头，因此 exergy 就是“向外传递的能量”的意思，这一名称是 1953 年由 Rant 提出的。

$$L_{12}=\int_1^2 p\mathrm{d}V \tag{5.5}$$

这里 L_{12} 是指向外部所做的绝对功（针对真空的）。对这一过程如图5.3所示，从压力 p_1（状态1）向大气压 p_0（状态2）所进行的可逆膨胀过程向外部做的净功 $(L_{12})_{net}$ 为

$$(L_{12})_{net}=\int_1^2 p\mathrm{d}V-p_0(V_2-V_1)=\int_1^2(p-p_0)\mathrm{d}V\equiv E_V \tag{5.6}$$

写成微分形式变成

$$\mathrm{d}E_V=\delta L_{net}=\delta L-p_0\mathrm{d}V=(p-p_0)\mathrm{d}V \tag{5.7}$$

这个最大净功即对应于因体积变化而产生的㶲。式(5.7)是从绝对功式(5.5)减去了 $p_0(V_2-V_1)$ 项得到的，因为该项由于在活塞内外无压差时只是起到排除大气的作用而无法得到有用功，因此在最大净功中不包含此项。这一过程示于图5.3中，当系统压力低于大气压时也同样需要考虑其净功。

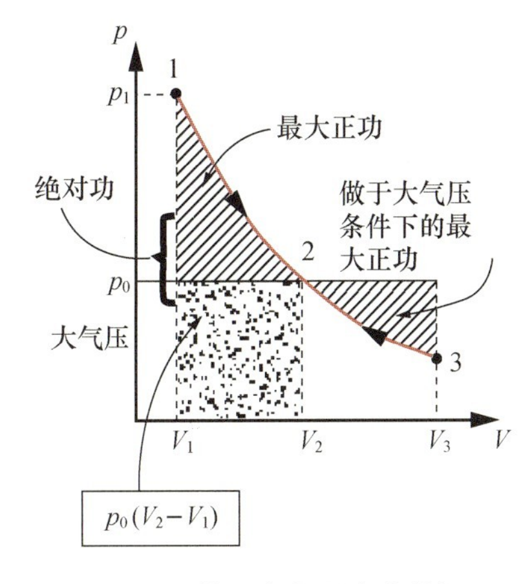

图 5.3 体积变化所产生的㶲

在计算一个循环当中所产生的功时，虽然用的是绝对功，但因在回复到循环初始状态过程中发生的 $p_0(V_2-V_1)$ 项总是要被消掉，所以对真空所做功的部分也不会带来额外影响。针对这一点，在讨论㶲时针对的对象是不必总以循环为前提的一次过程，而有必要把这一项减掉（参照图5.4）。于是，针对利用与大气压之间力学非平衡（压差）的系统的㶲，由式(5.6)及式(5.7)表示，要受到周围压力 p_0 的影响，压力功 pV 的㶲总是可用 $p-p_0$ 这个差值来计算。

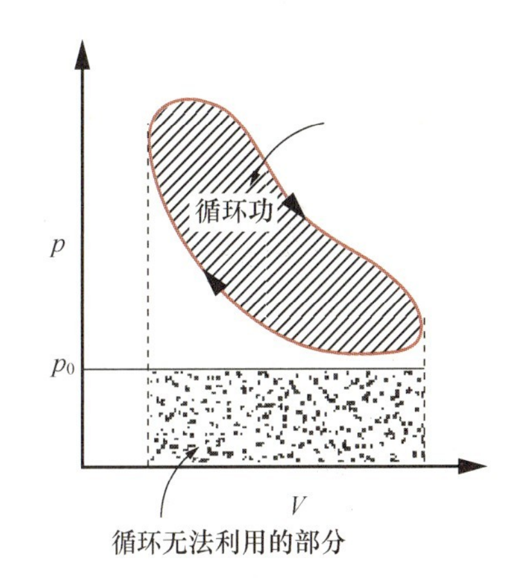

图 5.4 循环中有回复到初始状态的这一过程，$p_0(V_2-V_1)$ 项可不予考虑

2. 热㶲(exergy of heat)

如热力学第二定律所述，与周围环境温度相同的物体内部能量向外部做功这一过程是无法实现的。因此，要从物体内能中获得功，必须是物体温度比周围环境温度要么高要么低。这里考虑物体温度比周围环境温度高($T_H>T_0$)的情形。此时系统的㶲如式(5.1)所示，这里指的是卡诺循环所得到的功。不妨看一下同时应用热力学第一定律和第二定律的一般方法，而不是只从卡诺循环得到的结果。

考虑如图5.5所示的温度为 T_H 的高温热源和温度为 T_0 的环境作为低温热源的热力系统，Q_H、Q_0 和 L 分别表示从高温热源获得的热量、向低温热源散掉的热量和热力系统所得到的功，热力学第一定律（能量守恒）为如下形式

$$L=Q_H-Q_0 \tag{5.8}$$

把闭口系统的热力学第二定律的式(4.49)

$$S_{gen}=S_2-S_1-\int_1^2\frac{\delta Q}{T} \tag{5.9}$$

应用在该系统上，一次循环之后熵应该回到初始值，即

$$S_2-S_1=0\ (\text{循环}) \tag{5.10}$$

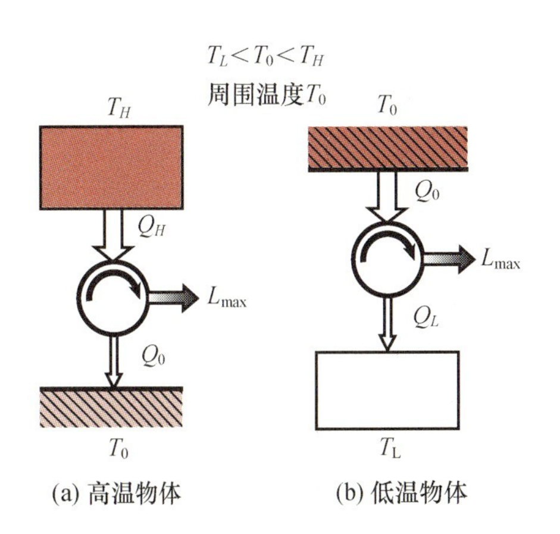

图 5.5 热产生的㶲

此外，伴随热量的流入而致的熵的变化如果用热量符号表示，变为下式

$$\int_1^2 \frac{\delta Q}{T} = \frac{Q_H}{T_H} - \frac{Q_0}{T_0} \tag{5.11}$$

把式(5.10)和式(5.11)代入到式(5.9)中，这一系统的热力学第二定律变为

$$S_{gen} = \frac{Q_0}{T_0} - \frac{Q_H}{T_H} \geqslant 0 \tag{5.12}$$

把式(5.12)代入到式(5.8)中消去 Q_0，可得下面的(5.13)式

$$L = Q_H\left(1-\frac{T_0}{T_H}\right) - T_0 S_{gen} \quad 或者 \quad L \leqslant Q_H\left(1-\frac{T_0}{T_H}\right) \tag{5.13}$$

由于㶲是热力系统内部完全为可逆过程时所能获得的最大功，令式(5.13)左边式子的不可逆过程的熵产项 S_{gen} 为零(或者右边式子取等号)，因热产生的㶲即可写为

$$E_Q = L_{max} = Q_H\left(1-\frac{T_0}{T_H}\right) \tag{5.14}$$

这样，就从热力学第一定律加上第二定律得到了热产生的㶲等于热量乘以卡诺循环效率的一般性证明。因热㶲受到周围环境温度 T_0 的影响，当 $T_H \to T_0$ 时，当然其值变为零(参照图5.11)。采用同样的方法，对于系统温度比周围环境温度低的情形 $T_L < T_0$，把其看成周围环境作为高温热源的卡诺循环即可得到最大功

$$E_Q = Q_0\left(1-\frac{T_L}{T_0}\right) \tag{5.15}$$

体积变化及热产生的㶲(物理㶲)如图5.6所示。

- 体积变化的㶲

  $dE_V = (p-p_0)dV$

- 热㶲

  $dE_Q = \left(1-\frac{T_0}{T}\right)\delta Q$

图5.6　体积变化及热产生的㶲(物理㶲)

3. 化学㶲(chemical exergy)

化学反应过程，例如燃烧时，即使燃料(如氢气)处于与大气压 p_0、大气温度 T_0 相等的力学、热学平衡状态，从化学角度来看该过程也是不平衡的。燃料与大气中的氧气发生反应(只要加入让反应能够发生的活化能)，化学能以热量的形式放出，即可转变为㶲。或者如第7章所述，不伴随热量产生的燃料电池中的化学反应也可直接转变为电能。无论哪种形式，只有周围有氧气，氢气才能成为燃料，如果周围也都是氢气的话就没有其利用价值。因此，有化学反应产生的㶲受大气组成成分的影响。文献[1]、[2]等对各种物质的标准㶲值有详细的记载。

4. 㶲值计算的标准环境状态(standard state of surroundings for exergy calculation)

从上面所举的三个例子可看出，㶲值的大小取决于**环境状态**(restricted dead state)的热力学参数。然而，为了使㶲作为能源有效利用的通用指标，需要对其进行标准化，进而也需要采用某种通用标准化了的环境参数。目前，作为通用环境状态而被采用的是如下的标准状态(如图5.7所示)

- 标准环境温度

  T_0=298.15 K (25℃)

- 标准环境压力

  p_0=0.101 325 MPa (1 atm)

- 标准大气组成条件

图5.7　㶲值计算的标准环境状态

环境温度：$T_0=298.15\,K(25℃)$

环境压力：$p_0=0.101\,325\,MPa(1\,atm)$

大气组分（摩尔百分比）：N_2——0.756 0，O_2——0.230 4，H_2O——0.031，CO_2——0.000 3，Ar——0.009 1

对于物质的化学㶲的计算，与计算标准焓（第 7 章）的情形一样，采用 T_0，p_0 下的标准物质 H_2，N_2，O_2，C，S。

5.2.3　㶲的基础知识小结(some remarks about basis of exergy)

前面通过比较直观的方法讨论了㶲的计算，以及㶲值如何依赖于周围环境状态。在讨论更一般的热力循环系统之前，我们针对计算㶲的一般方法作如下小结，如图 5.8 所示。

(1) 㶲是在热力系统的可逆过程中，当系统与周围环境达到热力学平衡（力学的、热的、化学的平衡）时所发生的最大有效功，其值不能为负。可逆过程与初、终状态之间的具体变化过程无关；对于不可逆过程，因发生功的损失，所以最大功只限于在可逆过程中获得。

(2) 㶲可通过把热力学第一定律（能量守恒）和可逆过程的热力学第二定律（熵守恒）适用于被研究的系统对象而求出最大有用功来获得。

(3) 㶲需针对周围环境状态来相对地确定，因此严格来说它不是状态量。但是，当环境状态被正确地确定下来之后（被标准化），㶲取决于系统当前的状态，此时把㶲看成实质性的状态量是可行的。

(4) 㶲的计算值与现实中能被利用的㶲之差为㶲损失，评价其大小就可以评价各种现实中的能量转换机器的效率（第 5.5 节）。

(5) 假定周围环境比热力系统大得多，系统做功之后周围环境的温度、压力以及大气组分都不发生变化。这与第 4 章中叙述的热源是同样的考虑方法。

[1] 可逆过程（无其他制约因素）
[2] 热力学第一定律+热力学第二定律（可逆过程）
[3] 实际的状态量
[4] 存在㶲损失
[5] 相对体系而言环境十分巨大

图 5.8　㶲的基础知识小结

5.2.4　㶲效率(exergetic efficiency)

了解了㶲的计算方法之后，就会对一直使用的热效率的定义产生疑问。例如，为建立起热㶲表达式(5.14)，热力系统的热效率最大值 η_{max} 的计算式为

$$\eta_{max}=\frac{E_Q}{Q_H}=\left(1-\frac{T_0}{T_H}\right)=\eta_{Carnot} \tag{5.16}$$

也就是说，如前面多次叙述的那样，热效率即使在产生最大功的情形下也有卡诺循环效率这一上限，总是小于 1 的。换句话说，目前为止热效率计算式中的分母 Q_H 在本质上包含了无法转换为功的那部分能量。把只考虑能量大小的热效率称为**第一定律效率(first law efficiency)** η_I，对于热力系统来说其值有下面的上限和下限

$$0\leqslant\eta_I\leqslant\eta_{Carnot} \tag{5.17}$$

与之相对，把系统的㶲作为分母，用实际获得的功与之相比得到下面的另一个效率的定义

$$\eta_{\mathrm{II}}=\frac{L}{E} \tag{5.18}$$

其中 L 为利用了的那部分㶲(即可获得的功)，E 为全部㶲。把 η_{II} 称为**㶲效率** (exergetic efficiency)、**第二定律效率**(second law efficiency)或**可用能效率**。如果应用㶲效率，那么热力系统的最高效率即为1，与第一定律效率之间有如下关系

$$\eta_{\mathrm{I}}=\eta_{\mathrm{II}}\cdot\eta_{\mathrm{Carnot}} \tag{5.19}$$

图5.9从直观上表示了如上两种效率间的关系。求取㶲效率特别是对于热力机器的效率低下的定量化、多级发电等形式的能量级联利用的有效性的表示有帮助。

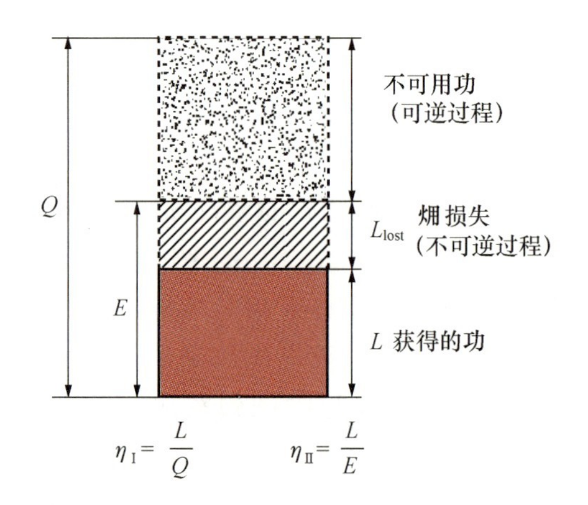

图5.9　第一定律效率与第二定律效率间的关系

【例题5.1】 ************************

如图5.10所示，试计算炉子制热时的㶲效率。已知热源火焰温度 $T_s=2\,000\ \mathrm{K}$，利用温度 $T_u=310\ \mathrm{K}$，周围温度 $T_0=298\ \mathrm{K}$，而且不考虑热损失。

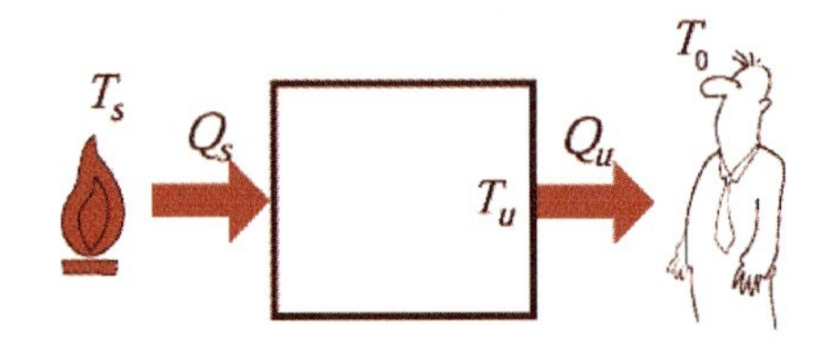

图5.10　采用燃烧直接供热的㶲效率示意(例题5.1图)

【解答】 由热㶲式(5.14)，热源与利用系统的㶲分别如下式表示

$$(E_Q)_{\text{热源}}=Q_s\left(1-\frac{T_0}{T_s}\right) \tag{ex5.1}$$

$$(E_Q)_{\text{利用系统}}=Q_u\left(1-\frac{T_0}{T_u}\right) \tag{ex5.2}$$

上面式中对不同系统分别采用不同热源 Q_s 和 Q_u。于是㶲效率式(5.18)变为

$$\eta_{\mathrm{II}}=\frac{Q_u(1-T_0/T_u)}{Q_s(1-T_0/T_s)} \tag{ex5.3}$$

因不考虑热损失，故 $Q_u/Q_s=1$，则

$$\eta_{\mathrm{II}}=\frac{(1-T_0/T_u)}{(1-T_0/T_s)}=4.5\% \tag{ex5.4}$$

可知㶲效率很低，这是因为热源温度(2 000 K)与利用温度(310 K)

间差别太大所致。由此可知，利用燃烧来致热的办法从㶲角度是不合适的，而采用如热泵那样的热源温度与利用温度相近的致热装置其㶲效率要高得多。或者通过燃烧来产生高温蒸汽，这样在与热源温度相近的高温范围内利用就会提高㶲效率。

****

5.3 各种系统的㶲(exergy of important systems)

本节将推导几种具有代表性的热力系统的㶲，并对其进行具体计算。

5.3.1 热源利用系统(system utilizing heat from heat reservoir)

当热源温度一定时，㶲等于可利用的热量乘以卡诺循环效率，式(5.14)变为

$$E_Q=Q_H\left(1-\frac{T_0}{T_H}\right) \tag{5.20}$$

当热源温度变化时，把推导(5.14)式的办法应用于微小热量 δQ 即可

$$\mathrm{d}E_Q=\delta Q\left(1-\frac{T_0}{T}\right) \tag{5.21}$$

把式(5.21)在 1(初始状态)→2(终止状态)状态间积分即可得到

$$\int_1^2 \mathrm{d}E_Q=\int_1^2 \delta Q-T_0\int_1^2 \frac{\delta Q}{T} \tag{5.22}$$

$$E_Q=Q_{12}-T_0(S_2-S_1) \tag{5.23}$$

以上过程如图 5.11 所示。

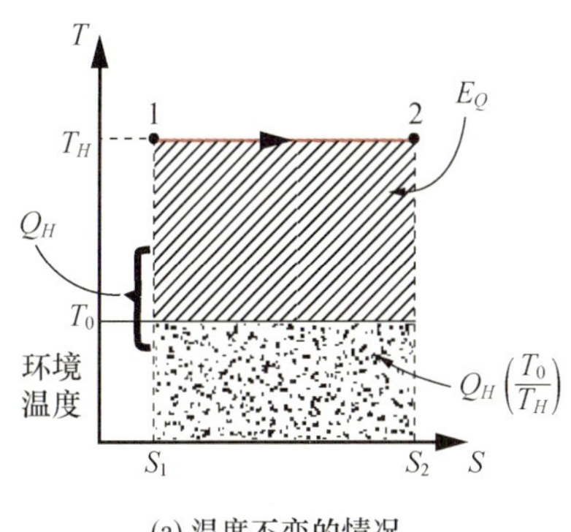

(a) 温度不变的情况

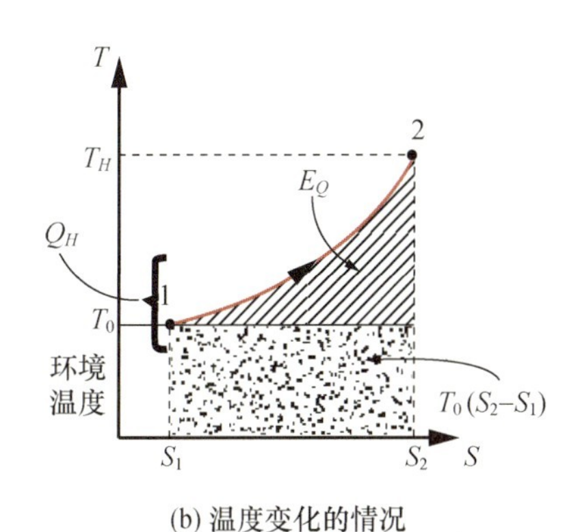

(b) 温度变化的情况

图 5.11 用 T-S 图表示热㶲

5.3.2 闭口系统(非流动过程)(closed system, nonflow process)

下面考虑一种更一般的情形，如图 5.12 所示的闭口系统的㶲，该系统相对于周围环境处于静止状态。考虑从各状态量对应于 p_1，T_1，V_1，U_1，S_1(如果系统中为纯物质，只需确定 2 个参数，其他均为从属量，此处为便于理解把计算时所需的状态量进行了列举)的初始状态 1 的，经过与周围环境间的热传递及做功，到达最终的平衡状态 2，p_1，T_1，V_1，U_1，S_1 的这一过程，而且系统为没有以流入、流出等扩散形式的物质进出的闭口系统。这一系统的第一定律式(5.7)有如下表达形式

$$\delta Q=\mathrm{d}U+\delta L=\mathrm{d}U+\delta L_{\mathrm{net}}+p_0\mathrm{d}V \tag{5.24}$$

对于热力学第二定律，热量的进出按照周围环境温度 T_0 为等温情况考虑，由式(4.50)可得

$$\mathrm{d}S_{\mathrm{gen}}=\mathrm{d}S-\frac{\delta Q}{T_0}\geqslant 0 \tag{5.25}$$

把式(5.25)代入式(5.24)消掉 δQ 得到下面的(5.26)式

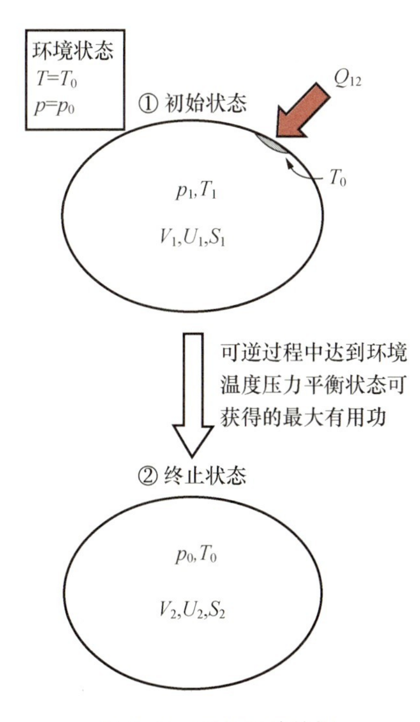

图 5.12 闭口系统的㶲

$$\delta L_{net}=-dU+T_0dS-p_0dV-T_0dS_{gen} \tag{5.26}$$

或者

$$\delta L_{net}\leqslant -dU+T_0dS-p_0dV \tag{5.27}$$

由于㶲是可逆过程中得到的最大净功，只需令式(5.26)中的熵产 dS_{gen} 为零，或者式(5.27)取等号，即可得闭口系统的㶲 dE_{closed}

$$dE_{closed}=-dU+T_0dS-p_0dV \tag{5.28}$$

这虽是体积膨胀所做的功，但为使体积膨胀的闭口系统能量守恒与熵守恒联立满足，于是把 E_V 写成 E_{closed}，以示区别。把式(5.28)在1→2状态区间积分可得

$$E_{closed}=(U_1-U_2)-T_0(S_1-S_2)+p_0(V_1-V_2) \tag{5.29}$$

此即为闭口系统的㶲。由于只是表述记号，可把终止状态2各参数的脚标统一成与周围达到平衡后各状态量的0，于是式(5.29)变成

$$E_{closed}=(U_1-U_0)-T_0(S_1-S_0)+p_0(V_1-V_0)\ (\mathrm{J}) \tag{5.30}$$

由于把㶲看成广延状态量也不会带来问题，所以可把式(5.30)的两边除以物质的质量 m(kg)，以单位质量来表示

$$e_{closed}=(u_1-u_0)-T_0(s_1-s_0)+p_0(v_1-v_0)\ (\mathrm{J/kg}) \tag{5.31}$$

或者

$$de_{closed}=-du+T_0ds-p_0dv \tag{5.32}$$

称之为**比㶲**(specific exergy)。

另外，式(5.30)中没有包含系统的动能和势能，当这两种能量形式需要考虑时，只需要把内能换成内能加上该能量即可，即 $U\to U+\frac{1}{2}mw^2+mgz$。

【例题 5.2】 ************************

试求温度为 T_1、压力为 p_1 的不可压缩物质组成的闭口系统的比㶲。已知周围环境温度与压力分别为 T_0，p_0，且 $T_1\neq T_0$，$p_1\neq p_0$。

【解答】 闭口系统的比㶲可用式(5.32)计算。针对不可压缩物质，分别写出比内能、比熵、比容的微分形式(参照第4.6.3节)

$$du=cdT,\quad ds=\frac{c}{T}dT,\quad dv=0 \tag{ex5.5}$$

把其代入式(5.32)可得

$$de_{closed}=-cdT+\frac{cT_0}{T}dT \tag{ex5.6}$$

令比热 c 为定值，把式(ex5.6)在1→0状态区间积分

$$\begin{aligned} e_{closed}&=\int_1^0 de_{closed}=-c(T_0-T_1)+cT_0\ln\frac{T_0}{T_1}\\ &=cT_0\left(\frac{T_1}{T_0}-1-\ln\frac{T_1}{T_0}\right) \end{aligned} \tag{ex5.7}$$

把式(ex5.7)所表现的比㶲对温度的依存性示于图 5.13,图中纵轴为无量纲比㶲 e_{closed}/cT_0,横轴为无量纲温度 T/T_0。由图可知,等物体温度与周围环境温度相等时 $T/T_0=1$,比㶲为零,因而不能做功。另外,无论是比周围温度高或低,闭口系统中的物质都有㶲,为使㶲值达到相对于周围环境温度下物体显热的 2 倍,高温时需达到 1200 K,低温时需达到 15 K。对于无蒸发等形式的物质迁移闭口系统内的液体或固体的㶲值,只要知道比热即可计算。

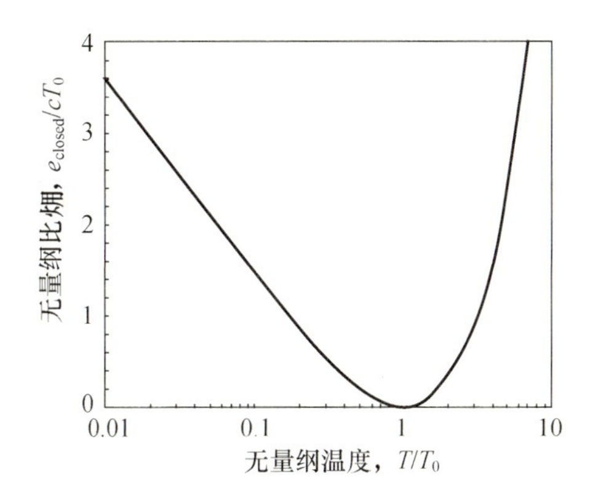

图 5.13 不可压缩物质比㶲随温度的变化

****

【例题 5.3】 ************************

内容积为 1 000 cm^3 的内燃机(活塞式发动机)圆筒内,排气阀打开前存有 $T=700$℃、$p=500$ kPa 的燃气,试求该燃气的比㶲。假设没有未燃物质残留,而且燃气可假定为理想气体(空气),气体常数为 $R=287.13$ J/(kg·K),比热为定值 $c_p=1.005$ kJ/(kg·K),$c_v=0.718$ kJ/(kg·K),另外 $T_0=25$℃,$p_0=1$ atm。

【解答】 采取与例题 5.2 同样的顺序求解理想气体的比㶲。对理想气体,下式成立

$$du=c_v dT,\quad ds=\frac{c_p}{T}dT-\frac{R}{p}dp,\quad dv=Rd\left(\frac{T}{p}\right) \tag{ex5.8}$$

把其代入闭口系统比㶲的微分式(5.32)可得

$$de_{closed}=-c_v dT+T_0\left(\frac{c_p}{T}dT-\frac{R}{p}dp\right)-p_0 Rd\left(\frac{T}{p}\right) \tag{ex5.9}$$

积分式(ex5.9)可得

$$e_{closed}=c_v T_0\left(\frac{T}{T_0}-1-\frac{c_p}{c_v}\ln\frac{T}{T_0}\right)+RT_0\left[\left(\frac{T}{T_0}\right)\left(\frac{p_0}{p}\right)-1-\ln\frac{p_0}{p}\right] \tag{ex5.10}$$

此处初期温度与压力分别以作为自变量的 T、p 来表示。式(ex5.10)的右边第 1 项对应于温差产生的㶲,第 2 项对应于压差产生的㶲。把相应的数值代入得

$$e_{closed}=115.0+110.3=225.3\ (kJ/kg) \tag{ex5.11}$$

也就是说，这么多的㶲被内燃机向大气排放而浪费掉。把这些高温排气用于驱动小型涡轮机来做功的㶲的有效利用装置称为涡轮增压器，被用于提高发动机的吸气压力（参照图5.14）。

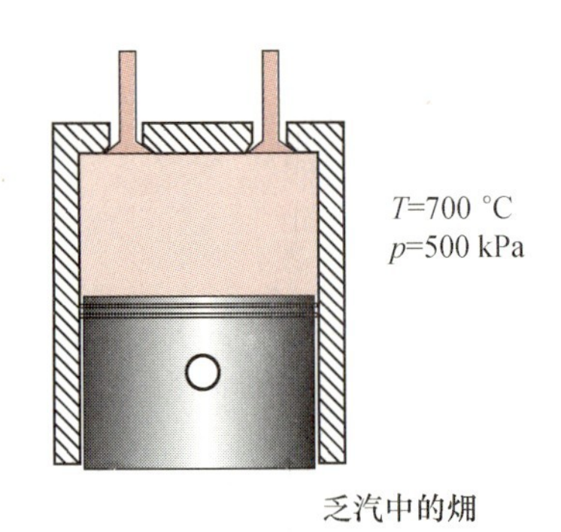

乏汽中的㶲

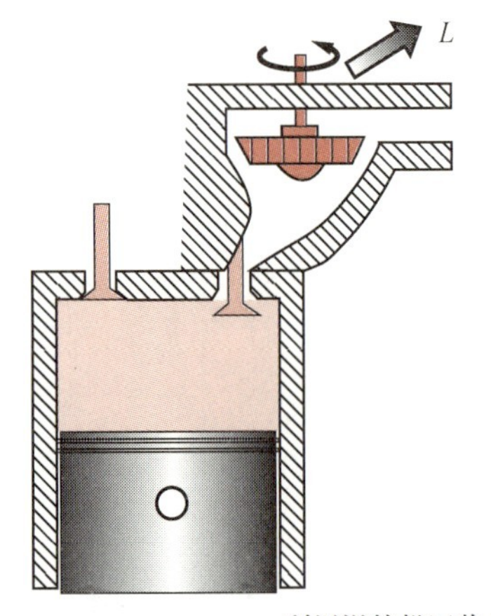

利用涡轮机回收㶲

图 5.14　燃气的㶲及其有效利用

****

5.3.3　定常流动系统(steady flow system)

作为㶲概念的重要应用对象，涡轮机及化学反应器等通过物质的定常流动来做功的装置很常见，这样的系统与闭口系统不同，需要求取系统内连续流动物质的㶲值。对于如图5.15所示的定常流动系统，入口物质的状态量对应于 p_1, T_1, H_1, S_1，与周围环境间进行热交换及做功后达到平衡状态 p_0, T_0, H_0, S_0。对于定常状态，各状态量不随时间变化。首先，对于这样的定常流动系统的能量守恒方程可如(3.39)式给出(省略了力学上的能量)

$$dH = \delta Q - \delta L \tag{5.33}$$

此式为定常流动系统的热力学第一定律。而第二定律与5.3.2节中描述的闭口系统一样，热量的进出按照周围环境温度 T_0 为等温情况考虑，由式(4.50)可得

$$dS_{\text{gen}} = dS - \frac{\delta Q}{T_0} \geqslant 0 \tag{5.34}$$

把式(5.34)代入式(5.33)消去 δQ 即可得到如下的(5.35)式

$$\delta L = -dH + T_0 dS - T_0 dS_{\text{gen}} \tag{5.35}$$

或者

$$\delta L \leqslant -dH + T_0 dS \tag{5.36}$$

由于㶲是可逆过程中得到的最大净功，令式(5.35)中的熵产 dS_{gen} 为零，或者式(5.36)取等号，即可得定常流动系统的㶲 dE_{flow}

$$dE_{\text{flow}} = -dH + T_0 dS \tag{5.37}$$

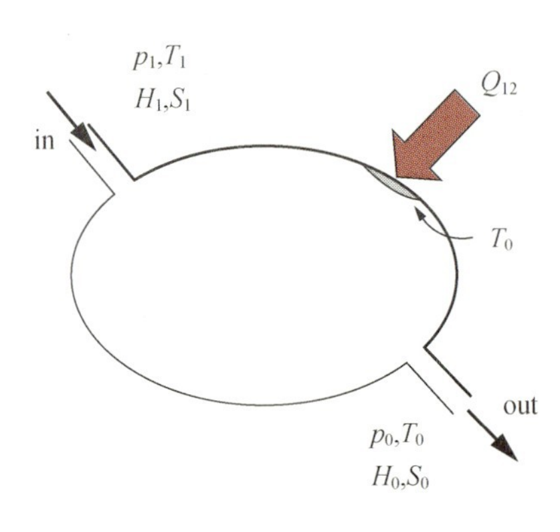

图 5.15　定常流动系统的㶲

对式(5.37)在状态区间 1→0 内积分可得

$$E_{\text{flow}} = (H_1 - H_0) - T_0(S_1 - S_0)\ \ (\text{J}) \tag{5.38}$$

此即定常流动系统的㶲。把式(5.38)两边除以质量 m(kg)得到单位质量下的表达式

$$e_{\text{flow}} = (h_1 - h_0) - T_0(s_1 - s_0)\ \ (\text{J/kg}) \tag{5.39}$$

或者

$$de_{\text{flow}} = -dh + T_0 ds \tag{5.40}$$

为了把式(5.38)与闭口系统的㶲(5.30)式作比较，式(5.38)可改写为

$$\begin{aligned} E_{\text{flow}} &= (U_1 + p_1 V_1) - (U_0 + p_0 V_0) - T_0(S_1 - S_0) \\ &= (U_1 - U_0) - T_0(S_1 - S_0) + p_0(V_1 - V_0) + (p_1 - p_0)V_1 \\ &= E_{\text{closed}} + (p_1 - p_0)V_1 \end{aligned} \tag{5.41}$$

上式表明，定常流动系统的㶲值等于闭口系统的㶲值加上流动㶲。

*5.3.4 开口系统 (open system)

如上所述的 3 种系统中均不考虑物质向周围环境的物质扩散。考虑如图 5.16 所示的含有分别为 $n_1, n_2, \cdots, n_N$ 摩尔的 N 种成分物质的混合系统，状态 1 记为 $(n_i)_1$，状态 2 记为 $(n_i)_2$。系统的初始状态为 T_1, p_1, V_1, U_1, S_1，而且由于是混合系统，N 种成分物质的化学势能分别为 $\mu_1, \mu_2, \cdots, \mu_N$。周围环境状态为 $(T_0, p_0, \mu_{1,0}, \mu_{2,0}, \cdots, \mu_{N,0})$。对于闭口系统，当其温度及压力与周围环境达到平衡时的㶲值按 5.3.2 节的描述方法计算。这里同时还需要考虑各种物质与周围环境间达到化学平衡过程的㶲值，即存在物质扩散过程。在 1→2 过程中 N 种成分的各物质的量 $n_i (i=1, \cdots, N)$ 认为是通过可逆半透膜介质进行扩散，因此扩散过程有物质的迁移，虽没有宏观上的流动，但被作为开口系统来处理。扩散过程一直进行到系统内外各种成分的浓度差消失，也就是说化学势完全相等后终止。

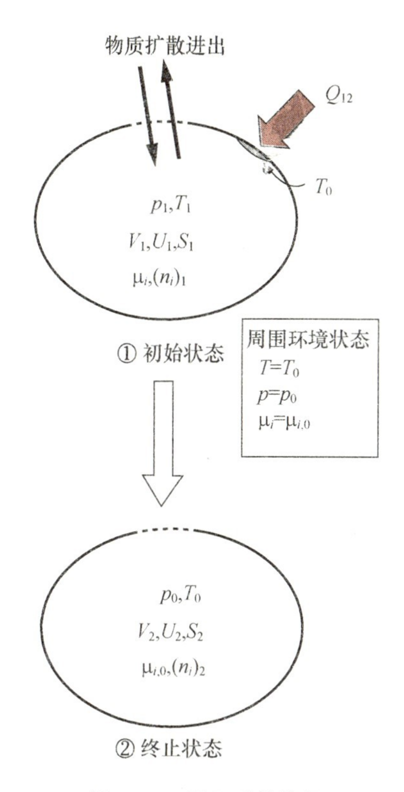

图 5.16 开口系统的㶲

这种有因扩散而致的物质迁移情形下的㶲，只需在第 5.3.2 节、第 5.3.3节中得到结果的基础上追加化学势项即可，对闭口系统、定常流动系统分别有如下表达式（证明略）。

$$E_{\text{open}} = (U_1 - U_0) - T_0(S_1 - S_0) + p_0(V_1 - V_0) - \sum_{i=1}^{N} (\mu_i - \mu_{i,0}) n_i \tag{5.42}$$

$$E_{\text{flow-open}} = (H_1 - H_0) - T_0(S_1 - S_0) - \sum_{i=1}^{N} (\mu_i - \mu_{i,0}) n_i \tag{5.43}$$

这里 $\mu_i = (\partial G / \partial n_i)_{T,p,n_j(i \neq j)}$ 为第 i 种物质的化学势，n_i 为第 i 种成分的物质的量。

5.4 自由能(free energy)

对㶲与自由能的基本思考方法相同，它们都表示从系统中获得的理论最大功，其区别在于变化过程及最终平衡状态的制约条件。自由能对应于等温等压或者等温等容条件下的最大功，而对㶲来说只要是可逆过程与变化路径无关（例如绝热过程及等温过程的组合也可），另外，㶲的最终平衡状态是系统与周围环境间达到平衡，而自由能无此制约条件。尽管两者有如此相近的关系，但在历史上自由能概念(Gibbs, 1876)出现得比㶲(Rant, 1953)更早，已渗透到更广阔的领域中，特别是在描述燃烧、燃料电池等化学反应时的最大功或平衡条件时，用自由能更合适。这里描述的是包括与㶲相互关系在内的自由能的基本知识。

5.4.1 吉布斯自由能(Gibbs free energy)

对于从与周围环境尚未达到热力学平衡的系统向外部取得有效功

的方法，目前为止是基于“热 → 热媒温度上升（内能增加）→ 热媒体积膨胀 → 产生 pV 功”也即以 pV 功为中心内容的过程。但是，各种其他获得功的方法同样可能实现，（非机械的）能量转换方法在今后会变得更加重要。特别是对通过“化学能 → 电能（燃料电池）、热能 → 电能（热电元件）或化学能 → 热能（燃烧）”这样的化学反应来获得功的过程，用热力学手段也可处理。

现在就来考虑一下可逆化学反应获得的理论最大功。以闭口系统为对象，认为在因体积变化而产生的微量功 pdV 之外，因化学反应而产生的功 dL_{ch}（例如通过化学反应而获得电功的燃料电池）也可能发生。针对这一系统的吉布斯公式（热力学第一定律和可逆过程的第二定律）如下

$$TdS = dU + pdV + dL_{ch} \tag{5.44}$$

由于化学反应多发生在温度、压力一定条件下，对式(5.44)以 $T=$ const、$p=$ const 为条件在 1→2 状态间进行积分可得

$$T\int_1^2 dS = \int_1^2 dU + p\int_1^2 dV + \int_1^2 dL_{ch} \tag{5.45}$$

由可逆变化的功最大，得到

$$-(L_{ch})_{max} = (U_2 - U_1) + p(V_2 - V_1) - T(S_2 - S_1) \tag{5.46}$$

进一步整理式(5.46)可得下面表达式

$$-(L_{ch})_{max} = (U_2 + pV_2 - TS_2) - (U_1 + pV_1 - TS_1) \tag{5.47}$$

总结式(5.47)右边括号内参数得到如下定义式

$$G \equiv U + pV - TS = H - TS \ (\text{J}) \tag{5.48}$$

这里 G 为**吉布斯自由能**(Gibbs free energy)或**吉布斯函数**(Gibbs function)，也是广延状态量。把式(5.48)两端除以物质的质量 m (kg)，得到单位质量下的表达式

$$g = h - Ts \ (\text{J/kg}) \tag{5.49}$$

g 为**比吉布斯自由能**(specific Gibbs free energy)。用吉布斯自由能改写式(5.47)可得

$$-(L_{ch})_{max} = G_2 - G_1 \quad (\text{其中 } T, p \text{ 为常数}) \tag{5.50}$$

如式(5.50)那样，等温等压条件下的吉布斯自由能的微小变化 $(\Delta G)_{T,p}$ 如下式(5.51)所示

$$(\Delta G)_{T,p} = \Delta U + p\Delta V - T\Delta S = (\Delta H)_p - T\Delta S \tag{5.51}$$

于是可得如下化学反应（等温等压）所得理论最大功的表达式

$$(L_{ch})_{max} = G_1 - G_2 = -\Delta G \tag{5.52}$$

这里省略了$(\quad)_{T,p}$项。式(5.52)表明等温等压条件下可逆化学反应所得到的最大功等于吉布斯自由能的减少量 $-\Delta G$，只是自由能的获得并不需要系统与周围环境状态达到最终平衡的条件，因此与㶲有区别。如第7章有关燃烧的描述那样，计算燃烧或燃料电池中的化学反应所产生的最大功时，只需知道反应前物质的G_1与生成物质的G_2

之差即可，此计算实质上是以标准物质为参照，利用了标准生成吉布斯自由能 $\Delta_f G^\circ$(具体内容参照第 7 章)。图 5.17 描绘了吉布斯自由能与化学反应所产生最大功的过程示意图。

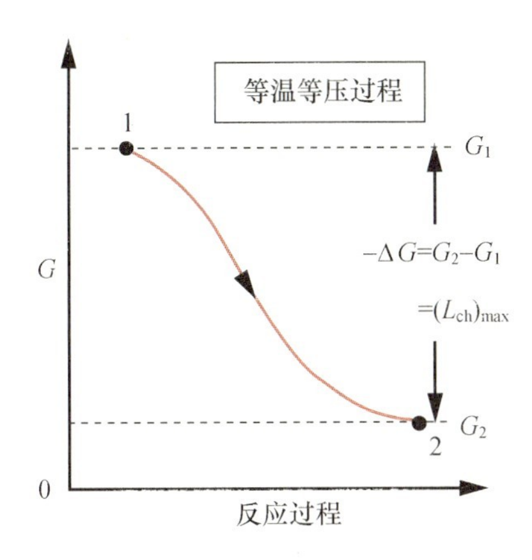

图 5.17 吉布斯自由能与等温定压过程的最大功

自由能中的“自由”意为从内能中向外部自由输出的那部分功。如前面所述，内能转化为功时，即使在效率最好的情况下其过程也要受制于熵守恒的热力学第二定律，不可能全部转化为功，其最大值即为㶲。吉布斯(或者亥姆霍兹)自由能由其表达式可以看出是从焓或内能中只减掉 TS 后所剩的部分，也是作为功可取出的那部分。这里的 TS 称之为**束缚能(bound energy)**，无法被取出变成功，而只能维持分子随机运动以内能形式存留在系统内部，这是由于不只能量，熵也要守恒所致的结果(图 5.18)。

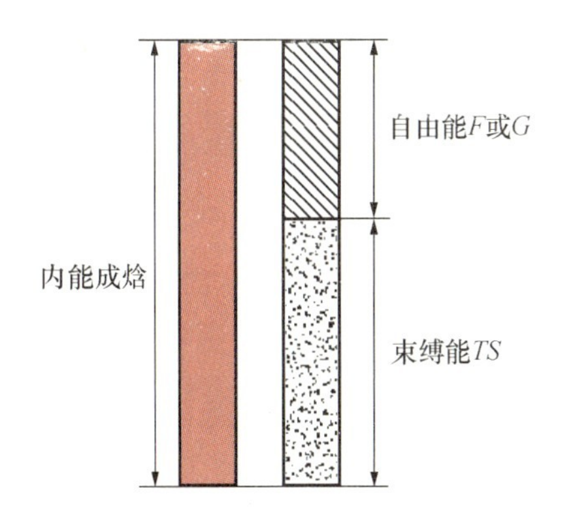

图 5.18 自由能与束缚能

闭口系统的㶲和吉布斯自由能间的关系如下所示。如果最终平衡温度、压力保持一定，不一定非要与周围环境一致，那么把式(5.30)的下标 0→2 变换得

$$[E_{closed}]_{T_0\to T, p_0\to p} = (U_1 - U_2) - T(S_1 - S_2) + p(V_1 - V_2)$$
$$= G_1 - G_2 = -\Delta G \tag{5.53}$$

这虽是自由能而非㶲，但表示出了二者间的关系。

5.4.2 亥姆霍兹自由能(Helmholtz free energy)

下面考虑闭口系统的等温定容过程。与吉布斯自由能的情形相同，体积膨胀以外的做功 dL_{ch} 按照定容过程来考虑，对可逆过程应用热力学第一定律和第二定律，式(5.44)中令 $dV=0$ 即可

$$TdS = dU + \delta L_{ch} \tag{5.54}$$

把式(5.54)以 $T=\text{const.}$ 为条件在状态 1→2 间积分可得如下(5.55)式

$$-(L_{ch})_{max} = (U_2 - TS_2) - (U_1 - TS_1) \tag{5.55}$$

此处，总结式(5.55)右边括号内的参数得到下面的定义

$$F \equiv U - TS \ (\text{J}) \tag{5.56}$$

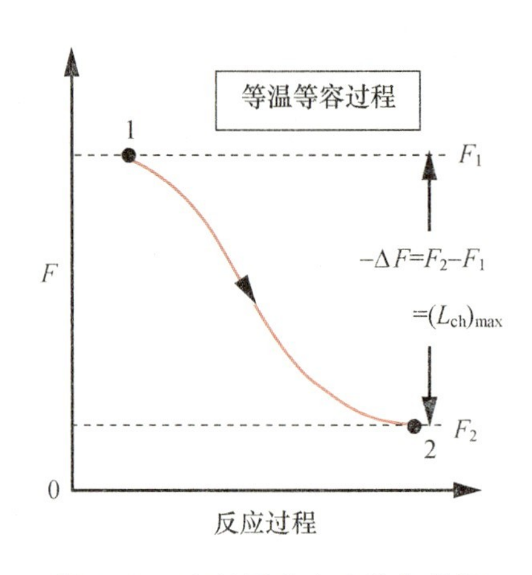

图 5.19 亥姆霍兹自由能与等温定容过程的最大功

其中 F 是名为**亥姆霍兹自由能**(Helmholtz free energy)或者**亥姆霍兹函数**(Helmholtz function)的广延状态量。式(5.56)两边同除以物质的质量 m(kg),得到单位质量下的表达式

$$f=u-Ts \text{ (J/kg)} \tag{5.57}$$

f 为**比亥姆霍兹自由能**(specific Helmholtz free energy)。

等温等容条件下的最大功作为亥姆霍兹自由能的减少量有如下表达式

$$(L_{ch})_{max}=F_1-F_2=-\Delta F \quad (\text{其中 } T,V \text{ 为常数}) \tag{5.58}$$

从5.3.2节中描述的闭口系统的㶲可推得亥姆霍兹自由能,把㶲式(5.30)追加上等容条件,而且并非一定要满足与周围环境温度一致的等温条件 $T_0\to T$,做 $0\to 2$ 的下标变换可得

$$\begin{aligned}[E_{closed}]_{V=const.,T_0\to T}&=(U_1-U_2)-T(S_1-S_2)=(U_1-TS_1)-(U_2-TS_2)\\&=F_1-F_2=-\Delta F\end{aligned} \tag{5.59}$$

也就是说,对于闭口系统的等温定容过程,其化学反应等过程所得到的最大功等于过程前后的亥姆霍兹自由能之差(图5.19)。严格说来这不是㶲,但表明了两者间的关系。以上虽然说明了可表现化学反应所得最大功的两种自由能,但实际上由于几乎所有化学反应都是在 T,p 一定的条件下进行的,因此吉布斯自由能更加通用。

*5.4.3 平衡条件与自由能(化学反应的进行方向)(equilibrium conditions and free energy)

前面说明了以描述化学反应所得最大功为目的而引出的两种自由能,其实自由能同时也可以确定系统的平衡条件或化学反应的进行方向。换而言之,系统与周围环境处于非平衡状态下有做功的可能性,表明过程变化开始之后会自发地向最终的平衡状态进行。也即只要系统的最大功不为零,自发变化就会进行。

把吉布斯自由能在等温等压条件下进行微分可得

$$(\mathrm{d}G)_{T,p}=\mathrm{d}U+p\mathrm{d}V-T\mathrm{d}S \tag{5.60}$$

由可逆过程的热力学第一定律和第二定律可知,下面关系式恒成立

$$T\mathrm{d}S=\mathrm{d}U+p\mathrm{d}V \tag{5.61}$$

把式(5.61)代入式(5.60)得到

$$(\mathrm{d}G)_{T,p}=0 \quad (\text{可逆过程}) \tag{5.62}$$

另外,由于不可逆过程熵产存在,热力学第二定律的微分形式(4.50)改写为

$$\delta Q=T\mathrm{d}S-T\mathrm{d}S_{gen} \tag{5.63}$$

热力学第一定律和第二定律变为下式

$$-T\mathrm{d}S_{gen}=\mathrm{d}U-p\mathrm{d}V-T\mathrm{d}S \tag{5.64}$$

于是,把式(5.64)代入式(5.63)可得

$$(\mathrm{d}G)_{T,p}=-T\mathrm{d}S_{gen}<0 \quad (\text{不可逆过程}) \tag{5.65}$$

这是由于绝对温度和熵都为非负值。由式(5.62)和式(5.65)可知,温度、压力一定条件下的吉布斯自由能只有保持一定或者减少,不可能自发地增大。也就是说,吉布斯自由能 G 只能向减小的方向进行,当达到其极小值时,系统达到平衡状态,其平衡条件即为 $(dG)_{T,p}=0$。由于气液间的相平衡在等温等压下发生,式(5.62)成为决定平衡条件的基本方程式(参照第 9.2.1 节)。如图 5.20 所示,自由能在系统达到平衡状态时为得到极小值,此时称之为**热力学势**(thermodynamic potential)。这与力学上的势能达到极小点时系统最稳定的现象相似。

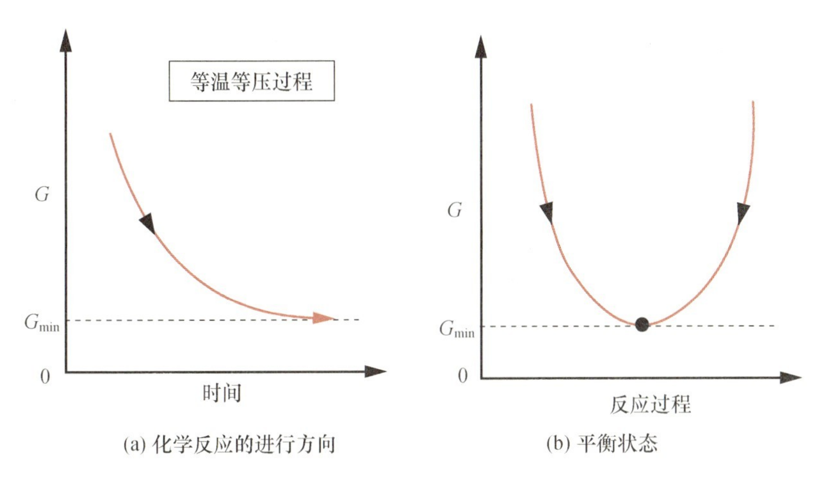

(a) 化学反应的进行方向 (b) 平衡状态

图 5.20 吉布斯自由能与化学反应的进行方向及平衡状态

*5.5 㶲损失(lost exergy)

第 5.4 节中描述了与周围环境尚未达到平衡状态系统向外界所做理论最大功的㶲,以及与之密切相关的自由能。这对应于利用热力学第二定律,把可逆循环中具有最大效率的卡诺循环及各种非循环过程进行展开探讨所得到的结论。㶲、自由能的思考方法,从热力学定律的应用角度来看可总结如下。

(1) 第一定律(能量守恒)+第二定律(可逆过程熵守恒 $S_{gen}=0$)→㶲、自由能等无损失时所得到的理论最大功。根据系统或周围环境的制约条件出现多种评价函数(E_{closed},E_{flow},G,F 等)。

(2) 第一定律(能量守恒)+第二定律(不可逆过程熵增加,存在熵产:$S_{gen}>0$)→ 存在各种损失的现实变化过程的评价,所得到的实际功必然较㶲小。

目前为止所讨论的是(1)的部分,现实中的能量转换过程并非是可逆过程,而存在摩擦、热损失等各种形式的损失,并不可能得到与㶲值一样的功。本节中为把㶲概念应用在现实的变化过程当中,进一步考虑如何评价不可逆过程中的㶲损失,从工程的角度来看,即㶲可被利用的程度。

不可逆过程及㶲损失(irreversible processes and lost exergy)

与周围环境处于非平衡状态的系统在与周围相接触并最终达到平衡状态为止,当变化过程为不可逆时,那么损失掉的㶲与不可逆过程有怎样的关系呢?这里再次考虑第5.3.2节所述的闭口系统。在计算㶲时,总是同时考虑热力学第一定律和第二定律,为得到㶲值,第一定律表达式为

$$\delta Q = \mathrm{d}U + \delta L_{\mathrm{net}} + p_0 \mathrm{d}V \tag{5.66}$$

考虑不可逆过程的熵产,第二定律变成下式

$$\delta Q = T_0 \mathrm{d}S - T_0 \mathrm{d}S_{\mathrm{gen}} \tag{5.67}$$

将式(5.67)代入到式(5.66)中得

$$\delta L_{\mathrm{net}} = -\mathrm{d}U + T_0 \mathrm{d}S - p_0 \mathrm{d}V - T_0 \mathrm{d}S_{\mathrm{gen}} \tag{5.68}$$

将式(5.68)在1→2的状态区间进行积分得到

$$(L_{12})_{\mathrm{net}} = (U_1 - U_2) - T_0(S_1 - S_2) + p_0(V_1 - V_2) - T_0 S_{\mathrm{gen}} \tag{5.69}$$

式(5.69)表示从不可逆过程的闭口系统获得的功。对于可逆过程熵产为零,即 $S_{\mathrm{gen}}=0$,式(5.69)得到最大值,即等于㶲。

$$E_{\mathrm{closed}} = (U_1 - U_2) - T_0(S_1 - S_2) + p_0(V_1 - V_2) \tag{5.70}$$

把㶲式(5.70)与现实中可获得的功表达式(5.69)相减得

$$L_{\mathrm{lost}} = L_{\max} - L_{\mathrm{net}} = E_{\mathrm{closed}} - L_{\mathrm{net}} = T_0 S_{\mathrm{gen}} \tag{5.71}$$

此即不可逆过程中的**㶲损失**(lost exergy, lost available work, availability destruction)。由式(5.71)可知,损失掉的㶲与不可逆过程的熵产成正比,也就是说,摩擦等不可逆过程产生的热量不能被传递而是使内能增加,能量被做不规则运动的分子耗散掉了,于是可转化为功的部分被减少。

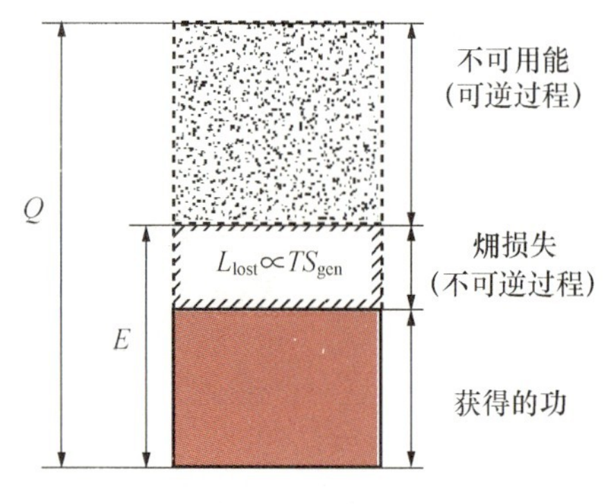

图5.21 㶲损失与熵产

这里虽然导出的是闭口系统的㶲损失与熵产间的关系,但对于更一般的系统,也可证明因过程不可逆而导致的有效功损失与熵产成正比。

$$L_{\mathrm{lost}} \propto TS_{\mathrm{gen}} \tag{5.72}$$

这个一般关系被称为**古伊-斯托多拉定理**(Gouy-Stodola theorem)。于是,知道了现实中的能量转换装置内部所发生的均为不可逆过程后,只要求得熵产,就可对㶲损失进行定量评价。图5.21描绘了这一关系。如何减少这一部分损失是工程师们该做的事情,只要知道㶲损失的原因和其大小,就可以为减小不可逆过程损失的设计改良做出贡献。对各种过程或系统的㶲损失如何进行具体解析超出了本书的范围,有兴趣的读者可参考文献[1]、[2]。

═════ 练习题 ═════════════════════

【5.1】 1 $\mathrm{m^3}$ 的容器内的空气保持0.1 kPa的真空度,其温度与周围温度25℃相等,试求该系统的㶲。空气的气体常数取287 J/(kg·K)。

【5.2】 10万吨的冰山(纯水冻成的冰,温度为−10℃)被搬运到环境温度为20℃的温带,试求该冰山的㶲(kWh)。1 kWh等于1 kW的电力在1小时内消耗掉的能量。已知冰与水的定压比热分别为2.05 kJ/(kg·K)和4.19 kJ/(kg·K),冰溶解时的溶解潜热为334 kJ/kg,忽略体积变化。

【5.3】 Calculate the specific exergy that can be produced per kg of steam that enters a steady flow system at 6.0 MPa, saturated, and leaves in equilibrium with the environment at 25℃ and 101 kPa.

【5.4】 A heat engine operates between two thermal reservoirs at 1400 K and 298 K with a rate of heat input of 750 kW. The measured power output of the heat engine is 300 kW, and the environment temperature is 298 K. Determine (a) the first law efficiency, (b) the lost exergy, and (c) the second law efficiency of this heat engine.

【答案】

5.1 100 kJ

5.2 8.16×10^5 kWh

5.3 1 033 kJ/kg

5.4 (a) 40% (b) 290.4 kW (c) 50.8%

第5章 参考文献

[1] 吉田邦夫編,エクセルギー工学 —理論と実際—,(1999),共立出版.

[2] 有効エネルギー評価方法通則,JIS Z 9204.

第 6 章

热力学一般关系式

General Thermodynamic Relation

到本章为止，我们已经理解了热力学体系的基本概念和物理意义。本章将从数学上推导出表示系统状态量的一般关系式。用本章所得到的一般关系式，可以由压力、温度、体积等易于测量得到的状态量求得内能、焓、熵等测量困难的状态量。在这里，我们从状态量的微分关系式出发，推导出作为热力学基本关系式的麦克斯韦关系式，进一步得到比热、内能、焓、熵相关的一般关系式。其次，对流体流经小孔节流时压力下降而导致温度变化的焦耳-汤姆逊现象进行讨论。此外，我们还将得出相变相关的一般关系式。

6.1 热力学一般关系式(general thermodynamic relation)

物质和系统所具有的状态量有压力、温度、体积、内能、焓、熵等，这些状态量并不是各自独立地变化，而是具有一定的依赖关系。由单相纯物质所形成的系统处于热力学平衡态时，只有任意 2 个状态量能够独立变化。若这 2 个状态量确定，其他的状态量就全部被确定下来，物质和系统的状态从而也被确定。根据**杜恩定理(Duhem theorem)**，无论系统中有多少种相、成分或者化学反应，给定初始质量和成分的闭口系统的稳定平衡态可以由 2 个独立变量加以确定。现将这 2 个独立变化的状态量定为 x，y，第 3 个状态量称为 z，z 为关于 x，y 的函数，并可以表示为式(6.1)。

$$z=z(x,y) \tag{6.1}$$

3 个状态量 x，y，z 之间，除了式(6.1)所表示的关系外，还存在若干微分关系。这种关系式和物质的种类、状态(固体、液体和气体)无关，一般对任意物质都成立，因此称为**热力学一般关系式(general thermodynamic relation)**。数学上如果用 x，y，z 表示直角坐标，那么 $z=z(x,y)$在图 6.1 中表示一个曲面。如果物质的状态发生微小的变化，对 x，y，z 分别表示为 $x+dx$，$y+dy$，$z+dz$，那么 dz 可以由式(6.2)表达如下

$$dz=Mdx+Ndy \tag{6.2}$$

式中 M 和 N 一般为状态量的函数。式(6.2)在 x 及 y 同时变化或者仅有一个变化时都成立。特殊的情况是，仅有x发生变化而y不变($dy=0$)，从而有 $dz=Mdx$，再有 y 发生变化而 x 不变($dx=0$)，从而有 $dz=Ndy$。此关系在热力学上表示为

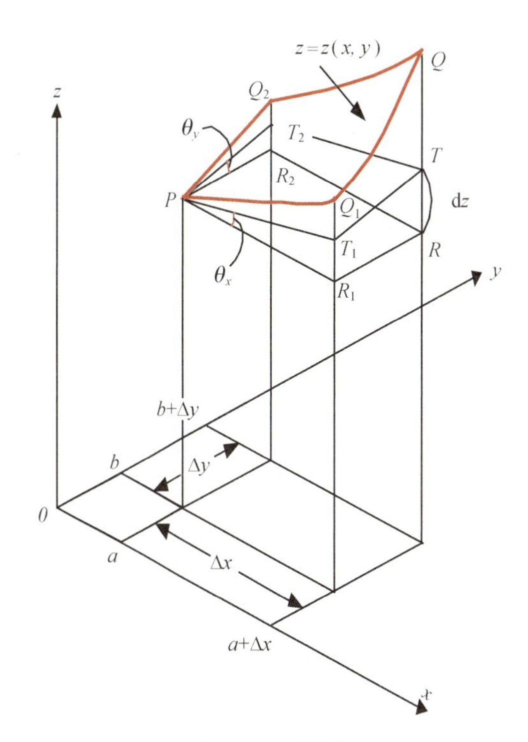

PT_1TT_2 为经过 P 点的曲面 $z=z(x,y)$的切面，

$\overline{R_1T_1}=\overline{PR_1}\tan\theta_x=f_x(a,b)\Delta x$

$\overline{R_2T_2}=\overline{PR_2}\tan\theta_y=f_y(a,b)\Delta y$

$\overline{RT}=\overline{R_1T_1}+\overline{R_2T_2}$

$=f_x(a,b)\Delta x+f_y(a,b)\Delta y=dz$

图 6.1 函数 $z(x,y)$和全微分 dz 的几何关系

$$M=\left(\frac{\partial z}{\partial x}\right)_y,\quad N=\left(\frac{\partial z}{\partial y}\right)_x \tag{6.3}$$

因此式(6.2)变为下式。

$$\mathrm{d}z=\left(\frac{\partial z}{\partial x}\right)_y\mathrm{d}x+\left(\frac{\partial z}{\partial y}\right)_x\mathrm{d}y \tag{6.4}$$

对式(6.3)中的M,N分别对y,x求偏微分

$$\left(\frac{\partial M}{\partial y}\right)_x=\frac{\partial^2 z}{\partial x\partial y},\quad \left(\frac{\partial N}{\partial x}\right)_y=\frac{\partial^2 z}{\partial y\partial x} \tag{6.5}$$

如果数学上z为连续函数,式(6.5)右边的2阶微分相等,因此得到式(6.6)。

$$\left(\frac{\partial M}{\partial y}\right)_x=\left(\frac{\partial N}{\partial x}\right)_y \tag{6.6}$$

式(6.6)从数学上来讲是$\mathrm{d}z$为**全微分(total differential)**的条件(表6.1)。同时在热力学上z为状态量是有条件的,可以用来确定某个量是否为状态量。此外,全微分$\mathrm{d}z$在几何学上的意义如图6.1所示。

表6.1 全微分的条件

$\mathrm{d}z=M\mathrm{d}x+N\mathrm{d}y$ $\mathrm{d}z=\left(\frac{\partial z}{\partial x}\right)_y\mathrm{d}x+\left(\frac{\partial z}{\partial y}\right)_x\mathrm{d}y$ 全微分的条件 $\left(\frac{\partial M}{\partial y}\right)_x=\left(\frac{\partial N}{\partial x}\right)_y$

物质在状态发生微小变化时,如果z一定时($\mathrm{d}z=0$),式(6.2)或者式(6.4)的两边除以$\mathrm{d}y$,在z保持一定时,从热力学上讲,$\mathrm{d}x/\mathrm{d}y$应当写为$(\partial x/\partial y)_z$。这样从式(6.3)可以得到式(6.7)。

$$\left(\frac{\partial x}{\partial y}\right)_z\left(\frac{\partial z}{\partial x}\right)_y\Big/\left(\frac{\partial z}{\partial y}\right)_x=\left(\frac{\partial x}{\partial y}\right)_z\frac{M}{N}=-1 \tag{6.7}$$

一方面,y和z作为独立变量,式(6.1)就可以表示为$x=x(y,z)$。此时,x的全微分$\mathrm{d}x$可以表示为式(6.8)。

$$\mathrm{d}x=\left(\frac{\partial x}{\partial y}\right)_z\mathrm{d}y+\left(\frac{\partial x}{\partial z}\right)_y\mathrm{d}z \tag{6.8}$$

由式(6.4)及式(6.8)消去$\mathrm{d}x$,有

$$\left\{\left(\frac{\partial z}{\partial y}\right)_x+\left(\frac{\partial z}{\partial x}\right)_y\left(\frac{\partial x}{\partial y}\right)_z\right\}\mathrm{d}y=\left\{1-\left(\frac{\partial z}{\partial x}\right)_y\left(\frac{\partial x}{\partial z}\right)_y\right\}\mathrm{d}z \tag{6.9}$$

由于y,z为独立变量,即可以使y保持不变,而仅使z发生变化。这样,在y与z的值无关,且式(6.9)需成立的情况下,式(6.9)两边的括号内的项必须等于零,于是得到式(6.10)

$$\left(\frac{\partial x}{\partial z}\right)_y=1\Big/\left(\frac{\partial z}{\partial x}\right)_y \tag{6.10}$$

将式(6.10)中的偏微分逆转时,表示为其倒数,称为**倒易关系式(reciprocity relation)**。将此关系应用于式(6.7)得到(表6.2)

$$\left(\frac{\partial x}{\partial y}\right)_z\left(\frac{\partial y}{\partial z}\right)_x\left(\frac{\partial z}{\partial x}\right)_y=-1 \tag{6.11}$$

表 6.2 相反的关系式和循环关系式

$$\left(\frac{\partial x}{\partial z}\right)_y=1/\left(\frac{\partial z}{\partial x}\right)_y$$

$$\left(\frac{\partial x}{\partial y}\right)_z\left(\frac{\partial y}{\partial z}\right)_x\left(\frac{\partial z}{\partial x}\right)_y=-1$$

式(6.11)称为循环关系式(cyclic relation),在热力学中经常使用。在以上各式中的 x,y,z 可以为任意组合的 3 个状态量。因此,根据式(6.3)~式(6.11)可以得到很多一般关系式。再有当式(6.1)成立时,如果 z 之外的另一个状态量为 φ,记为 $y=y(x,\varphi)$,当 φ 一定时,对 z 求关于 x 和 y 的全微分,可导出如下新的关系式

$$\left(\frac{\partial z}{\partial x}\right)_\varphi=M+N\left(\frac{\partial y}{\partial x}\right)_\varphi,\ \left(\frac{\partial z}{\partial y}\right)_\varphi=M\left(\frac{\partial x}{\partial y}\right)_\varphi+N \tag{6.12}$$

【例题 6.1】 ************************

如果理想气体可逆过程做功的微分为 $\delta l=p\mathrm{d}v$,内能的微分表示为 $\mathrm{d}u=c_v\mathrm{d}T$,试求其全微分形式。

【解答】 如果将 $\delta l=p\mathrm{d}v$ 展开为 $\delta l=M\mathrm{d}v+N\mathrm{d}p$,那么有如下关系

$$\left(\frac{\partial M}{\partial p}\right)_v=\left(\frac{\partial p}{\partial p}\right)_v=1,\ \left(\frac{\partial N}{\partial v}\right)_p=0 \tag{ex6.1}$$

但是不满足式(6.6),因此 δl 不为全微分。

然而,如将 $\mathrm{d}u=c_v\mathrm{d}T$ 展开为 $\mathrm{d}u=M\mathrm{d}T+N\mathrm{d}p$,则有如下关系成立

$$\left(\frac{\partial M}{\partial p}\right)_T=\left(\frac{\partial c_v}{\partial p}\right)_T=0,\ \left(\frac{\partial N}{\partial T}\right)_p=0 \tag{ex6.2}$$

从而 $\mathrm{d}u$ 为全微分。

****

6.2 从能量关系式导出一般关系式(general relations from energy equation)

对处于准静态的由纯物质构成的闭口系统,结合由热力学第一定律和第二定律所导出的式(4.60)和熵的表示式(4.61),可以得到下式(6.13)。

$$\mathrm{d}u=T\mathrm{d}s-p\mathrm{d}v,\ \mathrm{d}h=T\mathrm{d}s+v\mathrm{d}p \tag{6.13}$$

此外,将第 5 章中所定义的比亥姆霍兹自由能(specific Helmholtz free energy) $f=u-Ts$ 以及比吉布斯自由能(specific Gibbs free energy) $g=h-Ts$ 用于式(6.13)得到(表 6.3)

$$\mathrm{d}f=\mathrm{d}u-\mathrm{d}(Ts)=-p\mathrm{d}v-s\mathrm{d}T \tag{6.14}$$

$$\mathrm{d}g=\mathrm{d}h-\mathrm{d}(Ts)=v\mathrm{d}p-s\mathrm{d}T \tag{6.15}$$

表 6.3 热力学第一、第二定律及单位质量的亥姆霍兹自由能、吉布斯自由能

$\mathrm{d}u=T\mathrm{d}s-p\mathrm{d}v$

$\mathrm{d}h=T\mathrm{d}s+v\mathrm{d}p$

亥姆霍兹自由能

$f=u-Ts,\ \mathrm{d}f=-p\mathrm{d}v-s\mathrm{d}T$

吉布斯自由能

$g=h-Ts,\ \mathrm{d}g=v\mathrm{d}p-s\mathrm{d}T$

式(6.13)～式(6.15)是分别和式(6.2)相近的微分式，同时由于 u，h，f，g 均是状态量，故 $\mathrm{d}u$，$\mathrm{d}h$，$\mathrm{d}f$，$\mathrm{d}g$ 都是全微分。因此，分别将以上各式与式(6.6)进行对照，可以得到如下的式(6.16)～式(6.19)(表6.4)。

表 6.4 麦克斯韦热力学关系式

$\left(\frac{\partial T}{\partial v}\right)_s=-\left(\frac{\partial p}{\partial s}\right)_v$
$\left(\frac{\partial T}{\partial p}\right)_s=\left(\frac{\partial v}{\partial s}\right)_p$
$\left(\frac{\partial p}{\partial T}\right)_v=\left(\frac{\partial s}{\partial v}\right)_T$
$\left(\frac{\partial v}{\partial T}\right)_p=-\left(\frac{\partial s}{\partial p}\right)_T$

$$\left(\frac{\partial T}{\partial v}\right)_s=-\left(\frac{\partial p}{\partial s}\right)_v \tag{6.16}$$

$$\left(\frac{\partial T}{\partial p}\right)_s=\left(\frac{\partial v}{\partial s}\right)_p \tag{6.17}$$

$$\left(\frac{\partial p}{\partial T}\right)_v=\left(\frac{\partial s}{\partial v}\right)_T \tag{6.18}$$

$$\left(\frac{\partial v}{\partial T}\right)_p=-\left(\frac{\partial s}{\partial p}\right)_T \tag{6.19}$$

上式(6.16)～式(6.19)称为麦克斯韦热力学关系式(Maxwell thermodynamic relations)。在这些式子的右边的熵直接测量存在困难难以获得，而左边的状态量 p，v，T 则可以测量获得。例如，在状态式 $p=p(T,v)$ 的形式给定，或者 $v=v(p,T)$ 的形式给定的情况下，可以根据关系式(6.18)或者式(6.19)求得熵的变化。

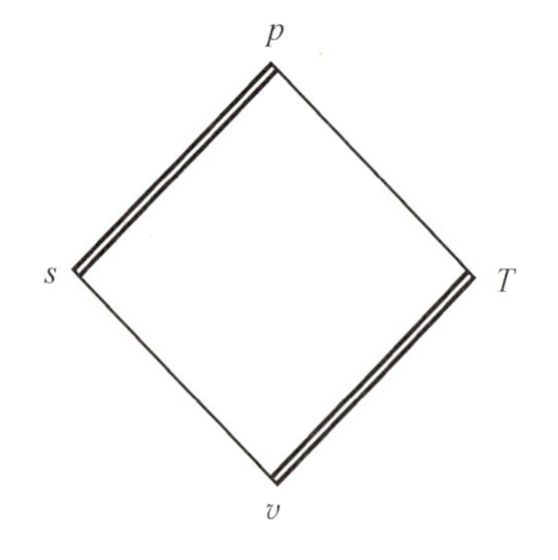

图 6.2 麦克斯韦四边形

我们推荐一种方便记忆麦克斯韦热力学关系式的方法[1]。如图6.2所示，p，v，s，T 为四边形的顶点。p 和 v，T 和 s 分别为对面的顶点，为了便于表达 pv，Ts 及 $p\mathrm{d}v$，$T\mathrm{d}s$ 的用法，在图中将 p 和 v，T 和 s 分别置于对角线两端。ps 和 Tv 的边分别用双线表示。单线条边的两端的状态量间的微分相等，双线边的两端的状态量间的微分相反，从而依次可以得到式(6.16)～式(6.19)。

将式(6.3)的关系应用于式(6.13)～式(6.15)，得到如下式(6.20)～式(6.23)的关系式。

$$\left(\frac{\partial u}{\partial s}\right)_v=T=\left(\frac{\partial h}{\partial s}\right)_p \tag{6.20}$$

$$\left(\frac{\partial u}{\partial v}\right)_s=-p=\left(\frac{\partial f}{\partial v}\right)_T \tag{6.21}$$

$$\left(\frac{\partial h}{\partial p}\right)_s=v=\left(\frac{\partial g}{\partial p}\right)_T \tag{6.22}$$

$$\left(\frac{\partial f}{\partial T}\right)_v=-s=\left(\frac{\partial g}{\partial T}\right)_p \tag{6.23}$$

将 $f=u-Ts$ 及 $g=h-Ts$ 应用于式(6.23)，得到式(6.24)及式(6.25)。

$$f-u=T\left(\frac{\partial f}{\partial T}\right)_v \tag{6.24}$$

$$g-h=T\left(\frac{\partial g}{\partial T}\right)_p \tag{6.25}$$

式(6.24)及(6.25)称为吉布斯-亥姆霍兹公式(Gibbs-Helmholtz equation)，可以用于计算 f 和 g 随温度的变化(表6.5)。

表 6.5 吉布斯-亥姆霍兹公式

$f-u=T\left(\frac{\partial f}{\partial T}\right)_v$
$g-h=T\left(\frac{\partial g}{\partial T}\right)_p$

将式(6.7)及式(6.10)的关系应用于式(6.13)～式(6.15),可以得到式(6.26)～式(6.29)。

$$\left(\frac{\partial v}{\partial s}\right)_u=\frac{T}{p} \tag{6.26}$$

$$\left(\frac{\partial p}{\partial s}\right)_h=-\frac{T}{v} \tag{6.27}$$

$$\left(\frac{\partial v}{\partial T}\right)_f=-\frac{s}{p} \tag{6.28}$$

$$\left(\frac{\partial p}{\partial T}\right)_g=\frac{s}{v} \tag{6.29}$$

【例题 6.2】 ************************

试证明在 h-s 的曲线图中,等压线的斜率为 T 等温线的斜率为 $T-(1/\beta)$。其中,$\beta=\frac{1}{v}\left(\frac{\partial v}{\partial T}\right)_p$ 为**体膨胀系数**(coefficient of thermal expansion),β 较大时,在压力一定的情况下,体积变化随温度的变化较大。

【解答】 根据式(6.20)有

$$\left(\frac{\partial h}{\partial s}\right)_p=T$$

因此在 h-s 曲线图中,等压线的斜率为 T。

此外,由式(6.13)有 $\mathrm{d}h=T\mathrm{d}s+v\mathrm{d}p$,将

$$\mathrm{d}p=\left(\frac{\partial p}{\partial s}\right)_T\mathrm{d}s+\left(\frac{\partial p}{\partial T}\right)_s\mathrm{d}T \tag{ex6.3}$$

代入式(6.13),得到

$$\mathrm{d}h=\left\{T+v\left(\frac{\partial p}{\partial s}\right)_T\right\}\mathrm{d}s+v\left(\frac{\partial p}{\partial T}\right)_s\mathrm{d}T \tag{ex6.4}$$

至此,根据式(6.10)的关系和式(6.19)可以得到

$$\left(\frac{\partial h}{\partial s}\right)_T=T+v\left(\frac{\partial p}{\partial s}\right)_T=T-v\left(\frac{\partial T}{\partial v}\right)_p=T-\frac{1}{\beta} \tag{ex6.5}$$

因此等温线的斜率为 $T-(1/\beta)$。

****

6.3 比热的一般关系式(general relations from specific heat)

比热是单位质量的物质在上升单位温度时所必需的热量,在第3章中已对其进行了说明,在此将推导出与比热相关的一般关系式。根据热力学第一定律式(3.15)所描述的准静态过程,焓的微分定义式(3.24)及熵的定义式(4.44),定容比热 c_v 及定压比热 c_p 可以表示如下。

$$c_v=\left(\frac{\partial q}{\partial T}\right)_v=\left(\frac{\partial u}{\partial T}\right)_v=T\left(\frac{\partial s}{\partial T}\right)_v \tag{6.30}$$

$$c_p=\left(\frac{\partial q}{\partial T}\right)_p=\left(\frac{\partial h}{\partial T}\right)_p=T\left(\frac{\partial s}{\partial T}\right)_p \tag{6.31}$$

式(6.30)及式(6.31)在温度一定时,分别对 v 和 p 求偏微分,可以得到

$$\left(\frac{\partial c_v}{\partial v}\right)_T=T\left(\frac{\partial^2 s}{\partial T\partial v}\right) \tag{6.32}$$

$$\left(\frac{\partial c_p}{\partial p}\right)_T=T\left(\frac{\partial^2 s}{\partial T\partial p}\right) \tag{6.33}$$

将麦克斯韦关系式(6.18)及式(6.19)分别代入上式,得到如下的式(6.34)及式(6.35)。

$$\left(\frac{\partial c_v}{\partial v}\right)_T=T\left(\frac{\partial^2 p}{\partial T^2}\right)_v \tag{6.34}$$

$$\left(\frac{\partial c_p}{\partial p}\right)_T=-T\left(\frac{\partial^2 v}{\partial T^2}\right)_p \tag{6.35}$$

将物质的熵 s 表示为 $s=(T,v)$ 和 $s=(p,T)$,其全微分形式为

$$\mathrm{d}s=\left(\frac{\partial s}{\partial T}\right)_p\mathrm{d}T+\left(\frac{\partial s}{\partial v}\right)_T\mathrm{d}v \tag{6.36}$$

$$\mathrm{d}s=\left(\frac{\partial s}{\partial T}\right)_p\mathrm{d}T+\left(\frac{\partial s}{\partial p}\right)_T\mathrm{d}p \tag{6.37}$$

在上面两式的两边乘以 T,并将麦克斯韦关系式(6.18)和式(6.30)及麦克斯韦关系式(6.19)和式(6.31)代入,可以得到式(6.38)及式(6.39)。

$$T\mathrm{d}s=c_v\mathrm{d}T+T\left(\frac{\partial p}{\partial T}\right)_v\mathrm{d}v \tag{6.38}$$

$$T\mathrm{d}s=c_p\mathrm{d}T-T\left(\frac{\partial v}{\partial T}\right)_p\mathrm{d}p \tag{6.39}$$

将以上2式消去 $T\mathrm{d}s$,得到下式(6.40)。

$$\mathrm{d}T=\frac{T}{c_p-c_v}\left\{\left(\frac{\partial v}{\partial T}\right)_p\mathrm{d}p+\left(\frac{\partial p}{\partial T}\right)_v\mathrm{d}v\right\} \tag{6.40}$$

此外,考虑 $T=T(p,v)$ 及其全微分为

$$\mathrm{d}T=\left(\frac{\partial T}{\partial p}\right)_v\mathrm{d}p+\left(\frac{\partial T}{\partial v}\right)_p\mathrm{d}v \tag{6.41}$$

式(6.40)及式(6.41)相对应的项应该相等,有

$$\left(\frac{\partial T}{\partial p}\right)_v=\frac{T}{c_p-c_v}\left(\frac{\partial v}{\partial T}\right)_p \tag{6.42}$$

$$\left(\frac{\partial T}{\partial v}\right)_p=\frac{T}{c_p-c_v}\left(\frac{\partial p}{\partial T}\right)_v \tag{6.43}$$

将式(6.10)的相反关系式应用于式(6.42)及式(6.43),得到下式(6.44)。

$$c_p-c_v=T\left(\frac{\partial v}{\partial T}\right)_p\left(\frac{\partial p}{\partial T}\right)_v \tag{6.44}$$

在这里,如使用关于 p,v,T 的循环关系式(6.11)

$$\left(\frac{\partial p}{\partial v}\right)_T\left(\frac{\partial v}{\partial T}\right)_p\left(\frac{\partial T}{\partial p}\right)_v=-1 \tag{6.45}$$

并将式(6.45)代入式(6.44),得到

$$c_p - c_v = -T\left(\frac{\partial v}{\partial T}\right)_p^2 \left(\frac{\partial p}{\partial v}\right)_T \tag{6.46}$$

将式(6.47)定义为**等温压缩率(isothermal compressibility)**α。

$$\alpha = -\frac{1}{v}\left(\frac{\partial v}{\partial p}\right)_T \tag{6.47}$$

对式(6.47)和体膨胀系数β(表 6.6)应用相反关系式(6.10),可以得到式(6.48)所示的**梅尔关系式(Mayer relation)**(表 6.7)。

表 6.6 等温压缩率和体积膨胀系数

等温压缩率 α
$\alpha = -\frac{1}{v}\left(\frac{\partial v}{\partial p}\right)_T$
体积膨胀系数 β
$\beta = \frac{1}{v}\left(\frac{\partial v}{\partial T}\right)_p$

表 6.7 梅尔关系式(Mayer relation)

$c_p - c_v = -T\left(\frac{\partial v}{\partial T}\right)_p^2 \left(\frac{\partial p}{\partial v}\right)_T = \frac{vT\beta^2}{\alpha}$

$$c_p - c_v = \frac{vT\beta^2}{\alpha} \tag{6.48}$$

实际上在所发生的稳定变化中,当温度保持一定时,压力随比体积的增加而减小,$(\partial p/\partial v)_T$ 经常为负,因此从式(6.46)可知 $c_p > c_v$。当物质在某个温度达到最大密度时,对该温度有$(\partial v/\partial T)_p = 0$,因此可以得到 $c_p = c_v$。另外对于理想气体有 $pv = RT$ 成立,根据式(6.46)可知 $c_p - c_v = R$。进一步从式(6.34)和式(6.35)可知$(\partial c_v/\partial v)_T = 0$,$(\partial c_p/\partial p)_T = 0$,因此可以看出理想气体的比热和温度仅仅是温度的函数而与体积和压力无关。在本章中所涉及的理想气体是 3.6 节中所讲述的广义理想气体(半理想气体),比热一定的理想气体成为狭义的理想气体。

对式(6.38)和式(6.39)从初始状态 1 到最终状态 2 进行积分,随状态变化的熵变可以分别由下式进行计算。

$$s_2 - s_1 = \int_{T_1}^{T_2} \frac{c_v}{T} dT + \int_{v_1}^{v_2} \left(\frac{\partial p}{\partial T}\right)_v dv \tag{6.49}$$

$$s_2 - s_1 = \int_{T_1}^{T_2} \frac{c_p}{T} dT - \int_{p_1}^{p_2} \left(\frac{\partial v}{\partial T}\right)_p dp \tag{6.50}$$

【例题 6.3】 ************************

试求 T-s 图上的等体积线和等压线的斜率,并比较大小。

【解答】 从式(6.30)及式(6.31)可知,T-s 图上的等体积线和等压线的斜率分别为

$$\left(\frac{\partial T}{\partial s}\right)_v = \frac{T}{c_v},\ \left(\frac{\partial T}{\partial s}\right)_p = \frac{T}{c_p} \tag{ex6.6}$$

由于 $c_p > c_v$,因此等体积线的斜率大于等压线的斜率。

****

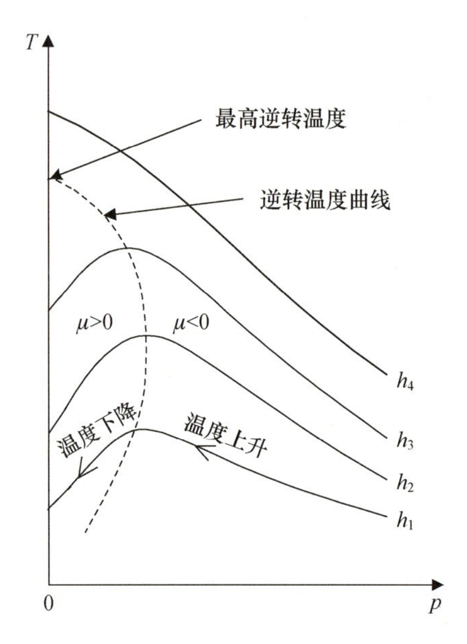

图 6.3　焦耳-汤姆逊效应

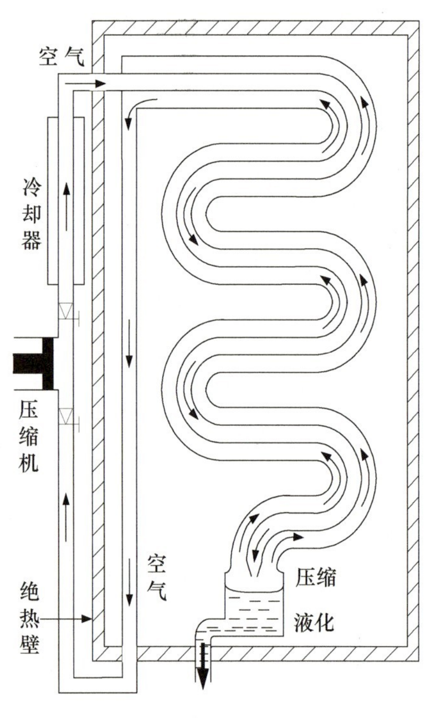

图 6.4　林德空气液化装置

6.5　焦耳-汤姆逊效应(Joule-Thomson effect)

当气体节流现象中的速度较小，其动能可以忽略，焓可以看做一定($dh=0$)时，伴随着压力的下降一般会发生温度变化。此现象称为**焦耳-汤姆逊效应(Joule-Thomson effect)**。式(6.60)的左边 $\mu=(\partial T/\partial p)_h$ 表示流体在节流膨胀时，单位压力降所对应的温度降，μ 是**焦耳-汤姆逊系数(Joule-Thomson coefficient)**。μ 为正时，压力降低则温度降低；μ 为负时，压力降低则温度上升。此外根据式(6.60)，满足式(6.64)的条件时，不产生焦耳-汤姆逊效应。

$$\left(\frac{\partial v}{\partial T}\right)_p=\frac{v}{T} \tag{6.64}$$

式(6.64)成立时的温度称为**逆转温度(inversion temperature)**。对于理想气体的状态方程 $pv=RT$，其满足式(6.64)，因此无焦耳-汤姆逊效应产生。当真实气体流过节流阀时，上游的状态可如图 6.3 所示进行多种变化，将等焓线上 $\mu=0$ 的点进行连接，可以得到图中的虚线。此逆转温度曲线和 $p=0$(纵坐标)的交点的温度称为**最高逆转温度(maximum inversion temperature)**。

根据焦耳-汤姆逊系数 μ 的定义，在图 6.3 中表示出了 h 一定(等焓)的曲线。有关各种气体的最高逆转问题的具体数值在第 10 章进行讲述。在最高逆转温度以下，节流时产生的压降会带来温度下降，在最高逆转温度以上，压力降低则会带来温度上升。也就是说，通过气体节流进行冷却必须在气体的最高逆转温度以下进行。因此，对于最高逆转温度比室温低的气体而言，想要用其节流冷却时，必须采用其他办法先将其冷却到最高逆转温度之下。

卡尔·冯·林德(Carl von Linde)利用焦耳-汤姆逊效应，对温度和压力处于$\mu>0$的状态的空气进行多次节流冷却，首次成功开发了商用的空气液化装置，如图 6.4 所示。

【例题 6.5】 ************************

试求满足范德华气体状态方程$\left(p+\frac{a}{v^2}\right)(v-b)=RT$ 的焦耳-汤姆逊系数 μ 和其逆转温度。

【解答】 将范德华气体状态方程代入式(6.60)，可以如下所示求得 μ。

用 $T=\frac{1}{R}\left(p+\frac{a}{v^2}\right)(v-b)$求$\left(\frac{\partial T}{\partial v}\right)_p$ 得

$$\left(\frac{\partial v}{\partial T}\right)_p=\frac{1}{\left(\frac{\partial T}{\partial v}\right)_p}=\frac{1}{T}\frac{RT}{p-\frac{a}{v^2}+\frac{2ab}{v^3}} \tag{ex6.8}$$

将式(ex6.8)代入到式(6.60)有

$$\mu c_p=\frac{RT}{p-\frac{a}{v^2}+\frac{2ab}{v^3}}-v=\frac{-pb+\frac{2a}{v}-\frac{3ab}{v^2}}{p-\frac{a}{v^2}+\frac{2ab}{v^3}} \tag{ex6.9}$$

根据上式(ex6.9)在 $\mu=0$ 时可以得到逆转温度 T 为

$$T=\frac{1}{R}\left(pv-\frac{a}{v}+\frac{2ab}{v^2}\right) \tag{ex6.10}$$

****

6.6 相平衡和克拉珀龙-克劳修斯方程(phase equilibrium and Clapeyron-Clausius equation)

某一系统处于均一且有特定边界的情况下,这个均一的部分称为**相(phase)**。一般来说,纯物质均有固、液、气三相变化的可能性,本章中的一般关系式对这些有时候也成立。

物质处于固相和液相或者液相和气相共存的**相平衡(phase equilibrium)**状态时,在温度和压力之间存在一定的关系。

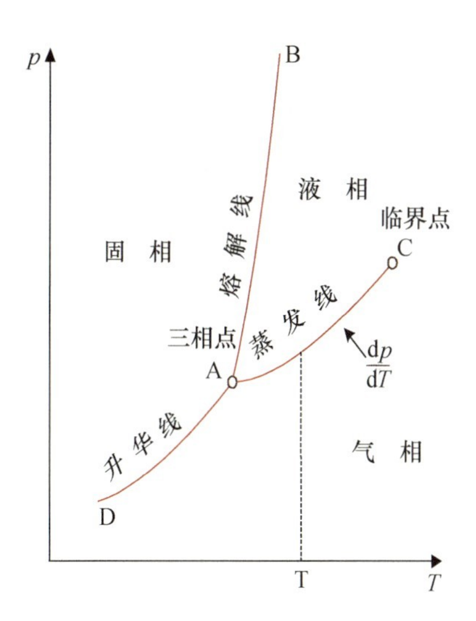

图 6.5 相平衡和三相点

相平衡是通过在图 6.5 中的 p-T 曲线图来表示的。图中的 A 点为三相平衡点,称为**三相点(triple point)**。

图 6.6 所示为一种纯物质的液体和其蒸气共存的密闭容器。气液两相存在平衡状态,其流体的压力和温度可以通过一般关系式求得。在图 6.7 中所示的蒸气的 p-v 曲线上,曲线 EFG 下方为液体和蒸气共存的两相区域。曲线 ABCD 所示为通过两相区域的等温线。由于在曲线 BC 上,温度和压力一定,根据式(6.15)可得 $dg=0$,在 B 点和 C 点上自由能 g',g''相等。

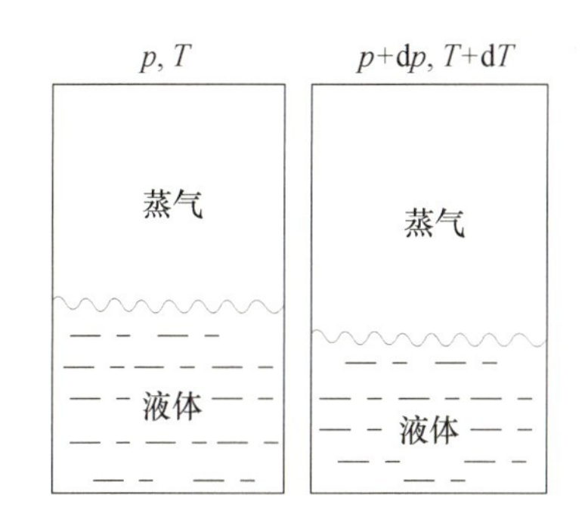

图 6.6 处于平衡状态的密闭容器中的液体和蒸气

$$g'(p,T)=g''(p,T) \tag{6.65}$$

这里的上标 ′和 ″分别表示饱和液体和饱和蒸气相关的值。当压力从 p 经历微小变化到 $p+dp$,温度从 T 变到 $T+dT$ 时,自由能也发生变化,在新的平衡状态上,式(6.65)也成立。因此得到以下式(6.66)和式(6.67)两式。

$$g'+dg'=g''+dg'' \tag{6.66}$$

$$dg'=dg'' \tag{6.67}$$

通过式(6.15)可以得到如下的式(6.68)和式(6.69)。

$$v'dp-s'dT=v''dp-s''dT \tag{6.68}$$

$$\frac{dp}{dT}=\frac{s''-s'}{v''-v'} \tag{6.69}$$

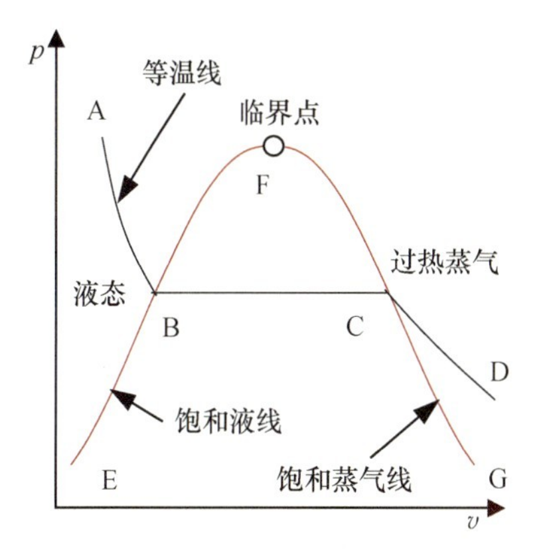

图 6.7 蒸气的 p-v 曲线图

dp/dT 是在图 6.5 中的 p-T 曲线上饱和压力线上的斜率。r 是**蒸发潜热(latent heat of vaporization)**,蒸发发生时温度一定,此时的熵变为

$$s''-s'=r/T \tag{6.70}$$

从而式(6.69)为

$$\frac{dp}{dT}=\frac{r}{T(v''-v')} \tag{6.71}$$

表 6.10 克拉珀龙-克劳修斯方程

$$\frac{\mathrm{d}p}{\mathrm{d}T}=\frac{r}{T(v''-v')}$$

式(6.71)为相变相关的**克拉珀龙-克劳修斯方程**(Clapeyron-Clausius equation)(表6.10),通过对任何饱和温度 T 和蒸发潜热 r、比体积变化 $(v''-v')$ 和饱和压力曲线的斜率 $\mathrm{d}p/\mathrm{d}T$ 来进行表达的。式(6.71)的推导过程在第9章中将会进一步详细介绍。此外,式(6.71)对固液相平衡、固气相平衡也适用。

一方面,对气液的比体积 v'',v' 有

$$v''\gg v' \tag{6.72}$$

如果蒸气适用于理想气体状态方程 $v''=RT/p$,式(6.71)即为

$$\frac{\mathrm{d}p}{\mathrm{d}T}=\frac{rp}{RT^2} \tag{6.73}$$

r 为常数时,积分可得

$$\ln p=-\frac{r}{R}\frac{1}{T}+C \tag{6.74}$$

虽然式(6.74)的气液相平衡压力和温度间的关系仅近似成立,但是在实际使用中可以采用。

【例题6.6】 ************************

下表所示为水蒸气的热力学性质。试计算110℃时的蒸发潜热 r。

饱和温度	饱和压力	饱和水的比体积	饱和蒸气的比体积
t(℃)	p(kPa)	v'(m^3/kg)	v''(m^3/kg)
109	138.63	0.001 050 74	1.248 11
110	143.38	0.001 051 58	1.209 39
111	148.26	0.001 052 43	1.172 09

【解答】 采用克拉珀龙-克劳修斯方程对潜热 r 进行计算。首先,近似求得在110℃时的 $\mathrm{d}p/\mathrm{d}T$。

$$\frac{\mathrm{d}p}{\mathrm{d}T}\approx\frac{\Delta p}{\Delta T}=\frac{148.26-138.63}{(273.15+111)-(273.15+109)}=4.815(\mathrm{kPa/K}) \tag{ex6.11}$$

在110℃时的蒸发潜热 r 的值可以通过式(6.71)求得

$$r=(v''-v')T\frac{\mathrm{d}p}{\mathrm{d}T}=(1.209\ 39-0.001\ 051\ 58)\times383.15\times4.815$$
$$=2\ 229.22(\mathrm{kJ/kg}) \tag{ex6.12}$$

****

===== 练习题 ====================

【6.1】 (a) Determine whether the following differential expressions are exact or not. If they are, find the functions for which these expressions are the differentials:

(1) $\mathrm{d}z=y\mathrm{d}x+x\mathrm{d}y$ (2) $\mathrm{d}z=x\mathrm{d}x+y\mathrm{d}y$ (3) $\mathrm{d}z=x\mathrm{d}x-y\mathrm{d}y$

(4) $\mathrm{d}z=2xy\mathrm{d}x+x^2\mathrm{d}y$ (5) $\mathrm{d}z=(x+y)\mathrm{d}x+(x-y)\mathrm{d}y$

(b) (1) Prove that the slope of a curve on a Mollier diagram (h-s diagram) representing a reversible isochoric process is equal to:

$$T+\frac{c_p-c_v}{c_v\beta} \tag{p6.1}$$

where β= the coefficient of thermal expansion.

(2) Prove that the slope of a curve on a T-s diagram representing a constant-enthalpy process is equal to:

$$\frac{T}{c_p}\left\{1-\frac{T}{v}\left(\frac{\partial v}{\partial T}\right)_p\right\} \tag{p6.2}$$

【6.2】 (a) 试回答以下关于理想气体的问题。

(1) 试求 c_p-c_v 的值。

(2) 试求体[积]膨胀系数 β。

(3) 试证明 c_p 和 c_v 仅为温度的函数，与体积和压力无关。

(4) 试证明焦耳-汤姆逊系数为零。

(b) 试求满足范德华状态方程的气体的 $(\partial u/\partial v)_T$。

(c) 试证明可逆绝热变化过程中，温度变化可用体膨胀系数 β 相关的下式(p6.3)来表示。

$$\mathrm{d}T=\frac{Tv\beta}{c_p}\mathrm{d}p \tag{p6.3}$$

(d) 试计算将25℃的水从101.3 kPa绝热压缩到10 MPa时的温度升高。其中，水的体膨胀系数为 0.257×10^{-3}/K，比体积为 $v=0.001\ \mathrm{m^3/kg}$，定压比热为 $c_p=4.1793\ \mathrm{kJ/(kg\cdot K)}$。

【答案】

6.1 (a) (1) $z=xy+c$ (2) $z=x^2/2+y^2/2+c$ (3) $z=x^2/2-y^2/2+c$

(4) $z=x^2y+c$ (5) $z=xy+(x^2-y^2)/2+c$

6.2 (a) (1) 将式(6.44)代入到 $pv=RT$，可得 $c_p-c_v=R$

(2) 根据 β 的定义式(例题6.2)和 $pv=RT$ 可得 $\beta=1/T$

(3) 根据式(6.34)和式(6.35)及 $pv=RT$ 可得 $(\partial c_v/\partial v)_T=0$，$(\partial c_p/\partial p)_T=0$

(4) 将式(6.60)代入到 $pv=RT$，可得 $\mu=0$

(b) a/v^2 (c) 0.18℃

第6章　参考文献

[1] 原島 鮮，熱学演習-熱力学，(1980)，裳華房.

第 7 章

化学反应和燃烧

Chemical Reaction and Combustion

7.1 化学反应、燃烧及环境问题(chemical reaction, combustion and environmental problems)

前面的章节中所论述的内容指物质组成,即**化学成分**(chemical composition)不发生变化的情形。本章所论述的内容是关于分子原有的化学键被破坏,新的**化学键**(chemical bond)形成,即化学成分发生变化的**化学反应**(chemical reaction),以及**在化学反应中伴随着大量放热的燃烧**(combustion)。在前面的章节中,所使用的物理量是每单位质量(/kg),在本章中,因为涉及化学反应,因此以摩尔(mol)为单位。比方说,/molH_2 是指每 mol 氢气。

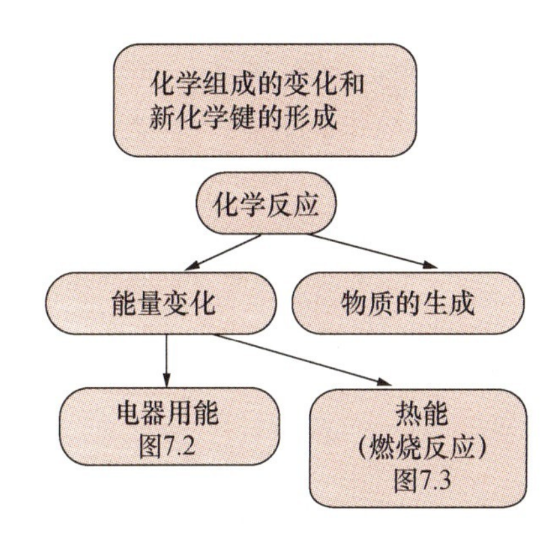

图 7.1　化学反应

一般而言,化学反应的进行,是为了将反应前后由于能级变化所产生的**能量作为电能或热能来加以利用**,或者为了生成**新物质**(图 7.1)。

通过反应获取能量以以下情形居多。化学成分发生变化,反应后生成 CO_2、H_2O 等物质,反应后能级比反应前能级低,因此所产生的能量,要么直接转化为容易利用的电能,要么将以热能形势存在的能量转化为电能或动能。首先让我们来看一下这样的例子。

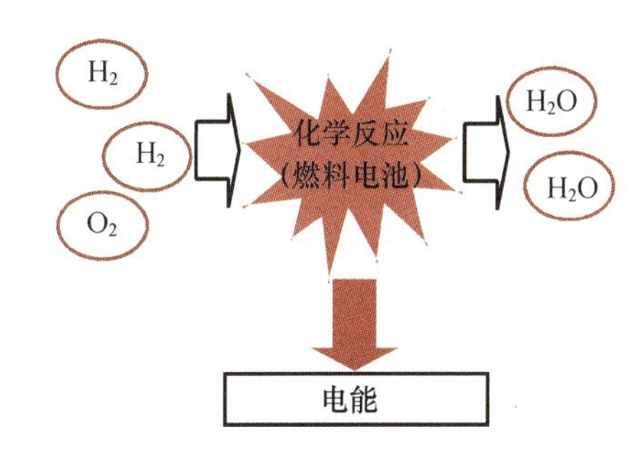

图 7.2　由化学反应获取的电能

如式(7.1)所示,氢气(Hydrogen)H_2 所涉及的化学反应为:

$$H_2+\frac{1}{2}O_2 \rightarrow H_2O \tag{7.1}$$

这一反应如图 7.2 所示,利用燃料电池,最大可获取228.6 kJ/molH_2 的电能。

与此同时,很多获取热能的反应一般被称为燃烧(combustion)。氢气通过燃烧反应所产生的热能,其反应式与式(7.1)相同,反应热是 241.8 kJ/molH_2,略高于燃料电池。如图 7.3 所示,利用物质的温度上升,然后使之转换成电能或做功加以利用的情况也很多。

燃料电池与燃烧反应的反应式是完全相同的,其中燃料电池最大生成 228.6 kJ/molH_2 的电能,燃烧产生的反应热是 241.8 kJ/molH_2。基于以上考虑,获取能量的化学反应可分为以下两类。

(1) 直接获取电能的反应;

(2) 获取热能的燃烧反应。

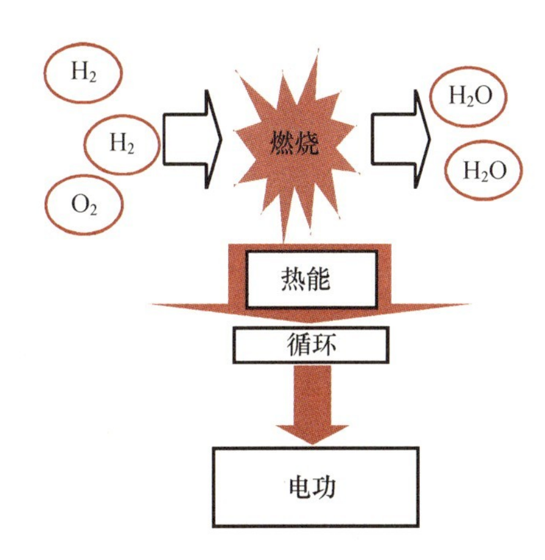

图 7.3　将燃烧反应所产生的热能转化为电能或做功来加以利用

获取热能的燃烧反应的特点是通过燃料的迅速氧化(oxidation)同时产生大量热量(heat generation)。古代将此反应用于照明等加以利用,在当代,石油(petroleum)、天然气(natural gas)、煤(coal)等的燃烧是提供文明社会所必需的约85%能量的重要化学反应。近年来被高度关注的全球变暖(global warming)、酸雨(acid rain)等环境问题(global environmental problems)的产生,都是由于这类化石燃料用于燃烧大量消耗,超出了地球自净能力所能承受的范围。如图7.4所示,一方面燃烧是现代社会不可或缺的获取能量的重要手段,另一方面燃烧所排出的废气产生环境问题。

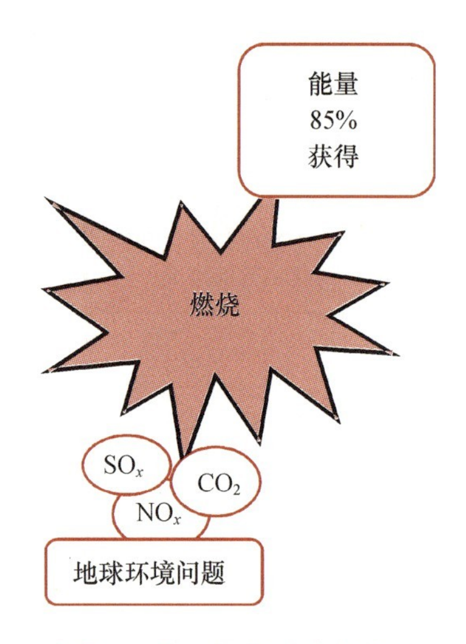

图7.4 通过燃烧所获取的能量和因燃烧引起的环境问题

顺便说一下,前述的以获取电能或热能为目的的氢的化学反应式(7.1)中,反应前的 H_2 和 O_2 在反应后并没有全部转化为 H_2O,还有少量 H_2 和 O_2 残留。最初论述化学反应时,着眼于介绍其可以生成新物质和可以获取能量这两个特点。在利用化学反应生成新物质时,反应能进行到什么程度至关重要。在通过反应生成新物质的化学反应中,作为1次燃料在反应后几乎不存在的 H_2,在天然气的主要成分甲烷(CH_4)与水所进行的反应中被生成。

$$CH_4 + H_2O \rightarrow 3H_2 + CO \tag{7.2}$$

这个反应是如何进行的呢?另外,反应温度和压力对反应进行程度会有怎样的影响?这些属于**化学平衡**(chemical equilibrium)的范畴。如何控制温度和压力,使反应在最大程度上有利于氢气的生成,依赖于对该反应的化学平衡的理解。如图7.5所示。并且,该反应反应后的能量比反应前的能量高,是吸热反应。所需热量不是206.2 kJ/molCH_4,而是142.2 kJ/molCH_4。

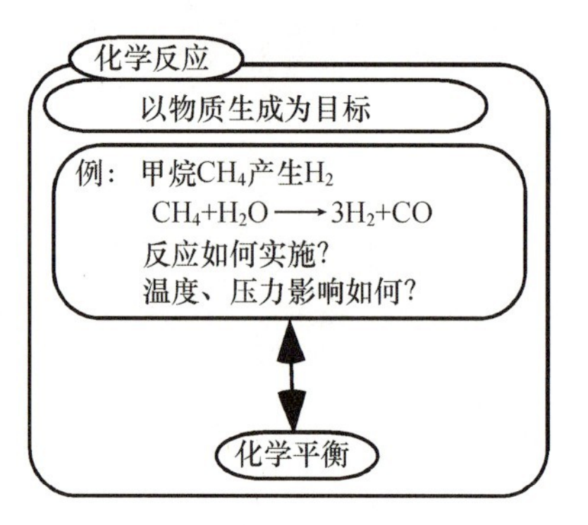

图7.5 通过化学反应生成物质及化学平衡

近年来随着化石燃料消耗的迅速增加,令人担忧的化石燃料的枯竭问题凸现出来。如何有效地使用化石燃料,降低在获取能源时对环境的污染;如何从化学反应中获取能量并使之转换为热能或者做功;影响反应进行的化学平衡,因素以及目前作为获取能量的方法而被广泛使用的燃烧,为了获得对这些问题的全面了解,从环境保护的角度来理解化学反应是非常必要的。在第7章中,7.2节介绍了化学反应和能量转换,7.3节介绍了化学平衡,7.4节介绍了燃烧。本章的主旨和结构如图7.6所示。

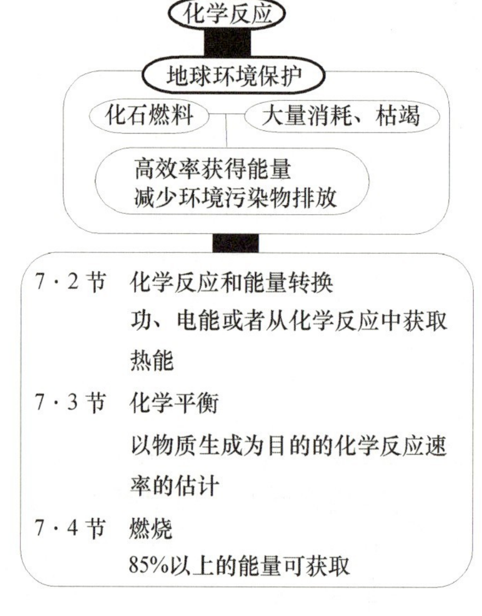

图7.6 本章的主旨和结构

7.2 化学反应和能量转换(chemical reaction and energy conversion)

图 7.7 化学反应中的反应物和生成物

7.2.1 反应热和标准生成焓(heat of reaction and standard enthalpy of formation)

在化学反应中,反应前的物质称为反应物(reactant),反应后的物质称为生成物(product)。反应物通过化学反应变成生成物(图 7.7),在化学组成发生变化时,反应物和生成物的能级发生变化,因此会伴随放热或吸热的现象。对于由化学反应所引起的能量吸收或释放这一过程的理解是至关重要的,即能量转换是把握化学反应本质的第一步。

反应物和生成物之间的焓的差值称为反应热(heat of reaction),用 $\Delta_r H$(J/molfuel)表示。**所谓反应热,是指在一定的温度和压力条件下,物质由反应物变为生成物时的焓差。**"在一定的温度条件下",这句话较难理解,做如下说明。放热反应时,产生热量,生成物的温度并不一定升高。比方说:热量没有散失,全部用来使生成物温度升高;或者全部释放,生成物温度没有升高;或者这两种情况之间的情形同时存在(发生)。"温度一定"是指生成物的温度没有升高。不过,无论反应物温度上升与否,反应热都是衡量产生的热量的指标(图 7.8)。

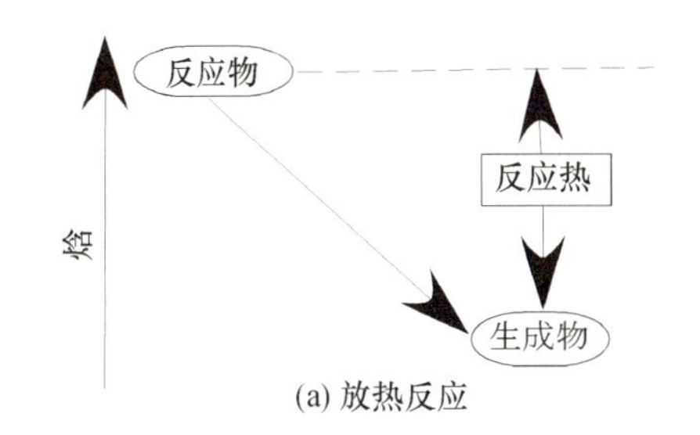

(a) 放热反应

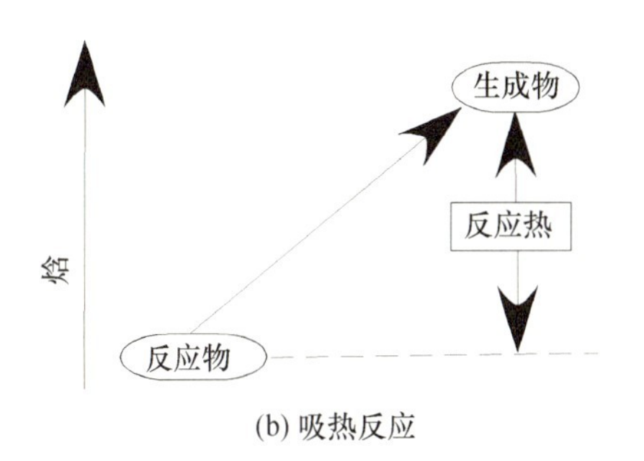

(b) 吸热反应

图 7.8 反应热

为了求出反应热,必须先知道反应物和生成物的焓的差值。在反应物是甲烷(CH_4)和氧气(O_2)这两种物质的情况下,生成物是 CO_2,H_2O,CO,C 等多种物质的情况都有可能发生。在这种情况下,若将生成物 CO_2,H_2O,CO,C 和反应物 CH_4,O_2 之间的焓的差值作为数据加以整理,则虽然反应热 $\Delta_r H$ 有可能求解,但是随着反应条件的不同,生成物(CO_2,H_2O,CO,C 等)的组成比例是变化的。针对这种情况,有必要预先知道反应物和生成物之间焓的差值。换而言之,根据生成物组成可能发生的变化需要预先给出各种可能的焓的差值。

正因如此,首先确定基准物质,进而比较与这一物质相对应的焓的差值就可以求得。因此定义了生成焓(enthalpy of formation)这一概念,用 $\Delta_f H$ 来表示。使用生成焓这一物理量,无论什么样的反应式都可以简单求解反应热。作为基准物质,选取在 25℃、0.101 3 MPa(1 大气压)条件下稳定的单质,并称之为标准物质(reference substance)。如 H_2,N_2,O_2,C(石墨),S(硫磺)等。这里所说的在 **0.101 3 MPa(1 个大气压)条件下,由标准物质生成新物质时的焓**,称为标准生成焓(standard enthalpy of formation),记为 $\Delta_f H^\circ$。上面标注的"°",表示标准状态即压力是一个标准大气压的状态。因为标准物质 H_2,N_2,O_2,C,S 是由标准物质生成的,因此 $\Delta_f H^\circ$ 为零。这些标准物质的共同特点就是由单一元素组成,由于这些物质之间不能相互转化,并且在标

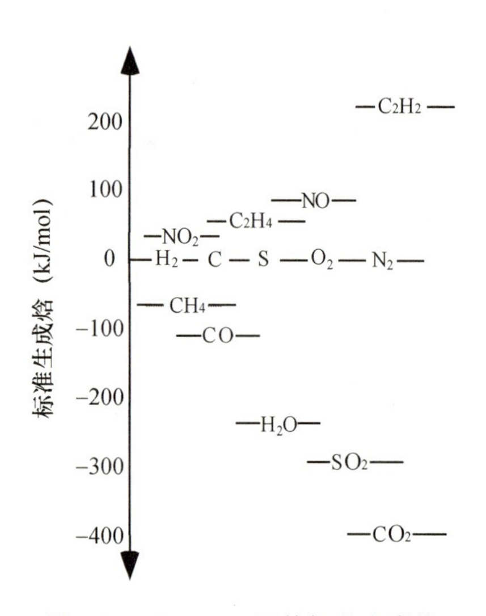

图 7.9 298.15 K 下的标准生成焓

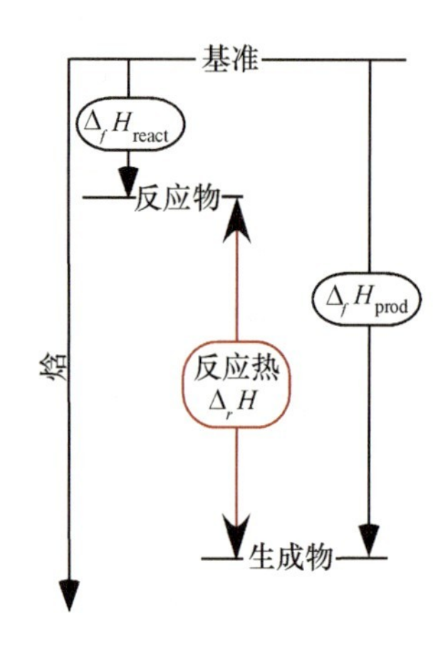

图 7.10 反应物、生成物的标准生成焓与反应热的关系

准状态下是稳定的，因此其基准值都为零。代表性化学物质的标准生成焓如表 7.1 所示，其大小关系如图 7.9 所示。

表 7.1 标准生成焓 $\Delta_f H^\circ$ (kJ/mol)

温度 (K)	CH_4	CO	CO_2	C_2H_2	H	H_2
298.15	−74.873	−110.527	−393.522	226.731	217.999	0
500	−80.802	−110.003	−393.666	226.227	219.254	0
1000	−89.849	−111.983	−394.623	223.669	222.248	0
1500	−92.553	−115.229	−395.668	221.507	224.836	0
2000	−92.709	−118.896	−396.784	219.933	226.898	0
2500	−92.174	−122.994	−398.222	218.528	228.518	0
3000	−91.705	−127.457	−400.111	217.032	229.790	0
温度 (K)	**$H_2O(g)$**	**NO**	**N_2**	**OH**	**O_2**	**C**
298.15	−241.826	90.291	0	38.987	0	0
500	−243.826	90.352	0	38.995	0	0
1000	−247.857	90.437	0	38.230	0	0
1500	−250.265	90.518	0	37.381	0	0
2000	−251.575	90.494	0	36.685	0	0
2500	−252.379	90.295	0	35.992	0	0
3000	−253.024	89.899	0	35.194	0	0

如图 7.10 所示，如果我们确定了基准物质，就可以通过生成物和基准物质的生成焓，与反应物与基准物质的生成焓的差值来求得反应物和生成物之间焓的差值，即反应热。

$$\Delta_r H = \Delta_f H_{prod} - \Delta_f H_{react} \tag{7.3}$$

1 mol 氢气和 1/2 mol 氧气的反应式如下：

$$H_2 + \frac{1}{2}O_2 \rightarrow H_2O \tag{7.4}$$

求解这一反应在 298.15K(25℃)条件下的反应热。由于反应式左右两侧共有三种物质由标准物质生成，左侧的 H_2 由标准物质直接生成，其生成焓 $\Delta_f H^\circ_{H_2}$ 为零，同样 O_2 也为零。右侧的 $H_2O(g)$ 由标准物质 H_2 和 $1/2O_2$ 生成，其标准生成焓 $\Delta_f H^\circ_{H_2O} = -241.826$ kJ/mol。

$$H_2 \rightarrow H_2 \qquad \Delta_f H^\circ_{H_2} = 0\ \text{kJ/mol} \tag{7.5}$$

$$O_2 \rightarrow O_2 \qquad \Delta_f H^\circ_{O_2} = 0\ \text{kJ/mol} \tag{7.6}$$

$$H_2 + \frac{1}{2}O_2 \rightarrow H_2O \qquad \Delta_f H^\circ_{H_2O} = -241.826\ \text{kJ/mol} \tag{7.7}$$

表 7.1 和图 7.11 所示的反应物(H_2,O_2)、生成物(H_2O)都是以标准物质为基准来计算标准生成焓$\Delta_f H^\circ_{H_2}$，$\Delta_f H^\circ_{O_2}$，$\Delta_f H^\circ_{H_2O}$。因为物质

i 的系数为 n_i，温度 T_0（=298.15 K，25℃）的反应热是反应式右侧生成物的标准生成焓

$$\sum_{\text{prod}} n_i \Delta_f H_i^\circ = \Delta_f H_{H_2O}^\circ \tag{7.8}$$

与左侧反应物的标准生成焓

$$\sum_{\text{react}} n_i \Delta_f H_i^\circ = \Delta_f H_{H_2}^\circ + \frac{1}{2}\Delta_f H_{O_2}^\circ \tag{7.9}$$

的差值

$$\Delta_r H^\circ(T_0) = \sum_{\text{prod}} n_i \Delta_f H_i^\circ - \sum_{\text{react}} n_i \Delta_f H_i^\circ = -241.826\ \text{kJ/mol}H_2 \tag{7.10}$$

来求解反应热（图 7.12）。

此外，使用标准生成焓，即使如后述的吸热反应 $CH_4 + H_2O \to CO + 3H_2$，其反应热也可以求解。换而言之，这个等式左侧的一种物质甲烷，由标准物质 C 和 H_2 反应生成

$$C + 2H_2 \to CH_4 \qquad \Delta_f H_{CH_4}^\circ = -74.873\ \text{kJ/mol} \tag{7.11}$$

在 298.15 K（25℃）时的标准生成焓如表 7.1 所示，$\Delta_f H_{CH_4}^\circ = -74.873\ \text{kJ/mol}$，$H_2O$，CO，$H_2$ 在 298.15 K 条件下的标准生成焓的求解如下所示。

$$H_2 + \frac{1}{2}O_2 \to H_2O \quad \Delta_f H_{H_2O}^\circ = -241.826\ \text{kJ/mol} \tag{7.12}$$

$$C + \frac{1}{2}O_2 \to CO \quad \Delta_f H_{CO}^\circ = -110.527\ \text{kJ/mol} \tag{7.13}$$

$$H_2 \to H_2 \quad \Delta_f H_{H_2}^\circ = 0\ \text{kJ/mol} \tag{7.14}$$

根据这些数据，298.15 K 时吸热反应的反应热为

$$\begin{aligned}\Delta_r H^\circ(T_0) &= (\Delta_f H_{CO}^\circ + 3\Delta_f H_{H_2}^\circ) - (\Delta_f H_{CH_4}^\circ + \Delta_f H_{H_2O}^\circ) \\ &= (-110.527) - (-74.873 - 241.826) \\ &= 206.172\ \text{kJ/mol}CH_4\end{aligned} \tag{7.15}$$

这样的话，无论什么样的化学反应，只要求得反应物和生成物的标准生成焓，将生成物的标准生成焓的和与反应物的标准生成焓的和相减，就可以计算出反应热的理论值。

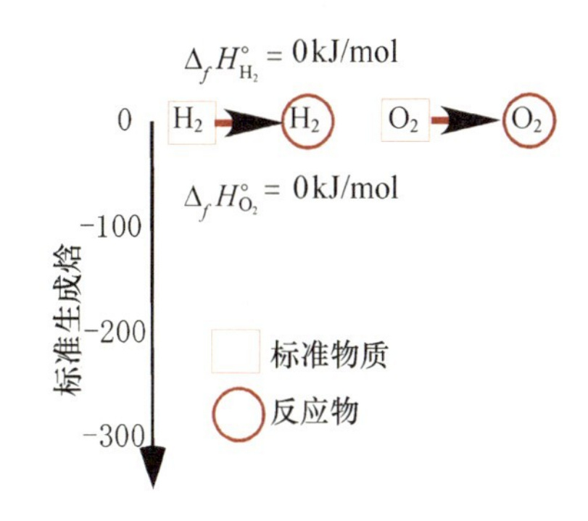

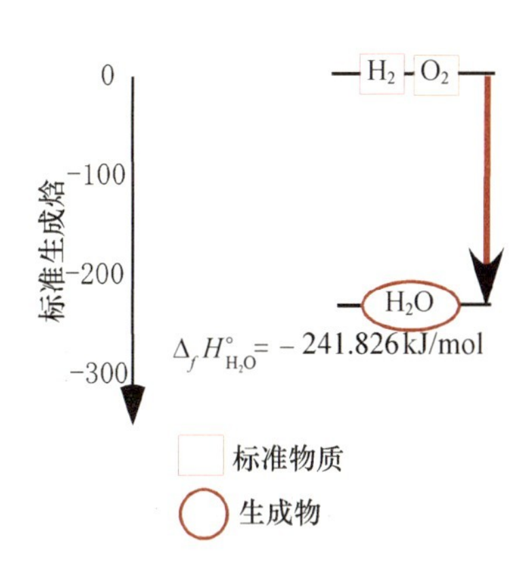

图 7.11　氢气与氧气反应生成水的焓变

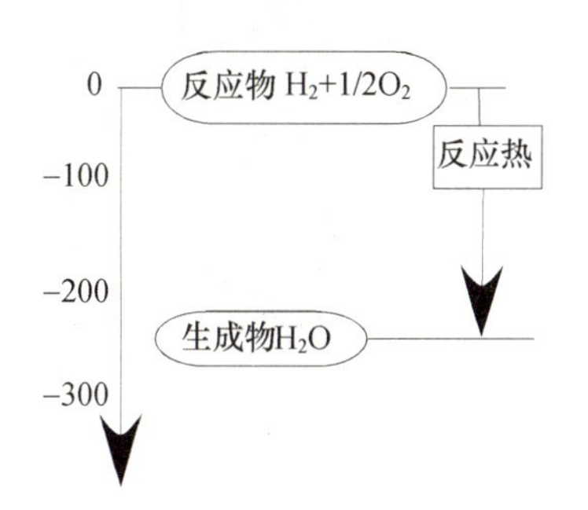

图 7.12　氢气燃烧反应的焓变关系

7.2.2　化学反应中吉布斯自由能的变化（Gibbs free energy change in chemical reaction）

氢气（H_2）的化学反应 $H_2 + 1/2O_2 \to H_2O$ 中，反应热如第 7.2.1 节所述。这一反应中反应物的焓高于生成物的焓，换而言之，氢气的化学能转换为热能。在热能的使用上，有的是以使物质的温度上升作为最终使用目的的（例如，家庭中所使用的燃气灶），也有许多发热的化学反应，产生的热能通过其他的能量转换过程转化为电能或者用于做功。氢气可不经过燃烧而直接转化为电能，第 7.2.2 节介绍了这样的能量转换过程。

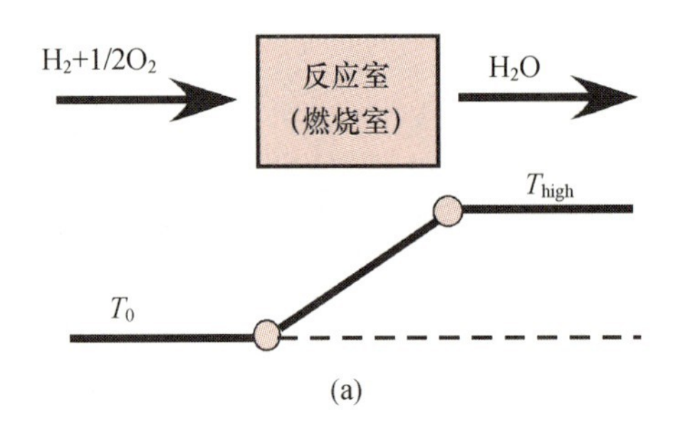

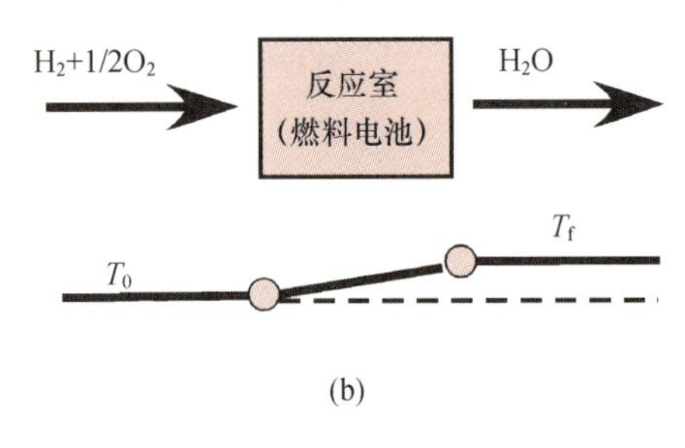

图 7.13 (a)转化为热能的反应和(b)转化为电能的反应与该体系温度上升情况的对比

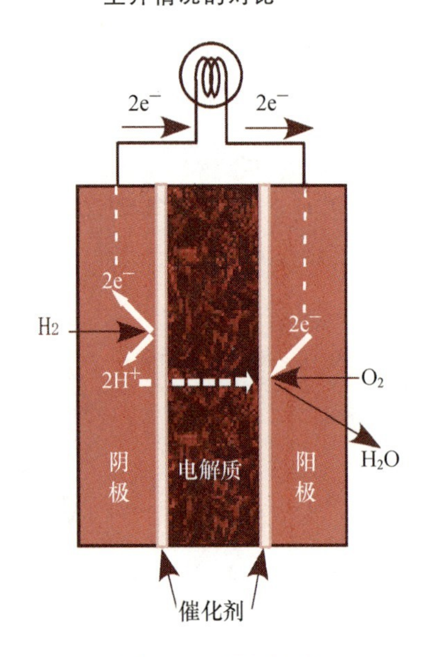

图 7.14 燃料电池

如图 7.13 所示，$H_2+1/2O_2$ 以温度 T_0 存在于反应室这一独立体系。如图 7.13(a)所示，反应热用于生成物 H_2O 的温度上升，使体系温度达到高温 T_{high}。与此同时，如图 7.13(b)所示，同样的反应用于燃料电池，可直接获取电能。这种情况下，和反应室入口相比，温度只是略微升高了一点，体系内水的温度达到 T_f。图 7.14 是燃料电池的示意图。阴极提供氢气，阳极提供氧气。阴极提供的氢气如果是分子状态的话不能通过电解质(膜)。在这里，氢气被分解为两个氢离子和两个电子，阳极和阴极之间是离子能通过而电子不能通过的固体高分子膜那样的电解质，电子在电解质外侧形成通路。如此一来，氢离子渗透过电解质膜移动到阳极，电子经由外部电路到达阳极。在阳极，由氢离子、电子和氧气反应产生水，即

$$\text{阴极：} H_2 \rightarrow 2H^+ + 2e^- \tag{7.16}$$

$$\text{阳极：} \frac{1}{2}O_2 + 2H^+ + 2e^- \rightarrow H_2O \tag{7.17}$$

将这两步反应合并起来，得出下式

$$H_2 + \frac{1}{2}O_2 \rightarrow H_2O \tag{7.18}$$

该公式和燃烧是相同的化学反应式。燃料电池不存在热能转换，而是将氢气所具有的化学能直接转换成电能。这一机制从表面上看，是氢气和氧气反应产生水，而实际上是：氢气被用铂作涂层的阴极催化，分离为氢离子和电子，氢离子通过电解质，电子通过外部电路，获取电能，在阳极侧生成水。关于所获得的电能将在下文中加以阐述。

第 5 章所论述的吉布斯自由能 $G=H-TS$，是基于反应后化学组成发生变化这一情况来加以讨论的。化学组成不发生变化的体系，状态发生变化前后的吉布斯自由能的改变，是由状态变化所获得的最大能量来供给的。在化学反应后化学组成发生变化的情况下，化学反应前后温度压力不变的简单体系中，反应前($H_2+1/2O_2$)、反应后(H_2O)的吉布斯自由能的变化 $\Delta G=\Delta H-T\Delta S-S\Delta T$，由于温度变化 $\Delta T=0$ 导出下式。

$$\Delta G=\Delta H-T\Delta S \tag{7.19}$$

ΔH 是上述反应前后焓的差值，即反应热。考虑到在可逆过程下的熵的变化 $\Delta S=q_{rev}/T$，$-T\Delta S$ 是可逆过程下的热量放出或者吸收值，$-q_{rev}$ 就是所释放的最低限度的热量。即方程式(7.19)的含义为，ΔG 是反应前后焓的差值 ΔH 减去了从体系中释放出来的最小的热 $T\Delta S$，所可能获得的最大的电能或者功。

通过反应所能直接获取的功的最大值为 ΔG，而 $-T\Delta S$ 表示的是最小限度释放的热量，如何使 ΔG 取最大值，反过来就是使释放的热量如何趋近于 $-T\Delta S$，这是有效利用能源所需考虑的一项原则。图 7.13(b)燃料电池的出口温度较入口温度略高，就是因为有热量释放的缘故。

7.2.3　标准生成吉布斯自由能和能量转换(standard Gibbs free energy of formation and energy conversion)

本节所论述的是反应前后吉布斯自由能的差值 ΔG,即通过反应所能直接获取的功的最大值的求解方法。如同求解反应热 $\Delta_r H$ 时定义标准生成焓一样,**标准吉布斯自由能(standard Gibbs free energy of formation)**被定义为从标准物质生成某物质时所需要的吉布斯自由能。用 $\Delta_f G^\circ$表示。

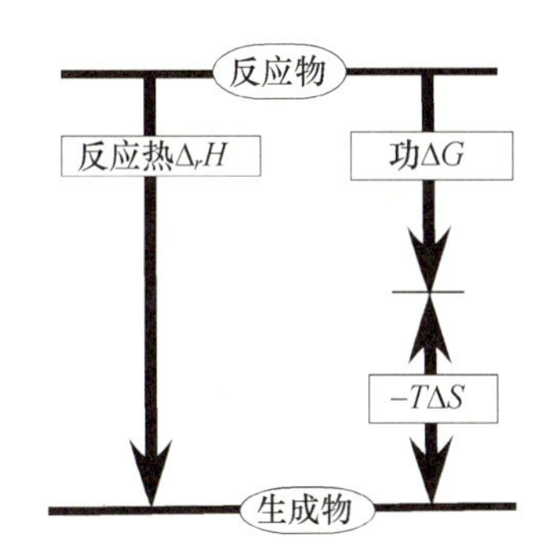

图 7.15　反应热和吉布斯自由能变化的关系

$$\Delta_f G^\circ = \Delta_f H^\circ - T\Delta S \tag{7.20}$$

$\Delta_f G^\circ$和 $\Delta_f H^\circ$相同,都是以 25℃、1 大气压(0.101 3 MPa)下稳定的标准物质(H_2,O_2,C,S,N_2 等)为基准, 即 $\Delta_f G^\circ=0$。其他的化学物质都是由相关的标准物质的差来表示。表 7.2 和图 7.16 是代表性物质的标准吉布斯自由能,表 7.3 为绝对熵 S°。式(7.20)中给出了 $\Delta_f G^\circ$、$\Delta_f H^\circ$和 ΔS 之间的关系。通常 $\Delta_f G^\circ$的值由表 7.2 直接给出,而不是通过式(7.20)来求得。举 298.15 K 时标准物质 C 和 H_2 生成甲烷的例子来加以说明。

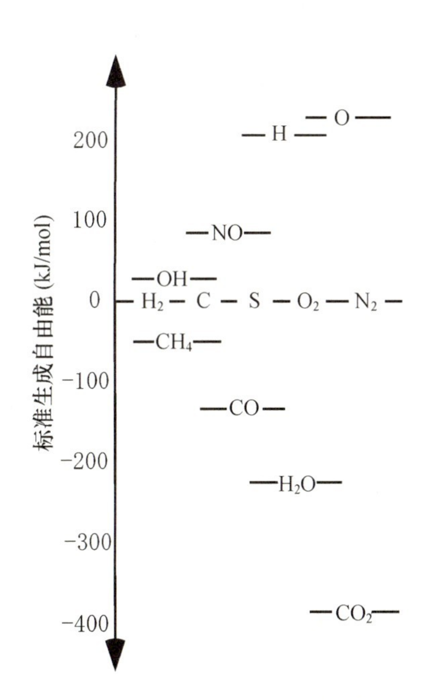

图 7.16　298.15 K 的标准生成自由能

由表 7.1～表 7.3,得

$$\Delta_f G^\circ = -50.768\ \text{kJ/mol} \tag{7.21}$$

$$\Delta_f H^\circ = -74.873\ \text{kJ/mol} \tag{7.22}$$

$$\begin{aligned}\Delta S &= S^\circ_{CH_4} - (S^\circ_C + 2S^\circ_{H_2}) \\ &= 186.251 - (5.740 + 2\times130.680) \\ &= -80.849(\text{J/(mol}\cdot\text{K)})\end{aligned} \tag{7.23}$$

$$\begin{aligned}\Delta_f H^\circ - T\Delta S &= -74.873 - 298.15\times(-80.849)\times10^{-3} \\ &= -50.768(\text{kJ/mol})\end{aligned} \tag{7.24}$$

式(7.20)左侧的 $\Delta_f G^\circ$和右侧的 $\Delta_f H^\circ - T\Delta S$ 相等。绝对熵 S°的值是由绝对零度下 $S^\circ=0$ 来求得的。

在 7.2.1 节中,求过 H_2 的化学反应中的反应热,和相同反应在 25℃、1 atm 条件下的燃料电池反应相比,哪个反应能获取电能。反应示如下:

$$H_2 + \frac{1}{2}O_2 \rightarrow H_2O \tag{7.25}$$

如果电能可以 100%转化为功,那么电能和做功是等价的。

表 7.2 标准生成吉布斯自由能 $\Delta_f G^\circ$(kJ/mol)

温度 K	CH_4	CO	CO_2	C_2H_2	H	H_2
298.15	−50.768	−137.163	−394.389	209.200	203.278	0
500	−32.741	−155.414	−394.939	197.453	192.957	0
1000	19.492	−200.275	−395.886	169.607	165.485	0
1500	74.918	−243.740	−396.288	143.080	136.522	0
2000	130.802	−286.034	−396.333	117.183	106.760	0
2500	186.622	−327.356	−396.062	91.661	76.530	0
3000	242.332	−367.816	−395.461	66.423	46.007	0
温度 K	H_2O(g)	NO	N_2	OH	O_2	C
298.15	−228.582	86.600	0	34.277	0	0
500	−219.051	84.079	0	31.070	0	0
1000	−192.590	77.775	0	23.391	0	0
1500	−164.376	71.425	0	16.163	0	0
2000	−135.528	65.060	0	9.197	0	0
2500	−106.416	58.720	0	2.404	0	0
3000	−77.163	52.439	0	−4.241	0	0

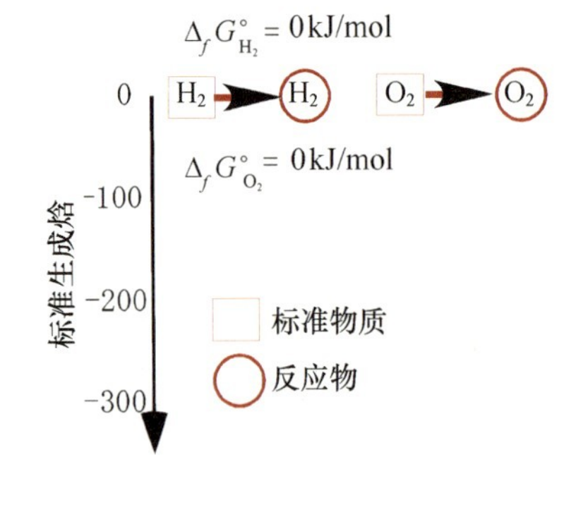

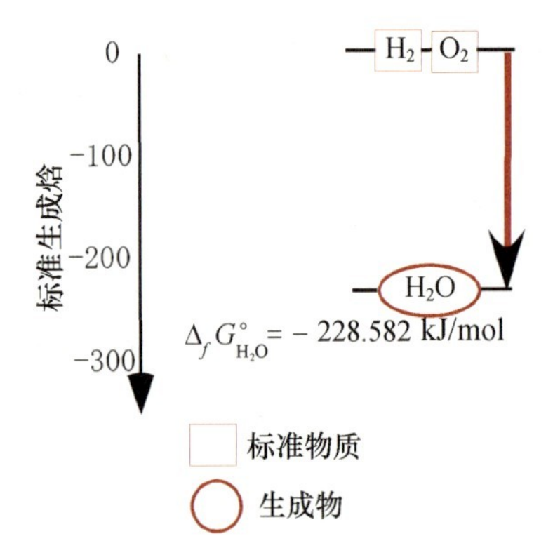

图 7.17 氢气(298.15K)反应相关物质标准生成吉布斯自由能关系

表 7.3 绝对熵 S°(J/(mol·K))

温度 K	CH_4	CO	CO_2	C_2H_2	H	H_2
298.15	186.251	197.653	213.795	200.958	114.716	130.680
500	207.014	212.831	234.901	226.610	125.463	145.737
1000	247.549	234.538	269.299	269.192	139.871	166.216
1500	279.763	248.426	292.199	298.567	148.299	178.846
2000	305.853	258.714	309.293	321.335	154.278	188.418
2500	327.431	266.854	322.890	339.918	158.917	196.243
3000	345.690	273.605	334.169	355.600	162.706	202.891
温度 K	H_2O(g)	NO	N_2	OH	O_2	C
298.15	188.834	210.758	191.609	183.708	205.147	5.740
500	206.534	226.263	206.739	199.066	220.693	11.662
1000	232.738	248.536	228.170	219.736	243.578	24.457
1500	250.620	262.703	241.880	232.602	258.068	33.718
2000	264.769	273.128	252.074	242.327	268.748	40.771
2500	276.503	281.363	260.176	250.202	277.290	46.464
3000	286.504	288.165	266.891	256.824	284.466	51.253

吉布斯自由能变化 ΔG 一般是用来表示通过反应可能获得的功。这一含义和可能获得的电能是一样的。上一节中,考虑到燃料电池最低以 $-T\Delta S$ 的量用以散热,由此出口温度略微上升。本节中所讨论的是考虑放热速度非常快,反应在恒温下进行。这一反应式两边出现的物质 H_2,O_2,H_2O 都是由标准物质生成,温度 T_0(=298.15 K),H_2,O_2,H_2O 的标准生成吉布斯自由能 $\Delta_f G^\circ(T_0)$ 根据表 7.2 给出。如图 7.17 所示,H_2 和 O_2 都是标准物质,因而 $\Delta_f G^\circ(T_0)=0$。

$$H_2 \rightarrow H_2 \quad \Delta_f G^{\circ}_{H_2}(T_0) = 0\ \text{kJ/mol} \tag{7.26}$$

$$O_2 \rightarrow O_2 \quad \Delta_f G^{\circ}_{O_2}(T_0) = 0\ \text{kJ/mol} \tag{7.27}$$

$$H_2 + \frac{1}{2}O_2 \rightarrow H_2O \quad \Delta_f G^{\circ}_{H_2O}(T_0) = -228.582\ \text{kJ/mol} \tag{2.28}$$

反应前后吉布斯自由能的变化 ΔG 为

$$\Delta G(T_0) = [\Delta_f G^{\circ}_{H_2O}(T_0)] - [\Delta_f G^{\circ}_{H_2}(T_0) + 1/2\Delta_f G^{\circ}_{O_2}(T_0)] = -228.582\ \text{kJ/mol}H_2 \tag{7.29}$$

如图 7.18 所示。换而言之，1 molH_2 最大可提供 228.582 kJ 的功。

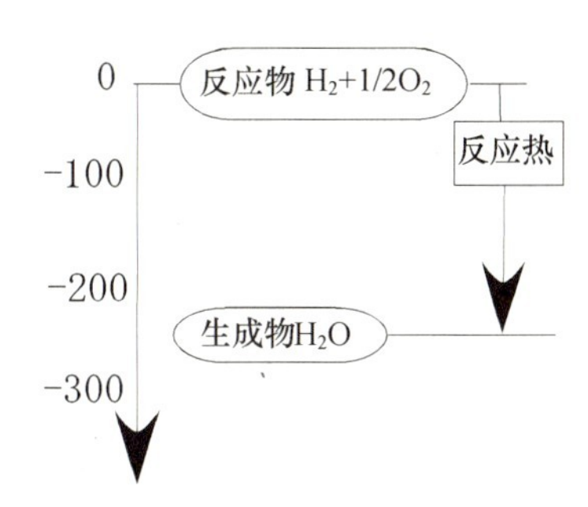

图 7.18　氢气化学反应相关物质吉布斯自由能差值关系

7.3　化学平衡(chemical equilibrium)

*7.3.1　反应速率(reaction rate)

以下讨论氢气和氧气反应生成水的速度。

$$H_2 + \frac{1}{2}O_2 \rightarrow H_2O \tag{7.30}$$

水的摩尔浓度用 $[H_2O]$(mol/m^3)表示，$[H_2O]$对时间的增加率 $d[H_2O]/dt$ 称为 H_2O 的**反应速率(reaction rate)**。在这里，对于 A+B→C 这一简单反应，A 和 B 发生碰撞的概率和 B 的浓度[B]成正比。而对于反应 A+2B→C，该反应式可等价于 A+B+B→C，其概率可理解为与[B]×[B]成正比，即$[B]^2$ 成正比。由此可得，对于一般反应 A$+n_B$B→C 而言，A 和 B 发生碰撞的概率和$[B]^{n_B}$成正比。再来看氢气和氧气的反应，H_2 和 O_2 发生碰撞的概率和$[O_2]^{1/2}$成正比，和 H_2 本身的浓度$[H_2]$成正比，H_2 和 O_2 生成 H_2O 的反应速率和$[H_2][O_2]^{1/2}$成正比，使用比例系数 k，如下式(7.31)所示。

$$\frac{d[H_2O]}{dt} = k[H_2][O_2]^{1/2} \tag{7.31}$$

式中 k 被称为**反应速率常数(reaction rate coefficient)**。一般情况下，具有较高能量状态的原子或分子，参与反应的几率较大。考虑到在某一温度下的能量的分布，平均能量 E_R 比 E 大的分子数与$\exp(-E/RT)$成正比。反应速率常数 k 用下式来表示(表 7.4)。

$$k = AT^n \exp\left(-\frac{E}{RT}\right) \tag{7.32}$$

式中 A 是**频率因子(frequency factor)**，E 是活化能，n 是常数。反应速度显示其值与反应系统内具有高能量的分子的数量有关。这些高能量

表 7.4　反应速率

$H_2 + \frac{1}{2}O_2 \rightarrow H_2O$
$\frac{d[H_2O]}{dt}$：H_2O 的反应速率
$\frac{d[H_2O]}{dt} = k[H_2][O_2]^{1/2}$
$k = AT^n \exp\left(-\frac{E}{RT}\right)$

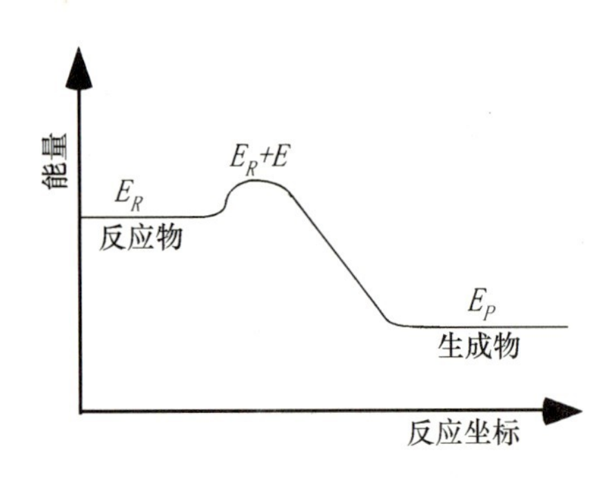

图 7.19　反应过程与活化能

分子的平均能量 E_R 比 E 大。反应速率常数的表达式被称为阿列纽斯方程，是一个含有绝对温度 T 的指数函数，随着温度的上升反应速率急速增加。生成物的能量为 E_P，它们之间的关系如图 7.19 所示。

7.3.2　反应速度和化学平衡(reaction rate and chemical equilibrium)

考察氢气(H_2)的化学反应，发现反应式

$$H_2+\frac{1}{2}O_2\rightarrow H_2O \tag{7.33}$$

中反应物 H_2 和 O_2 全部转化为生成物 H_2O，实际上即使反应时间足够久，也仍有少量 H_2 和 O_2 残存。只是因为残留量很小的缘故，通常不体现在反应式中(如公式(7.33))。不过，没有参加反应而残留的 H_2 和 O_2 的量取决于具体处于何种状态条件。从左侧的反应物生成右侧的生成物被称为正反应，左侧反应物被认为全部转化为右侧生成物。而如式(7.34)所示，反应方向由右侧朝左侧进行被称为**逆反应(reverse reaction)**，该反应和正反应同时进行。反应左侧和右侧两边的物质同时可能存在(表 7.5)。

表 7.5　正反应、逆反应和化学平衡

正反应
$H_2+\frac{1}{2}O_2\rightarrow H_2O$
+
逆反应
$H_2+\frac{1}{2}O_2\leftarrow H_2O$
↓
$H_2+\frac{1}{2}O_2\rightleftharpoons H_2O$

$$H_2+\frac{1}{2}O_2\rightleftharpoons H_2O \tag{7.34}$$

如果将向右侧进行的正反应的反应速率常数定为 k_f，向左侧进行的逆反应的反应速率常数定为 k_b 的话，那么 H_2O 的反应速度就是正反应速度 $k_f[H_2][O_2]^{1/2}$ 与逆反应速度 $k_b[H_2O]$ 叠加的结果。如下式(7.35)所示。

$$\frac{d[H_2O]}{dt}=k_f[H_2][O_2]^{1/2}-k_b[H_2O] \tag{7.35}$$

反应充分进行的话，H_2O 的浓度不再随时间发生变化，通过 $d[H_2O]/dt=0$，可得(表 7.6)

$$\frac{k_f}{k_b}=\frac{[H_2O]}{[H_2][O_2]^{1/2}} \tag{7.36}$$

表 7.6　反应速度和化学平衡

$\frac{d[H_2O]}{dt}k[H_2][O_2]^{1/2}-k_b[H_2O]$
$d[H_2O]/dt=0\rightarrow$化学平衡
$\frac{k_f}{k_b}=\frac{[H_2O]}{[H_2][O_2]^{1/2}}$

反应速率常数 k_f 和 k_b 如 7.3.1 节所述，在一定温度条件下是定值，所以当温度一定时，其比值 k_f/k_b 也为定值。换而言之，正反应和逆反应彼此适度的话，物质的浓度($[H_2O]$)/($[H_2][O_2]^{1/2}$)满足一个关系式。这一正反应和逆反应彼此适度，系统内化学组成不再变化的状态被称为**化学平衡(chemical equilibrium)**。

当 1 molH_2 和 1/2 molO_2 发生反应生成水蒸气时，只要给出 k_f 和 k_b 的值，通过式(7.36)，就可以计算出 H_2 和 O_2 或者 H_2O 存在的比例。然而，通常不是给出 k_f，k_b 这两个常数的值，而是通过 7.3.3 节的化学平衡条件来确定 7.3.4 节中的平衡常数。

7.3.3　化学平衡的条件(condition of chemical equilibrium)

化学平衡如热力学第二定律所规定，满足以下条件：处于一个绝热

环境的系统，熵增加到最大值时化学反应趋于平衡。不过在反应发生的体系中，如果温度压力发生变化，那么化学组成也会发生变化。这里的推导，仅适用于温度和压力不变，化学组成一定的条件下的化学平衡所满足的条件，即与外界存在热交换，压力和温度一定的最为简单的系统。如图 7.20 所示，反应产生的热与外界进行热量交换，并且反应热膨胀和物质的量变化所引起的体积增减由于活塞系统的调节作用能够保持温度和压力不变。此时，满足以上条件，由热力学第二定律 $dS \geqslant \delta Q/T$ 和热力学第一定律 $dU = \delta Q - p dV$，可以推导出 $dU + p dV - T dS \leqslant 0$，对吉布斯自由能 $G = H - TS$ 在恒温恒压条件下进行微分可以得到

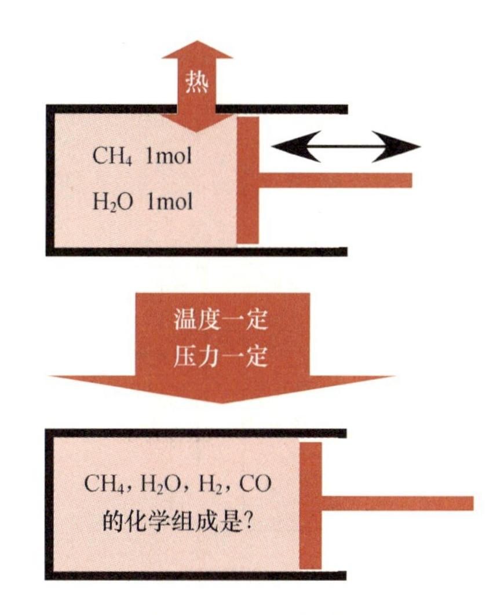

图 7.20　化学平衡

当 $dG \leqslant 0$ 时，在如图 7.21 所示的恒温恒压条件下，反应朝着吉布斯自由能减少的方向进行。(7.37)

当 $dG = 0$ 时，变化停止。换而言之，在一定的温度和压力下，化学平衡满足 $dG = 0$ 这一条件。(7.38)

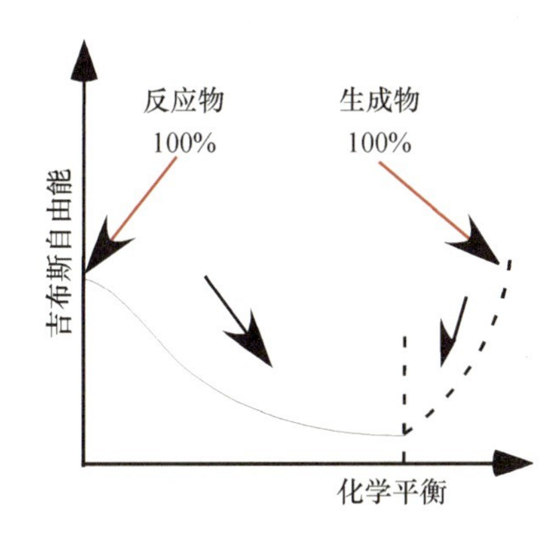

图 7.21　化学平衡和吉布斯自由能的关系

7.3.4　平衡常数(equilibrium constant)

满足 $dG = 0$ 的化学平衡是什么？当化学反应达到平衡时，其化学组成变成什么样，平衡常数是多少？关于这些内容，这里以生成新物质为目的化学反应来说明化学平衡的含义。以甲烷(CH_4)和水蒸气(H_2O)生成氢气(H_2)这一反应为例，说明什么样的温度和压力条件适于氢气的产生。换而言之，反应物 CH_4 1 mol 和 H_2O 1 mol，在压力(P) 1 atm (0.101 3 MPa)下，从温度(T) 1 000 K 的初始状态开始，到反应结束，压力和温度恒定，反应在多大程度上向右侧生成氢气的方向进行了。

$$CH_4 + H_2O \leftrightarrow CO + 3H_2 \tag{7.39}$$

压力 p° 为 1 atm(0.101 3 MPa)的时候，右侧的生成物和左侧的反应物的吉布斯自由能变化 $\Delta G^\circ(p^\circ)$ 可由表 7.2 提供的数据计算出来。

$$\Delta G^\circ(p^\circ) = (\Delta_f G^\circ_{CO} + 3\Delta_f G^\circ_{H_2}) - (\Delta_f G^\circ_{CH_4} + \Delta_f G^\circ_{H_2O}) \tag{7.40}$$

$\Delta G^\circ(p^\circ)$ 是 1 atm(0.101 3 MPa)下，右侧($CO + 3H_2$)和左侧($CH_4 + H_2O$)的吉布斯自由能的差。如图 7.22 所示，当化学反应达到

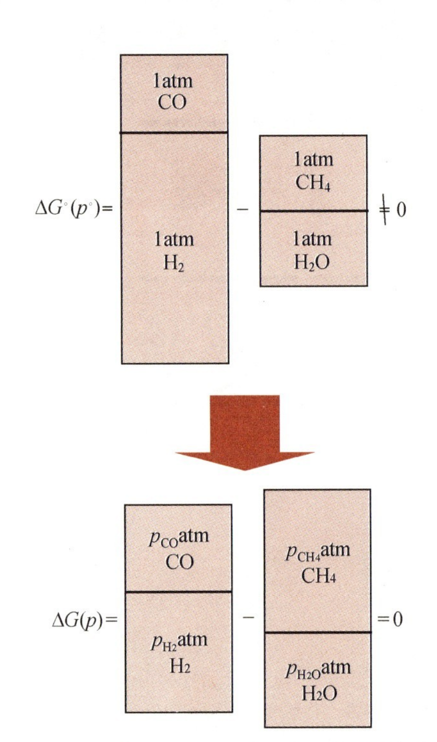

图7.22　化学平衡和反应前后吉布斯自由能变化的关系

平衡时，CH_4，H_2O，CO，H_2 会是什么样的组成，或者说彼此是多大的分压，才能使右侧和左侧的吉布斯自由能的差 $\Delta G=0$ 呢？以下求解 p_{CH_4}，p_{H_2O}，p_{CO}，p_{H_2} 所满足的关系式。

把甲烷(CH_4)作为理想气体来考虑，温度一定时，压力从 p°(1 atm)变化到 p_{CH_4}，由于 $\Delta H=0$，$\Delta S=-R\ln(p^\circ/p_{CH_4})$，这时吉布斯自由能的变化是

$$G_{CH_4}(p_{CH_4})-G_{CH_4}(p^\circ)=\Delta H-T\Delta S=RT\ln(p_{CH_4}/p^\circ) \tag{7.41}$$

因此 p_{CH_4}，p_{H_2O}，p_{CO}，p_{H_2} 可表示为下式：

$$G_{CH_4}(p_{CH_4})=G_{CH_4}(p^\circ)+RT\ln\left(\frac{p_{CH_4}}{p^\circ}\right) \tag{7.42}$$

$$G_{H_2O}(p_{H_2O})=G_{H_2O}(p^\circ)+RT\ln\left(\frac{p_{H_2O}}{p^\circ}\right) \tag{7.43}$$

$$G_{CO}(p_{CO})=G_{CO}(p^\circ)+RT\ln\left(\frac{p_{CO}}{p^\circ}\right) \tag{7.44}$$

$$G_{H_2}(p_{H_2})=G_{H_2}(p^\circ)+RT\ln\left(\frac{p_{H_2}}{p^\circ}\right) \tag{7.45}$$

(7.46)式是压力变成各成分的分压 p_{CH_4}，p_{H_2O}，p_{CO}，p_{H_2} 后反应前后吉布斯自由能的变化 $\Delta G(p)$

$$\Delta G(p)=[G_{CO}(p_{CO})+3G_{H_2}(p_{H_2})]-[G_{CH_4}(p_{CH_4})+G_{H_2O}(p_{H_2O})] \tag{7.46}$$

(7.47)式是压力 p°(1 atm)时的反应前后吉布斯自由能的变化 $\Delta G^\circ(p^\circ)$

$$\Delta G^\circ(p^\circ)=[G_{CO}(p^\circ)+3G_{H_2}(p^\circ)]-[G_{CH_4}(p^\circ)+G_{H_2O}(p^\circ)] \tag{7.47}$$

将式(7.41)～式(7.45)分别代入式(7.46)$\Delta G(p)$，并将式(7.47)$\Delta G^\circ(p^\circ)$整理出来，可得到式(7.48)。

$$\Delta G(p)=\Delta G^\circ(p^\circ)+RT\ln\left[\frac{(p_{CO}/p^\circ)(p_{H_2}/p^\circ)^3}{(p_{CH_4}/p^\circ)(p_{H_2O}/p^\circ)}\right] \tag{7.48}$$

化学平衡的条件是，各组成分压 p_{CH_4}，p_{H_2O}，p_{CO}，p_{H_2} 平衡的条件，是通过各成分的压力变成分压 p_{CH_4}，p_{H_2O}，p_{CO}，p_{H_2}，使反应前后的吉布斯自由能的差变为零。

$$\Delta G(p)=0 \tag{7.49}$$

因此，将该条件代入式(7.48)，得出下式

$$RT\ln\left[\frac{(p_{CO}/p^\circ)(p_{H_2}/p^\circ)^3}{(p_{CH_4}/p^\circ)(p_{H_2O}/p^\circ)}\right]=-\Delta G^\circ(p^\circ) \tag{7.50}$$

如果 p_{CH_4}，p_{H_2O}，p_{CO}，p_{H_2} 满足这一关系式，就**满足化学平衡的条件**。而根据定义，平衡常数 K 为

$$K=\frac{(p_{CO}/p^\circ)(p_{H_2}/p^\circ)^3}{(p_{CH_4}/p^\circ)(p_{H_2O}/p^\circ)} \tag{7.51}$$

通过式(7.50)，可求解出 K。

$$K=\exp\left(-\frac{\Delta G^\circ(p^\circ)}{RT}\right) \tag{7.52}$$

因为 $p^\circ=1\ \mathrm{atm}$，分压 p_{CH_4}，p_{H_2O}，p_{CO}，p_{H_2} 的单位全部是 atm。可将式(7.51)的平衡常数 K 标注为 K_p，定义如下。

$$K_p=\frac{p_{CO}p_{H_2}^3}{p_{CH_4}p_{H_2O}} \tag{7.53}$$

此时，比较式(7.51)和式(7.53)得出以下关系：

$$K_p=p^{\circ 2}K \tag{7.54}$$

式中 $p^{\circ 2}$ 的指数 2 是反应式(7.39)右侧各项量纲的系数之和与左侧各项量纲的系数之和的差值（比方说 $3H_2$ 的量纲系数为 3，则 $(3+1)-(1+1)$）。需要注意的是，根据反应不同，这一指数的值是不同的。因为 $p^\circ=1\ \mathrm{atm}$，所以 K_p 和 K 的单位不同，但是数值是相同的。

第 7.3.2 节是这样描述化学平衡的："正反应和逆反应的反应速度相等的状态即为化学平衡"，这里给出了符合什么样的条件是化学平衡，即"当 $\Delta G(p)=0$ 时为化学平衡"。在此之前，表达式(7.36)的反应速率常数的比率 k_f/k_b，用摩尔浓度表示为平衡常数 K_c：

$$K_c=\frac{k_f}{k_b}=\frac{[CO][H_2]^3}{[CH_4][H_2O]} \tag{7.55}$$

这里讨论一下 K_p 和 K_c 的关系。比方说，甲烷的分压 p_{CH_4}，可用摩尔浓度表示为 $p_{CH_4}=[CH_4]RT$，其他化学物质也用这一关系式来表示，这样的话可得出下式：

$$K_p=K_c(RT)^2 \tag{7.56}$$

平衡常数 K，K_p 和 K_c 的关系如图 7.23 所示。

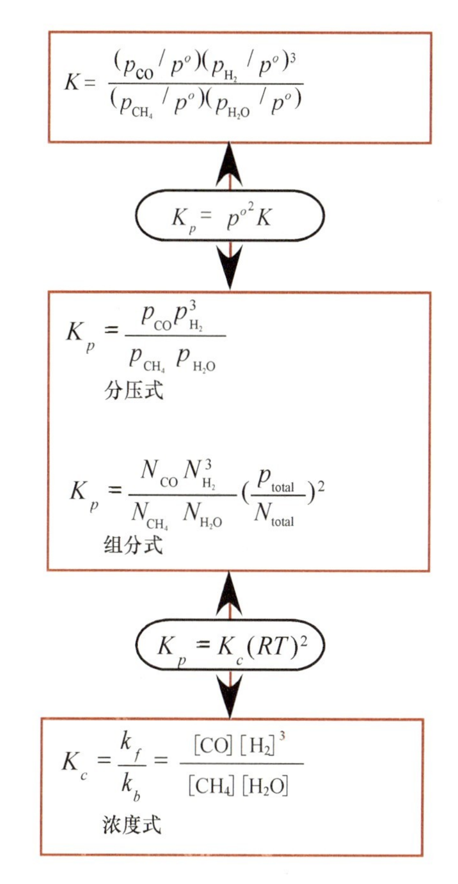

图 7.23 反应式 $CH_4+H_2O \rightleftharpoons CO+3H_2$ 的平衡常数

7.3.5 温度和压力对化学平衡的影响(effects of temperature and pressure on chemical equilibrium)

当反应达到化学平衡时，如果改变压力，那么各化学组成的浓度将如何变化？为了讨论这一现象，在平衡常数中引入全压 p_{total}。前面所讨论的甲烷生成氢气这一反应中，达到化学平衡后所有物质的物质的量用 N_{total} 来表示，甲烷的物质的量 N_{CH_4} 与之相比，比率为 N_{CH_4}/N_{total}，甲烷的分压 p_{CH_4} 和全压 p_{total} 之间的关系可表示为 $p_{CH_4}=(N_{CH_4}/N_{total})p_{total}$。其他的化学成分也套用此关系，可得出下式：

$$K_p=\frac{N_{CO}N_{H_2}^3}{N_{CH_4}N_{H_2O}N_{total}^2}p_{total}^2 \tag{7.57}$$

这一表达式表明，压力对平衡组成有影响这一情况是存在的。而式(7.52)所表达的平衡常数不受压力影响。对于压力的变化，为了保持 K_p 一定，右侧随压力变化，p_{total}^2 项也发生变化，为了平衡其影响，物质的量 $(N_{CO}N_{H_2}^3)/(N_{CH_4}N_{H_2O}N_{total}^2)$ 也发生变化。式(7.57)的右侧受压力变化影响的项 p_{total}^2 的指数为 2，式(7.56)的 $(RT)^2$ 项的指数也为 2，这与式(7.54)的 $p^{\circ 2}$ 的指数为 2 的道理是相同的。

$$K=\frac{(p_C/p^o)^{n_C}(p_D/p^o)^{n_D}}{(p_A/p^o)^{n_A}(p_B/p^o)^{n_B}}$$

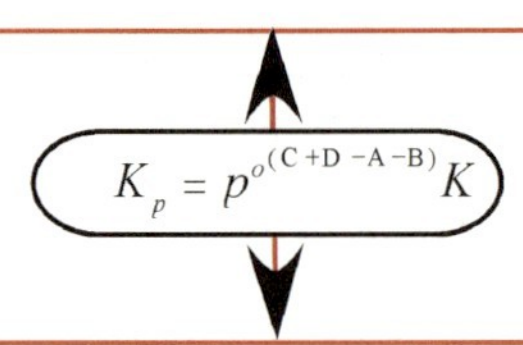

$$K_p=\frac{p_C^{n_C}p_D^{n_D}}{p_A^{n_A}p_B^{n_B}}$$

分压式

$$K_p=\frac{N_C^{n_C}N_D^{n_D}}{N_A^{n_A}N_B^{n_B}}\left(\frac{p_{total}}{N_{total}}\right)^{(C+D-A-B)}$$

组分式

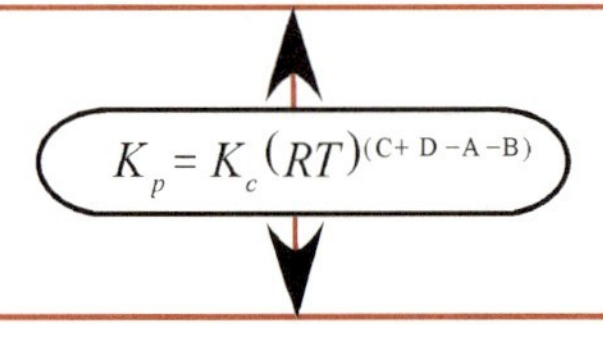

$$K_c=\frac{k_f}{k_b}=\frac{[C]^{n_C}[D]^{n_D}}{[A]^{n_A}[B]^{n_B}}$$

浓度式

图 7.24　反应式 $n_A A+n_B B \rightleftharpoons n_C C+n_D D$ 的平衡常数的表达式

对于甲烷燃烧反应，反应式左侧物质的量总和与右侧物质的量总和是相等的：

$$K_p=\frac{N_{CO_2}N_{H_2O}^2}{N_{CH_4}N_{O_2}^2} \tag{7.58}$$

因此指数为零，化学反应达到平衡时各组分的浓度和压力 p_{total} 无关。像这样压力(总压)发生变化，化学组成也随之发生变化的反应，是物质的量发生变化的反应。一般对 $n_A A+n_B B \rightleftharpoons n_C C+n_D D$ 这样的反应有

$$K_p=\frac{N_C^{n_C}N_D^{n_D}}{N_A^{n_A}N_B^{n_B}}\left(\frac{p_{total}}{N_{total}}\right)^{\Delta\nu} \tag{7.59}$$

$$\Delta\nu=(n_C+n_D)-(n_A+n_B) \tag{7.60}$$

$\Delta\nu$ 表示生成物和反应物的物质的量的差值。

如图 7.24 所示，温度确定的话，K_p 的值也是确定的。如果压力 p_{total} 增加，当 $\Delta\nu$ 为正值时，$(N_C^{n_C}N_D^{n_D})/(N_A^{n_A}N_B^{n_B}N_{total}^{\Delta\nu})$ 则变小，反之 $\Delta\nu$ 为负值时，$(N_C^{n_C}N_D^{n_D})/(N_A^{n_A}N_B^{n_B}N_{total}^{\Delta\nu})$ 则增加。压力减小则情况相反。根据这一规律，来看下面的反应。

$$CH_4+H_2O \rightleftharpoons CO+3H_2 \tag{7.61}$$

最初假定 CH_4 1 mol，H_2O 1 mol，温度 $T=1\,000$ K，求反应达到平衡时的状态。CH_4 和 H_2O 都各有 x mol 参与了反应，剩余量分别变为 $(1-x)$mol，同时生成 CO x mol，H_2 $3x$ mol。

因此，全部的物质的量为 $2\times(1-x)+(x+3x)=(2+2x)$mol。分压用摩尔比表示如下：

$$p_{CH_4}=p_{H_2O}=\frac{1-x}{2+2x}p_{total} \tag{7.62}$$

$$p_{CO}=\frac{x}{2+2x}p_{total} \tag{7.63}$$

$$p_{H_2}=\frac{3x}{2+2x}p_{total} \tag{7.64}$$

它们之间的关系如图 7.25 所示。平衡常数 K_p 如下：

$$K_p=\exp\left(-\frac{\Delta G(p^\circ)}{RT}\right)=\frac{p_{total}^2x(3x)^3}{(1-x)^2(2+2x)^2} \tag{7.65}$$

由表 7.2 可知，$T=1\,000$ K 时，$\Delta G(p^\circ)=-27.177$ kJ/mol，则

$$K_p=\exp\left(-\frac{-27.177\times1\,000(\mathrm{kJ/kmol})}{8.315(\mathrm{kJ/(kmol\cdot K)})\times1\,000(\mathrm{K})}\right)=26.27 \tag{7.66}$$

	CH_4	H_2O	CO	H_2	total
初期 mol	1	1	0	0	2
平衡 mol	$1-x$	$1-x$	x	$3x$	$2+2x$
分率	$\frac{1-x}{2+2x}$	$\frac{1-x}{2+2x}$	$\frac{x}{2+2x}$	$\frac{3x}{2+2x}$	1
分压	$\frac{(1-x)P_{total}}{2+2x}$	$\frac{(1-x)P_{total}}{2+2x}$	$\frac{xP_{total}}{2+2x}$	$\frac{3xP_{total}}{2+2x}$	P_{total}

图 7.25　化学平衡时的摩尔比和分压

根据已知条件，当压力 $p_{total}=1$ atm，10 atm，100 atm 时，由式(7.65)可以求解 x，结果如表 7.7 所示。与此相同，物质的量增加的反应($\Delta\nu>0$)，随着压力增大，生成的 H_2 减少。

表 7.7 反应式 $CH_4+H_2O\rightleftharpoons CO+3H_2$ 压力变化时各组分的摩尔比

全压 atm	CH_4	H_2O	CO	H_2
1	0.051	0.051	0.225	0.673
10	0.211	0.211	0.145	0.433
100	0.378	0.378	0.061	0.183

下面来看当压力 $p_{total}=1$ atm 固定不变时，化学平衡时各组分随温度的变化情况。由表 7.2 可知 $\Delta G(p°)$ 在温度 $T=298$ K，500 K，1 000 K，1 500 K，2 000 K 各条件下的值，通过平衡常数 K_p 可以求解 x，各组分的摩尔比如表 7.8 所示。

表 7.8 反应式 $CH_4+H_2O\rightleftharpoons CO+3H_2$ 随温度变化各组分的摩尔比

温度 K	CH_4	H_2O	CO	H_2
298	0.5	0.5	1.8×10^{-7}	5.4×10^{-7}
500	0.498	0.498	0.000 9	0.002 8
1 000	0.051	0.051	0.225	0.673
1 500	0.000 7	0.000 7	0.250	0.749
2 000	6.9×10^{-5}	6.9×10^{-5}	0.250	0.750

当温度 $T=500$ K 时，几乎没有氢气生成，当温度增加到 $T=1000$ K 时，氢气产生率快速增加，因此可见温度对于该反应的进行有很大的影响。

7.3.6 一般情况下的化学平衡组成求解方法(chemical equilibrium in general cases)

如式(7.53)所示，平衡常数是平衡状态下所给出的各化学成分应该满足的条件，而不是直接给出各平衡组分的值。此外，根据反应的初始条件不同，达到平衡后的化学成分也是变化的。如例题 $CH_4+H_2O\rightleftharpoons CO+3H_2$ 所示反应，CH_4 和 H_2O 最初分别为 1 mol 时，$CO+3H_2$ 用 x 表示如下：

$$\begin{array}{llll} CH_4 & + \ H_2O & \rightleftharpoons CO & + \ 3H_2 \\ (1-x)\text{ mol} & (1-x)\text{ mol} & x\text{ mol} & 3x\text{ mol} \end{array} \tag{7.67}$$

实际上通常并非这样表示，而仅仅是向右进行的正反应才这样表示。

$$CH_4+H_2O\rightarrow N_{CH_4}CH_4+N_{H_2O}H_2O+N_{CO}CO+N_{H_2}H_2 \tag{7.68}$$

在化学反应中，反应物和生成物各元素的全部质量遵守**质量守恒定律**(conservation of mass principle)，此外，反应物和生成物的各元素的原子总数是相等的。不过，反应前后反应物的全物质的量和生成物的全物质的量不一定相等。从元素 C，H，O 反应前后的平衡知：

$$C: 1=N_{CH_4}+N_{CO}$$
$$H: 6=4N_{CH_4}+2N_{H_2O}+2N_{H_2} \quad (7.69)$$
$$O: 1=N_{H_2O}+N_{CO}$$

可得出：

$$N_{CH_4}=1-N_{CO}$$
$$N_{H_2O}=1-N_{CO} \quad (7.70)$$
$$N_{CO}=N_{CO}$$
$$N_{H_2}=3N_{CO}$$

将 N_{CO} 用 x 来表示，可以得到与式(7.67)相同的结果。换而言之，直接用 x 来表示，和通过质量守恒原则表示的结果相同。

顺便说一下，上节使用 x 在一个化学平衡式中来求解，可以求出四个组分(CH_4，H_2O，CO，H_2)的化学组成，这里使用质量守恒原理，通过元素的数目(C，H，O)也可以获得三个等式，由 $4-3=1$，转化为一个平衡式来求解。这个例子是假定 CH_4+H_2O 仅生成 $CO+3H_2$，然而实际上并非仅生成 $CO+3H_2$。下面来看一下，除了生成 CO 和 H_2 以外，还有生成 C_2H_2 的情况(表 7.9)。

表 7.9 三个质量守恒式中四个未知数存在情况下平衡组成的求解

$CH_4+H_2O \leftrightarrow CO+3H_2$
$CH_4+H_2O \rightarrow N_{CH_4}CH_4+N_{H_2}H_2O+N_{CO}CO+N_{H_2O}H_2$
↓
质量守恒式
↓
$CH_4+H_2O \rightarrow (1-x)CH_4+(1-x)H_2O+xCO+3xH_2$
↓
只有一个未知数，可由化学平衡式可求得未知量

$$CH_4+H_2O \rightarrow N_{CH_4}CH_4+N_{H_2O}H_2O+N_{CO}CO+N_{H_2}H_2+N_{C_2H_2}C_2H_2 \quad (7.71)$$

上式需要求解五个未知数。由质量守恒原理可获得下式：

$$C: 1=N_{CH_4}+N_{CO}+2N_{C_2H_2} \quad (7.72)$$
$$H: 6=4N_{CH_4}+2N_{H_2O}+2N_{H_2}+2N_{C_2H_2} \quad (7.73)$$
$$O: 1=N_{H_2O}+N_{CO} \quad (7.74)$$

对应五个未知数可以建立三个方程式，还有两个独立的方程式。生成物的组成设想为 CH_4，H_2O，CO，H_2，C_2H_2 五种，这些组成之间的方程式可以建立化学平衡。这些方程式并不一定是实际发生的反应，当若干组分存在时，这些成分之间存在的关系可以根据化学平衡来建立。举下面的例子来说明(表 7.10)。

表 7.10 三个质量守恒式中五个未知数存在情况下平衡组成的求解

$CH_4+H_2O \rightarrow N_{CH_4}CH_4+N_{H_2O}H_2O+N_{CO}CO+N_{H_2}H_2+N_{C_2H_2}C_2H_2$
↓
由三个质量守恒式和化学平衡式可求得未知量

$$CH_4+H_2O \rightleftharpoons CO+3H_2 \quad (7.75)$$
$$2CH_4 \rightleftharpoons C_2H_2+3H_2$$

将前面的反应平衡常数用 K_{p1} 表示，后面的反应平衡常数用 K_{p2} 来表示，已知 $N_{total}=N_{CH_4}+N_{H_2O}+N_{CO}+N_{H_2}+N_{C_2H_2}$，可得到下面的关系式：

$$K_{p1}=\frac{N_{CO}N_{H_2}^3}{N_{CH_4}N_{H_2O}}\left(\frac{p_{total}}{N_{total}}\right)^2$$
$$K_{p2}=\frac{N_{C_2H_2}N_{H_2}^3}{N_{CH_4}^2}\left(\frac{p_{total}}{N_{total}}\right)^2 \quad (7.76)$$

比如说，将总压力 p_{total} 赋值为 1 个大气压，温度赋值为 1 000 K，可以确定 K_{p1} 和 K_{p2}。未知数的个数和联立方程式的数目一致的话，可以求解各组分的值。根据质量守恒原理，可推导出下式：

$N_{CH_4}=1-N_{CO}-2N_{C_2H_2}$
$N_{H_2O}=1-N_{CO}$
$N_{CO}=N_{CO}$　　(7.77)
$N_{H_2}=3(N_{CO}+N_{C_2H_2})$
$N_{C_2H_2}=N_{C_2H_2}$

将两个平衡常数的关系式代入，求解出 K_{p1}/K_{p2}，用 N_{CO} 表达 $N_{C_2H_2}$，并代入 K_{p2} 的表达式，根据 $N_{H_2O}=1-N_{CO}\geqslant 0$ 这一条件，在 $0\leqslant N_{CO}\leqslant 1$ 的范围内用计算机模拟来求解 N_{CO}。以此方法，求出 $N_{C_2H_2}=4.7\times 10^{-9}$，然后求出 $N_{CH_4}=N_{H_2O}=0.1854$，$N_{H_2}=2.4438$。计算结果用摩尔比来表示：

$CH_4:H_2O:CO:H_2:C_2H_2=0.051:0.051:0.225:0.673:1.3\times 10^{-9}$

我们发现 CH_4+H_2O 生成 CO 和 H_2 的反应(见表 7.7)，与生成 CO,H_2,C_2H_2 的反应相比，结果相差不大。

7.3.7 平衡常数的注意事项(rules of equilibrium constant)

(1) 反应式 $CH_4+H_2O\rightleftharpoons CO+3H_2$ 两边都扩大两倍得到与之等价的下式：

$$2CH_4+2H_2O\rightleftharpoons 2CO+6H_2 \quad (7.78)$$

这个反应式的平衡常数 K' 和 $\Delta G^{\circ\prime}(p^\circ)$，与 $CH_4+H_2O\rightleftharpoons CO+3H_2$ 的平衡常数 K 和 $\Delta G^\circ(p^\circ)$有如下关系：

$$K'=\frac{(p_{CO}/p^\circ)^2(p_{H_2}/p^\circ)^6}{(p_{CH_4}/p^\circ)^2(p_{H_2O}/p^\circ)^2}=K^2 \quad (7.79)$$

$$\Delta G^{\circ\prime}(p^\circ)=2\Delta G^\circ(p^\circ) \quad (7.80)$$

K 和 $\Delta G^\circ(p^\circ)$的值与 K' 和 $\Delta G^{\circ\prime}$ 不相等，这其实并不矛盾，而是说明必须将反应式写明确，否则平衡常数不同(表 7.11)。

(2) 7.3.1 节讨论过反应速率，如果已知正反应的反应速率常数 k_f，正反应和逆反应的反应速率常数的比值 k_f/k_b 是平衡常数 K_c，如果再知道 K_c，就可以知道逆反应的反应速率常数 k_b(表 7.12)。

(3) 系统中如果含有和反应无关的成分，平衡常数不受影响，但对平衡组分有影响(表 7.13)。如甲烷(CH_4)在氧气中燃烧

$$CH_4+2O_2\rightleftharpoons CO_2+2H_2O \quad (7.81)$$

甲烷在空气中燃烧(空气的组成是 $O_2+3.76N_2$)

$$CH_4+2O_2+7.52N_2\rightleftharpoons CO_2+2H_2O+7.52N_2 \quad (7.82)$$

以上二式的平衡常数相同。根据式(7.46)，$\Delta G^\circ(p^\circ)$是反应式右侧和左侧的吉布斯自由能的差值，和反应无关的物质左右相减则变为零。

表 7.11　反应式形式与平衡常数

$CH_4+H_2O\rightleftharpoons CO+3H_2$ 和 $2CH_4+2H_2O\rightleftharpoons 2CO+6H_2$ 平衡常数不同

表 7.12　逆反应的反应速率常数

逆反应的反应速率常数 k_b 是由 $K_c=k_f/k_b$ 和 k_f 求得的。

表 7.13　和反应无关的物质与平衡常数

$CH_4+2O_2\rightleftharpoons CO_2+2H_2O$ $CH_4+2O_2+7.52N_2$ $\rightleftharpoons CO_2+2H_2O+7.52N_2$ 以上二式中与反应无关的 $7.52N_2$ 是否存在不影响平衡常数，二者平衡常数的值相同。

7.4 燃烧(combustion)

在 7.2.1 节中论述过关于化学反应中的反应热。需要特别指出的

是燃料和氧气反应时释放大量热的燃烧是重要的化学反应，世界上85%的能量来源于化石燃料的燃烧。

7.4.1 燃料(fuel)

燃料是一种可以和氧气发生剧烈氧化反应释放出热能的物质。分为**固体燃料**(solid fuel)(如煤等)、**液体燃料**(liquid fuel)(如石油等)和**气体燃料**(gaseous fuel)(如天然气等)。煤的主要成分是炭元素C，此外还包含了其他各种成分，因产地不同，其组成各异。而液体燃料，如汽油、煤油、轻质油等全部都是由原油蒸馏精制而成。作为代表性的气体燃料天然气的主要成分是甲烷(CH_4)。氢气(H_2)作为一次燃料存在量很小，基本上是通过甲烷反应生成。通常情况下，通过空气中的氧气(O_2)，燃烧才得以进行，而空气中的主要成分氮气(N_2)却几乎不参与燃烧。

7.4.2 燃烧的形式(combustion forms)

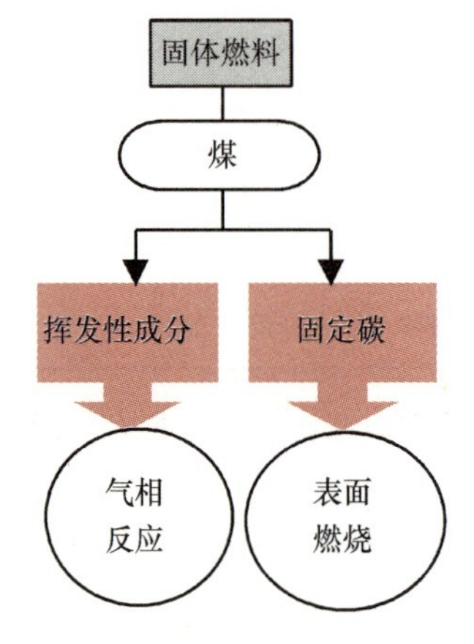

图7.26 固体燃料(煤)的燃烧

固体燃料煤的燃烧是通过**蒸发**(evaporation)和**热裂解**(thermal cracking)所产生的**挥发性成分**(volatile constituent)的**气相反应**(gas phase reaction)和残余的**固定碳**(fixed carbon)的**表面燃烧**(surface combustion)发生的(图7.26)。

液体燃料的燃烧是液体表面被蒸发的燃料蒸气与空气中的氧气所进行的气相反应。无数的小液滴被微粒化后产生蒸气，其表面积迅速增大进行燃烧的**喷雾燃烧**(spray combustion)就是其代表。

气体燃料是通过气相反应进行燃烧。有燃料与空气预先混合后进行燃烧的**预混合燃烧**(premixed combustion)，以及燃料与空气分别供给，在燃烧室内二者相互扩散进行燃烧的**扩散燃烧**(diffusion combustion)。如图7.27所示。

这些反应除了煤的燃烧以外，都是气相反应，以下讨论燃烧时，对象仅限于气相反应。

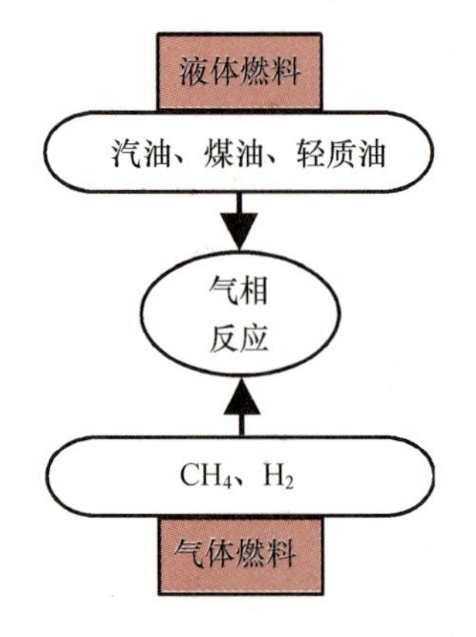

图7.27 液体燃料和气体燃料的燃烧

*7.4.3 燃烧的反应机理(reaction mechanism of combustion)

氢气(H_2)的燃烧反应如下：

$$2H_2 + O_2 \rightarrow 2H_2O \tag{7.83}$$

这一反应式看起来是2分子的氢气(H_2)和1分子的氧气(O_2)发生碰撞，反应发生，生成了2分子的H_2O，可实际情况并非是3个分子(2个H_2和1个O_2)同时碰撞进行反应生成了另外的分子(2个H_2O)，这个反应式仅仅是反映了燃烧前($2H_2+O_2$)和燃烧后($2H_2O$)的状态，被称为**总反应式**(overall reaction formula)。实际情况如图7.28所示，随着这些所谓**活性物质**(active species)(如OH等自由基，H、O等原子)的生成，成百上千的**基元反应**(elementary reaction)得以进行。H_2燃烧的基元反应如表7.14所示。A，n，E是和反应速度相关的量，在7.3.1节论述过。

表 7.14　氢气 H_2 燃烧中的基元反应(单位:mol,J,s,cm,K)

A	n	E	基元反应
2.24E14	0.0	70 300	(1) $H+O_2=OH+O$
1.74E13	0.0	39 600	(2) $O+H_2=OH+H$
2.19E13	0.0	21 600	(3) $H_2+OH=H+H_2O$
5.75E12	0.0	3 270	(4) $OH+OH=H_2O+O$
9.20E16	−0.6	0	(5) a) $H+H+H_2=H_2+H_2$
1.00E18	−1.0	0	b) $H+H+N_2=H_2+N_2$
1.00E18	−1.0	0	c) $H+H+O_2=H_2+O_2$
6.00E19	−1.25	0	d) $H+H+H_2O=H_2+H_2O$
2.62E16	−0.84	0	(6) $O+O+N_2=O_2+N_2$
1.17E17	−0.0	0	(7) $OH+H+M_2=H_2O+M_2$
			$M_2=H_2O+0.25H_2+0.25O_2+0.2N_2$
2.70E18	−0.86	0	(8) $H+O_2+M_3=HO_2+M_3$
			$M_3=H_2+0.44N_2+0.35O_2+6.5H_2O$
2.50E14	0.0	7 950	(9) $H+HO_2=OH+OH$
2.50E13	0.0	2 910	(10) $H+HO_2=O_2+H_2$
5.00E13	0.0	4 190	(11) $H+HO_2=H_2O+O$
4.80E13	0.0	4 190	(12) $O+HO_2=OH+O_2$
5.00E13	0.0	4 190	(13) $OH+HO_2=H_2O+O_2$
1.40E14	0.0	315 700	(14) $N_2+O=NO+N$
6.40E09	1.0	6 250	(15) $N+O_2=NO+O$
4.20E13	0.0	0	(16) $N+OH=NO+H$

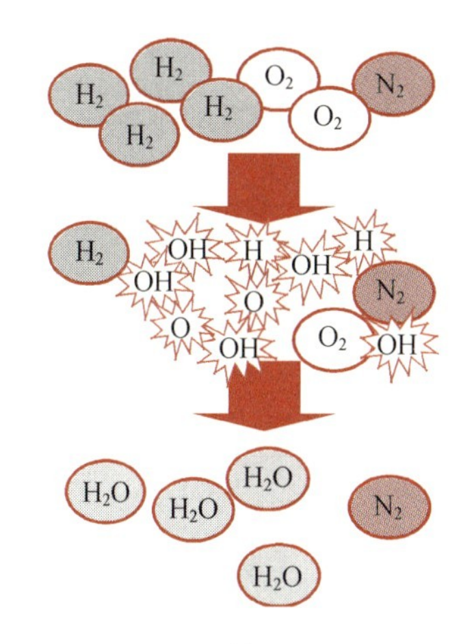

图 7.28　活性物质的燃烧反应

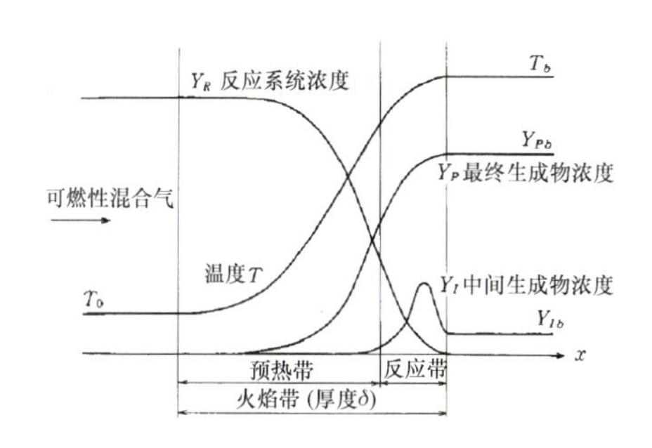

图 7.29　层流预混合火焰的构造
(燃烧工学手册,日本机械工程学会)

在层流预混合火焰中,如图 7.29 所示的活性物质等中间生成物,在火焰中浓度很大。对这些活性物质的原子分布情况的掌握至关重要。例如对代表性的大气污染物质 NO_x 的形成机制的探讨。

如图 7.30 所示,考察 H_2 从喷嘴里喷出的情况。图 7.30(a)中所示,H_2 喷射到空气中很长时间在没有进行点火的情况下没有发生燃烧。而图 7.30(b)显示的是先点火,当温度达到**着火温度**(ignition temperature)以上时燃烧反应开始进行。燃烧反应一旦开始将继续下去。这是由于通过点火提供的热能,使未反应的反应物超过了某个能量级随即发生了反应,通过这一反应又释放了新的能量,引发下一轮的反应。这里所说的某个能量级是指**活化能**(activation energy),在 7.3.1节中介绍过,表 7.14 中的 E 是活化能。此外,表 7.14 也给出了反应速率方程式(7.32)中的 A 和 n 的值。燃烧反应开始于活性物质的生成,反应持续时活性物质不断增加,又不断消耗,当燃料不足时活性物质开始减少,直至最后反应停止。

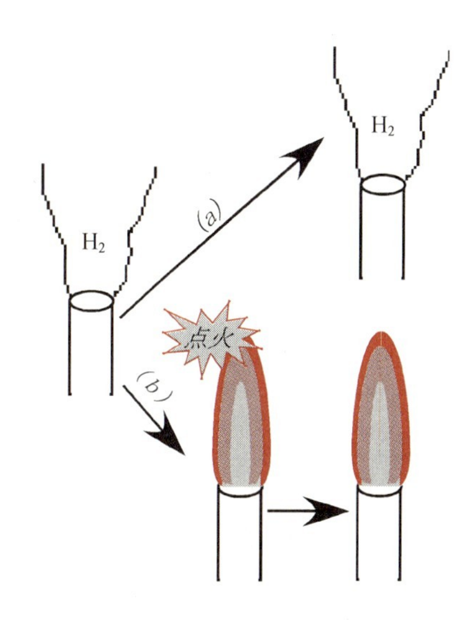

图 7.30　点火和燃烧反应的继续

7.4.4 空燃比、燃空比、空气比、当量比(air-fuel ratio, fuel-air ratio, air ratio, equivalence ratio)

通常,由于燃料和空气的比例不适当,要么空气过剩,要么燃料过剩都会使燃烧无法进行。燃烧时,燃料中的C元素和H元素分别全部转化为CO_2和H_2O时的燃烧反应称为**完全燃烧**(complete combustion)。当氧气供给量不足时,即使供给时间充分,生成物中如果含有没有燃烧的燃料成分C或者CO,就称为**不完全燃烧**(incomplete combustion)。燃料和空气的浓度比称为**当量比**(equivalence ratio),用ϕ表示。当量比ϕ是燃空比与理论燃空比的比值如下所示:

$$\phi=\frac{(F/A)}{(F/A)_{st}} \tag{7.84}$$

这里燃空比(fuel-air ratio)F/A是燃料和空气的质量比,完全燃烧时**理论燃空比**(stoichiometric fuel-air ratio)**定义为**$(F/A)_{st}$。当$\phi<1$时,燃料处于稀薄状态,当$\phi>1$时,燃料处于过饱和状态。空气比(air ratio)α是空燃比与理论空燃比的比值,如下所示:

$$\alpha=\frac{(A/F)}{(A/F)_{st}} \tag{7.85}$$

这里**空燃比**(air-fuel ratio)A/F是空气和燃料的质量比,**理论空燃比**(stoichiometric air-fuel ratio)$(A/F)_{st}$是完全燃烧时空气和燃料的质量比,二者的比值即为空气比。当量比ϕ和空气比α互为倒数。

$$\phi=\frac{1}{\alpha} \tag{7.86}$$

燃料的浓度如图7.31所示。

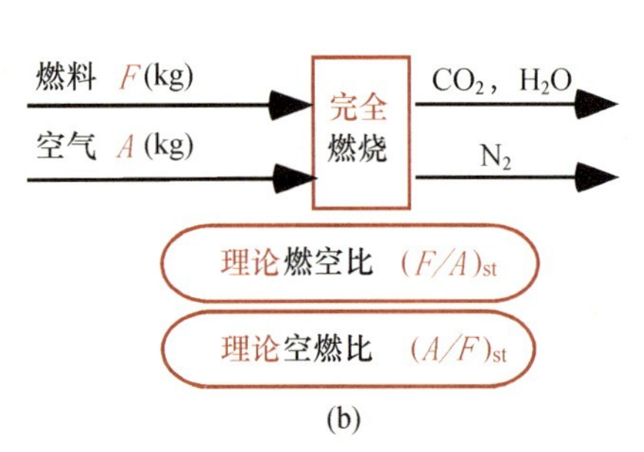

当量比 $\phi=\frac{F/A}{(F/A)_{st}}$

$\phi<1$:燃料稀薄

$\phi>1$:燃料过饱和

空气比 $\alpha=\frac{A/F}{(A/F)_{st}}$

$\alpha>1$:燃料稀薄

$\alpha<1$:燃料过饱和

(c)

图7.31 燃料的浓度

【例题7.1】 *************************

甲烷(CH_4)和空气燃烧后的组成为:CO,CO_2,H_2O,N_2,各组成间体积比为1.97%,7.89%,19.72%,70.42%。空气的组成认为是$O_2+3.76N_2$,请计算这个燃烧反应的空气比和当量比。

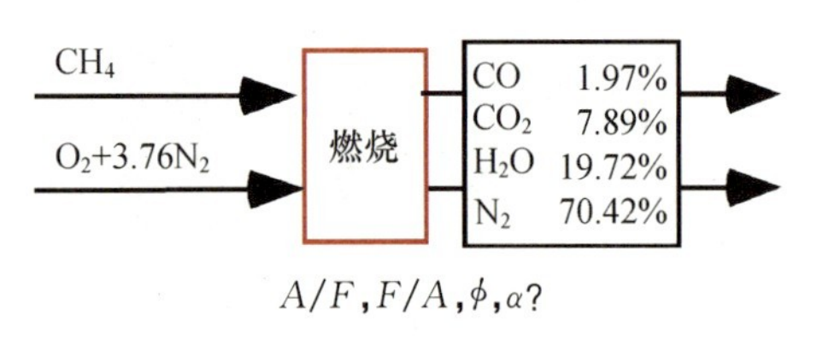

图7.32 求解燃料浓度

【解答】 燃料气体的组成为$n_{CO}CO+n_{CO_2}CO_2+n_{H_2O}H_2O+n_{N_2}N_2$,则

$$n_{total}=n_{CO}+n_{CO_2}+n_{H_2O}+n_{N_2} \tag{ex7.1}$$

由已知条件(图7.32)

$$\frac{n_{CO}}{n_{total}}=0.0197 \tag{ex7.2}$$

$$\frac{n_{CO_2}}{n_{total}}=0.0789 \tag{ex7.3}$$

$$\frac{n_{H_2O}}{n_{total}}=0.1972 \tag{ex7.4}$$

$$\frac{n_{N_2}}{n_{total}}=0.7042 \tag{ex7.5}$$

CH_4 中的 H 全部转化为 $n_{H_2O}H_2O$ 中的 H，因此可知 $n_{H_2O}=2$，由此得出 $n_{total}=2/0.1972$，由式(ex7.1)～式(ex7.5)，可求出 n_{CO}，n_{CO_2}，n_{N_2}，继而可得到 $0.2CO+0.8CO_2+2H_2O+7.144N_2$ 这一关系。将空气比 α 代入下式

$$CH_4+\alpha\times2(O_2+3.76N_2)=0.2CO+0.8CO_2+2H_2O+7.144N_2 \tag{ex7.6}$$

由各元素物质的量守恒可得到 O 的关系式

$$2\times2\times\alpha=0.2+0.8\times2+2 \tag{ex7.7}$$

和 N 的关系式

$$2\times3.76\times2\times\alpha=7.144\times2 \tag{ex7.8}$$

通过这两个关系式都可以求出空气比 $\alpha=0.95$。

$$当量比\ \phi=1/\alpha=1.053 \tag{ex7.9}$$

* *

7.4.5 燃烧的能量平衡(Energy balance in combustion)

图 7.33 所示 CH_4 和 O_2 在绝热条件下流入燃烧室，反应后 CO_2 和 H_2O 以常态流出。系统热量交换和做功情况分别以 Q 和 W 来表示，反应物和生成物的焓分别以 H_{react} 和 H_{prod} 来表示，由热力学第一定律可得下式：

$$Q-W=H_{prod}-H_{react} \tag{7.87}$$

由于系统处于绝热状态，和外界没有进行热量交换，因此 $Q=0$，此外，流体对外界没有做功，因此 $W=0$。得出下式：

$$H_{prod}=H_{react} \tag{7.88}$$

此时，通过燃烧释放的热能没有散失，所有热能仅仅用来增加燃烧生成物的温度。像这样没有热量损失的温度称为**理论火焰温度**(theoretical flame temperature)或称为**理论燃烧温度**(theoretical combustion temperature)。求解理论火焰温度时，使用反应热。下面来看一下在7.2.1节中论述过的关于反应热的例题。

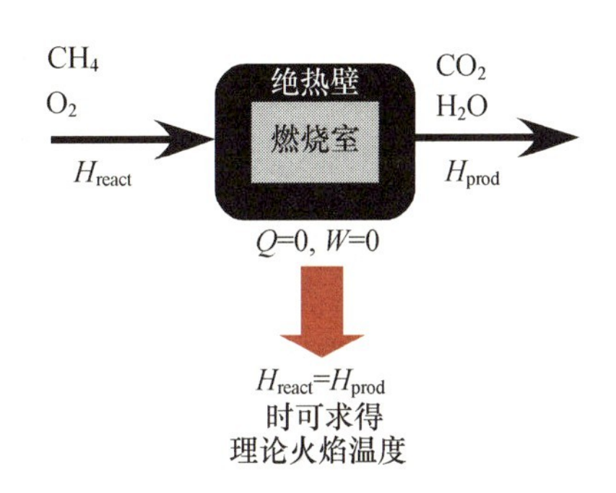

图 7.33　理论火焰温度条件

【例题 7.2】 *

Evaluate the heat of reaction $\Delta_r H^\circ$ for the following combustion varying air ratio α at $\alpha=1.0$, 1.2 and 1.4.

$$CH_4+\alpha\times2(O_2+3.76N_2)$$
$$\rightarrow CO_2+2H_2O+(2\alpha-2)O_2+\alpha\times7.52N_2 \tag{ex7.10}$$

【解答】 The Heat of reaction $\Delta_r H^\circ$ is evaluated by the following equation:

$$\Delta_r H^\circ=\Delta_f H^\circ_{prod}-\Delta_f H^\circ_{react} \tag{ex7.11}$$

The reaction could be written as follows:

$$CH_4 + 2O_2 + [(2\alpha - 2)O_2 + 7.52\alpha N_2']$$
$$\rightarrow CO_2 + 2H_2O + [(2\alpha - 2)O_2 + 7.52\alpha N_2] \quad \text{(ex7.12)}$$

$[(2\alpha - 2)O_2 + 7.52\alpha N_2]$ is included in both sides of the equation, so the terms cancell out. $\Delta_r H^\circ$ could be evaluated by the simplified reaction:

$$CH_4 + 2O_2 \rightarrow CO_2 + 2H_2O \quad \text{(ex7.13)}$$

Therefore, the heat of reaction $\Delta_r H^\circ$ does not depend on the air ratio α. Using $\Delta_r H^\circ$ in table 7.1,

$$\Delta_r H^\circ = [\Delta_f H^\circ_{CO_2} + 2\Delta_f H^\circ_{H_2O}] - [\Delta_f H^\circ_{CH_4} + 2\Delta_f H^\circ_{O2}]$$
$$= [-393.522 + 2\times(-241.826)] - [-74.873 + 2\times 0]$$
$$= -802.301(\text{kJ/mol}) \quad \text{(ex7.14)}$$

Note that although the heat of reaction $\Delta_r H^\circ$ does not depend on air ratio α, the theoretical flame temperature is affected by α because the volume of product increases in direct proportion to the increase in α.

****

7.4.6 理论火焰温度(theoretical flame temperature)

氢气在1.4倍的空气中燃烧，有如下反应式：

$$H_2 + 1.4\times\frac{1}{2}\times(O_2 + 3.76\times N_2) \rightarrow H_2O + 0.2O_2 + 0.7\times 3.76N_2 \quad (7.89)$$

求解反应热 $\Delta_r H^\circ$，再继续求解理论火焰温度。这里不考虑化学平衡，仅考虑反应在完全燃烧的情况下进行，即上式左侧的反应物全部转化为右侧的生成物。

反应热 $\Delta_r H^\circ(T_0)$ 由反应物(H_2,O_2,N_2)和生成物(H_2O,O_2,N_2)的标准生成焓 $\Delta_f H^\circ_{H_2}$,$\Delta_f H^\circ_{O_2}$,$\Delta_f H^\circ_{H_2O}$,$\Delta_f H^\circ_{N_2}$ 求得，如7.2.1节中所讨论过的那样，反应式右侧生成物的标准生成焓的和

$$\sum_{prod} n_i \Delta_f H^\circ_i = \Delta_f H^\circ_{H_2O} + 0.2\Delta_f H^\circ_{O_2} + 0.7\times 3.76\Delta_f H^\circ_{N_2} \quad (7.90)$$

减去反应式左侧反应物的标准生成焓的和

$$\sum_{react} n_i \Delta_f H^\circ_i = \Delta_f H^\circ_{H_2} + 1.4\times 0.5\Delta_f H^\circ_{O_2} + 0.7\times 3.76\Delta_f H^\circ_{N_2} \quad (7.91)$$

得到下式：

$$\Delta_r H^\circ(T_0) = \sum_{prod} n_i \Delta_f H^\circ_i - \sum_{react} n_i \Delta_f H^\circ_i = -241.826\ \text{kJ/molH}_2 \quad (7.92)$$

如式(7.88)所示，由理论火焰温度定义可知反应物的焓 H_{react} 和生成物的焓 H_{prod} 相等。为了求解满足该条件的理论火焰温度，我们将该过程划分为图7.34所示的两个燃烧阶段。第一阶段，如图7.34(a)所示，从反应物到生成物温度 T_0 一定，只有物质发生变化。这时候发生的 $-\Delta_r H^\circ(T_0) = 241.826\ \text{kJ/molH}_2$ 表示，生成物 $H_2O + 0.2O_2 + 0.7\times 3.76N_2$ 比反应前反应物 $H_2 + 0.7(O_2 + 3.76)N_2$ 的焓低 $241.826\ \text{kJ/molH}_2$。这就是同样压力、同样温度条件下，只有化学成分不同产生的焓差。

在第二阶段，为了将生成物的焓和反应物的焓变成相等，如图7.34(b)所示，必须使生成物的温度高于反应物的温度(第一阶段生成物的温度与之相等)。这一温度是理论火焰温度。同理，根据使用数据的差异，以下两种方法都可以求解理论火焰温度。

(1) 第一种方法，是通过 $T_0=298\,\mathrm{K}$ 和理论燃烧温度 T_{bt} 之间的平均定压比热来求解。1 mol 的燃料燃烧时产生的燃烧气体的物质的量为 M_w(mol/mol fuel)，燃烧前温度 T_0 和理论火焰温度 T_{bt} 的温度范围内的燃烧气体的平均定压比热为 C_p(J/(mol·K))，反应热 $\Delta_r H$ 是物质的量为 M_w、比热为 C_p 的气体从温度 T_0 上升到温度 T_{bt} 所需要的热量，放热反应的反应热 $\Delta_r H$ 为负，则

$$M_w C_p (T_{bt}-T_0)=-\Delta_r H \tag{7.93}$$

通过这个关系式可以求解理论火焰温度 T_{bt}。1molH_2 生成的燃料气体的物质的量为 M_w，由反应式(7.89)得出：

$$M_w=1+0.2+0.7\times3.76=3.833\,\mathrm{mol/molH_2} \tag{7.94}$$

假设理论火焰温度为 2 000 K，由 H_2O，O_2，N_2 转化成的生成物在温度 298～2 000 K 范围内的平均定压比热 C_{pm} 由表 7.15 得出

$$C_{pm}=\frac{1\times C^{\circ}_{pH_2O}(2\,000\,\mathrm{K})+0.2\times C^{\circ}_{pO_2}(2\,000\,\mathrm{K})+2.633\times C^{\circ}_{pN_2}(2\,000\,\mathrm{K})}{3.833}$$

$$=35.62(\mathrm{J/(mol\cdot K)}) \tag{7.95}$$

$$T_{bt}=\frac{-\Delta_r H^{\circ}(T_0)}{C_{pm}\times M_w}+298=2\,069(\mathrm{K}) \tag{7.96}$$

这个值和假定的温度 2 000 K 很接近。

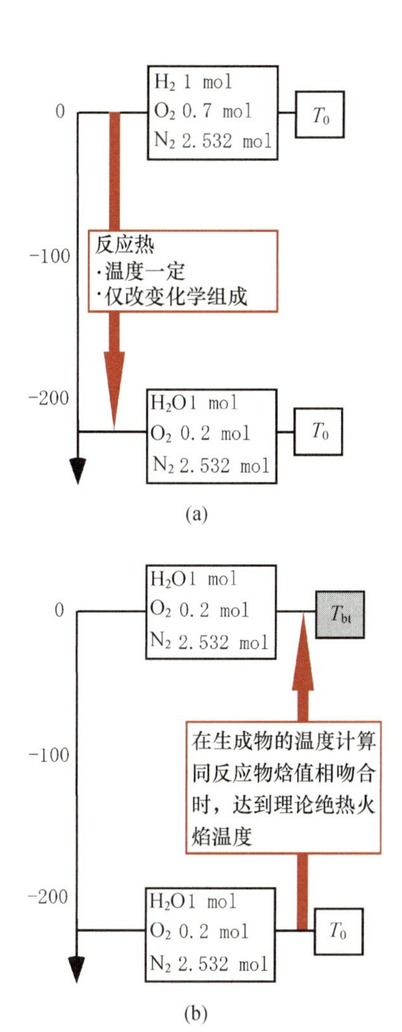

图 7.34　反应热和理论绝热火焰温度的关系

表 7.15　298(T_0)～T(K)范围内平均定压比热 C°_p(J/mol·K)和 T(K)与 298(T_0)K 的焓的差值 $H^{\circ}(T)-H^{\circ}(T_0)$(kJ/mol)

T	C°_p				$H^{\circ}(T)-H^{\circ}(T_0)$			
	CO_2	H_2O	N_2	O_2	CO_2	H_2O	N_2	O_2
1 000	47.564	37.008	30.576	32.352	33.397	26.000	21.463	22.703
1 200	49.324	38.232	31.164	32.992	44.473	34.506	28.109	29.761
1 400	50.732	39.438	31.696	33.536	55.896	43.493	34.936	36.957
1 600	51.876	40.608	32.172	34.016	67.569	52.908	41.904	44.266
1 800	52.888	41.706	32.592	34.400	79.431	62.693	48.978	51.673
2 000	53.724	42.732	32.984	34.784	91.439	72.790	56.137	59.175
2 200	54.428	43.686	33.292	35.104	103.562	83.153	63.361	66.769
2 400	55.088	44.568	33.600	35.424	115.779	93.741	70.640	74.453
2 600	55.616	45.360	33.852	35.712	128.073	104.520	77.963	82.224
2 800	56.100	46.116	34.076	36.000	140.433	115.464	85.323	90.079
3 000	56.540	46.800	34.300	36.288	152.852	126.549	92.715	98.013

(2) 第二种方法是,从数据库中查找使燃烧前的焓 H_{react}(=0)和燃烧后的焓 H_{prod} 相等的温度 T_{bt}。换而言之,和燃烧前温度一致,仅仅是组成改变的生成物的焓 $\sum_{\mathrm{prod}} n_i \Delta_f H_i^\circ(T_0)$,如图 7.34(b) 所示,就是找出生成物的各组分加上相对应的 $\int_{T_0}^{T_{\mathrm{bt}}} C^\circ_p \mathrm{d}T$,使生成物和反应物的焓相等的方法。温度上升的值,如表 7.15 中的 $H^\circ(T) - H^\circ(T_0)$ 所示。生成物的焓 H_{prod} 如下式(7.97)所示,包括第一项的温度上升部分和第二项的温度不变、化学组分变化所确定的标准生成焓。

$$
\begin{aligned}
H_{\mathrm{react}} &= \sum_{\mathrm{prod}} n_i \int_{T_0}^{T_{\mathrm{bt}}} C_p^\circ \mathrm{d}T + \sum_{\mathrm{prod}} n_i \Delta_f H_i^\circ(T_0) \\
&= \sum_{\mathrm{prod}} n_i [H^\circ(T_{\mathrm{bt}}) - H^\circ(T_0)] + \sum_{\mathrm{prod}} n_i n_i \Delta_f H_i^\circ(T_0)
\end{aligned} \tag{7.97}
$$

$\sum_{\mathrm{prod}} n_i \Delta_f H_i^\circ(T_0)$ 表示温度 $T_0 = 25℃(298\ \mathrm{K})$ 时生成物的焓

$$
\begin{aligned}
\sum_{\mathrm{prod}} n_i \Delta_f H_i^\circ(T_0) &= \Delta_f H^\circ_{\mathrm{H_2O}} + 0.2 \Delta_f H^\circ_{\mathrm{O_2}} + 0.7 \times 3.76 \Delta_f H^\circ_{\mathrm{N_2}} \\
&= -241.826(\mathrm{kJ/molH_2})
\end{aligned} \tag{7.98}
$$

假设 $T_{\mathrm{bt}} = 2\,000\ \mathrm{K}$,第一项所示为从 $T_0 = 298\ \mathrm{K}$ 开始温度上升的部分,关于各成分 $H^\circ(T) - H^\circ(T_0)$ 的赋值如表 7.15 所示,则

$$
\begin{aligned}
&\sum_{\mathrm{prod}} n_i\ [H^\circ(T_{\mathrm{bt}}) - H^\circ(T_0)] \\
&\quad = [H^\circ(T_{\mathrm{bt}}) - H^\circ(T_0)]_{\mathrm{H_2O}} + 0.2 \times [H^\circ(T_{\mathrm{bt}}) - H^\circ(T_0)]_{\mathrm{O_2}} \\
&\quad\quad + 0.7 \times 3.76 [H^\circ(T_{\mathrm{bt}}) - H^\circ(T_0)]_{\mathrm{N_2}} \\
&\quad = 72.790 + 0.2 \times 59.175 + 2.633 \times 56.137 \\
&\quad = 232.433(\mathrm{kJ/molH_2})
\end{aligned} \tag{7.99}
$$

所以

$$
H_{\mathrm{prod}} = 232.433 - 241.826 = -9.393\ \mathrm{kJ/molH_2} \tag{7.100}
$$

$H_{\mathrm{react}} = 0$,H_{prod} 比 H_{react} 稍微小一些的原因是,当 $H_{\mathrm{prod}} = H_{\mathrm{react}}$ 时,温度 T_{bt} 比 2 000 K 稍微大一些。

假设 $T_{\mathrm{bt}} = 2\,200\ \mathrm{K}$,则

$$
\begin{aligned}
&\sum n_i\ [H^\circ(T_{\mathrm{bt}}) - H^\circ(T_0)] \\
&= 83.153 + 0.2 \times 66.769 + 2.633 \times 63.361 \\
&= 263.336(\mathrm{kJ/molH_2})
\end{aligned} \tag{7.101}
$$

$$
H_{\mathrm{prod}} = 263.336 - 241.826 = 21.510(\mathrm{kJ/molH_2}) \tag{7.102}
$$

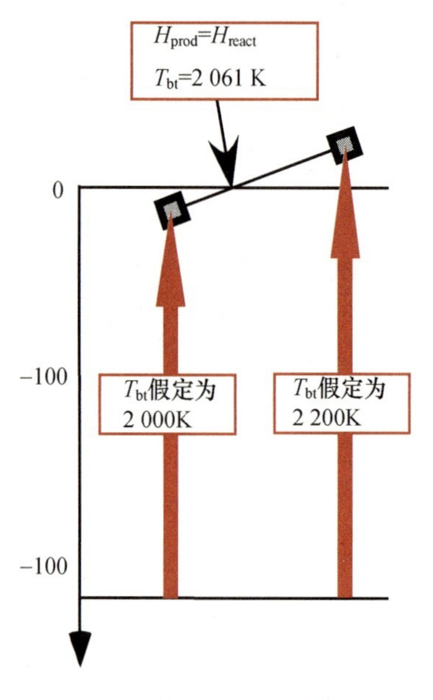

图 7.35　理论绝热火焰温度的求取

H_{prod} 比 H_{react} 大,因此所求的温度,即图 7.35 所示的 $H_{\mathrm{prod}} = 0$ 时的温度在 2 000 K 和 2 200 K 之间寻找,即

$$
T_{\mathrm{bt}} = 2\,000 + (2\,200 - 2\,000) \times \frac{9.393}{21.510 - (-9.393)} = 2\,061\ (\mathrm{K}) \tag{7.103}
$$

两种方法获得相同的结果。

7.4.7　燃烧和能量交换(combustion and energy conversion)

本节中将讨论燃料 H_2 燃烧后,将燃烧产生的热量用于做功和将能量直接用于做功这两种情况。

(1) 通过燃烧反应产生的理论火焰温度 $T_{bt}=2\ 061\,\mathrm{K}$，此温度下的燃烧生成物 $H_2O+0.2O_2+0.7\times3.76N_2$ 用于做功。为了计算简便，令 $T_{bt}=2\ 000\,\mathrm{K}$。温度 T_{bt} 的气体将温度降低到环境温度 T_0 所能做的最大的功，可使用表 7.15 中 $H(T)-H(T_0)$ 和表 7.3 中的熵 $S°$，与第 5 章中论述过的放射能 E，求出：

$$\begin{aligned}E&=\sum_{\text{prod}}(H(T_{bt})-H(T_0))-T_0\sum_{\text{prod}}(S(T_{bt})-S(T_0))\\&=[H(T_{bt})-H(T_0)]_{H_2O}-T_0[S(T_{bt})-S(T_0)]_{H_2O}\\&\quad+0.2[H(T_{bt})-H(T_0)]_{O_2}-0.2T_0[S(T_{bt})-S(T_0)]_{O_2}\\&\quad+0.7\times3.76[H(T_{bt})-H(T_0)]_{N_2}-0.7\times3.76T_0[S(T_{bt})-S(T_0)]_{N_2}\\&=(+72.790)-298.15\times(0.264\ 769-0.188\ 834)\\&\quad+0.2\times(+59.175)-0.2\times298.15\times(0.268\ 748-0.205\ 147)\\&\quad+0.7\times3.76\times(+56.137)\\&\quad-0.7\times3.76\times298.15\times(0.252\ 074-0.191\ 609)\\&=161.49\ \mathrm{kJ/molH_2}\end{aligned}\tag{7.104}$$

(2) 如 7.2.3 节所述，通过燃料电池的反应可以直接获取做功的最大值是 $-\Delta G=228.582\ \mathrm{kJ/molH_2}$。由此，如图 7.36 所示，燃烧生成物的放射能与吉布斯自由能的差值 $-\Delta G$ 之比如下：

$$\frac{E}{-\Delta G}=0.707\tag{7.105}$$

其值为 70.7%。

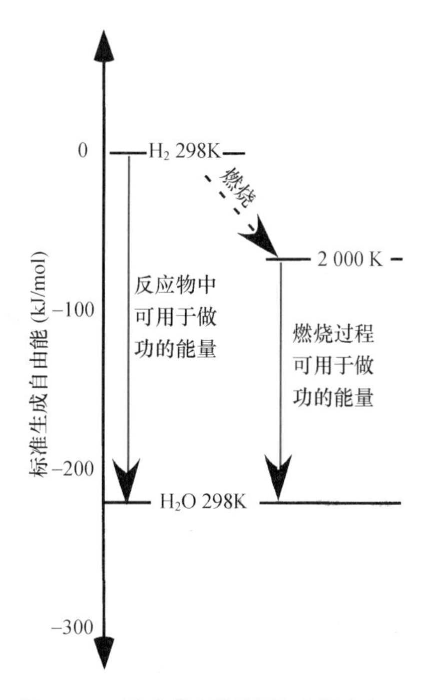

图 7.36　反应物(燃料)做功潜力与燃烧方式做功能力的比较

(1) 的情况下，燃料为 $H_2+0.7(O_2+3.76N_2)$，(2)的情况下燃料为 $H_2+0.5O_2$，从标准生成焓的角度来考虑，两者都为零，能量上是相等的。换个角度来看，燃料电池的反应物不是 $H_2+0.5O_2$，是 $H_2+0.7(O_2+3.76N_2)$的话，生成物是 $H_2O+0.2O_2+0.7\times3.76N_2$，$-\Delta G$

也同样为 228.582 kJ/molH_2。

这里，虽然求解了发射能 E，而燃烧排出气体的各组分的吉布斯自由能的理论火焰温度 T_{bt} 和环境温度 T_0 的差，由表 7.2 是不能求解的。

$$E=[\Delta_f G^\circ(T_{bt})-\Delta_f G^\circ(T_0)]_{H_2O}+0.2[\Delta_f G^\circ(T_{bt})-\Delta_f G^\circ(T_0)]_{O_2}$$
$$+0.7\times 3.76[\Delta_f G^\circ(T_{bt})-\Delta_f G^\circ(T_0)]_{N_2} \tag{7.106}$$

表 7.2 中的标准吉布斯自由能是指各温度下由标准物质生成时必需的 $\Delta_f G^\circ$，同一物质温度不同，吉布斯自由能也不相同，这一点需要引起注意。标准物质(H_2，O_2，N_2)的 $\Delta_f G^\circ$ 在所有温度下都为零。

关于由氢气(H_2)获取能量，虽然看起来使用燃料电池比使用燃烧效率高，但这仅仅是理论上的探讨，实际上从能量有效利用上来看，必须考虑到各种损失以及包括能量输送的全部体系，这样的评价方法是很重要的。

练习题

【7.1】 如例题 7.2 所示，甲烷(CH_4)在空气比为 1.2，1.4 的条件下燃烧，用 7.4.6 节的(2)这一方法来计算理论燃烧温度。当空气比为 1.4 的时候，反应热使生成物 CO_2，H_2O，O_2，N_2 的温度上升，各物质以什么样的比例来分配热量？

【7.2】 甲烷(CH_4)作为燃料可以做功，考虑以下(a)和(b)的情况。

(a) 甲烷在空气比为 1.2 的条件下燃烧，理论燃烧温度约为 2 000 K，温度降低到 298.15 K 的过程里可以做的最大功为多少？

(b) 将甲烷变为氢气用于燃料电池并以此来做功，需要很多步骤，以下就是其中三个，请计算：

(1) 请计算将甲烷(CH_4)和等摩尔的水蒸气(H_2O)由温度 298.15 K上升到 1 000 K 需要提供的最小的功。

(2) 在 1 000 K 的温度下，反应 $CH_4+H_2O\rightarrow CO+3H_2$ 生成 1 000 K的 CO 和 $3H_2$，使其温度降低到 298.15 K 的过程中，可提供的最大功。

(3) 将计量混合的 $CO+3H_2$ 分离为 CO 和 $3H_2$ 之后，使用燃料电池由 H_2 可以提供的最大功。在 $T=1\,000$ K 和 $T_0=298.15$ K 时，CH_4，CO，H_2 的 $H^\circ(T)-H^\circ(T_0)$ 分别为 38.179 kJ/mol，21.690 kJ/mol，20.680 kJ/mol。

【7.3】 反应 $H_2+1/2O_2\rightarrow H_2O$，温度 $T_0=298.15$ K 时，方程式右侧和左侧的吉布斯自由能的变化为 $\Delta G^\circ(T_0)=228.6$ kJ/mol，使用温度为 1 000 K 时，吉布斯自由能的变化 $\Delta G^\circ(1\,000\text{ K})$，$H_2$ 在温度 298.15～1 000 K 的范围内的平均定压比热 $C_p^\circ=29.24$(J/(mol・K))

(H_2O,O_2 参考表7.15),以及298.15 K下的H_2,O_2,H_2O的绝对熵(表7.3),来计算温度1 000 K时反应的焓变ΔH和熵变。请确认这些值是否与通过表7.2所求出的ΔG°(1 000 K)相一致。

【7.4】 甲烷在空气比为0.9时所进行的是不完全燃烧。请计算产生CO时,生成物的组成和理论燃烧温度。当T=1 600 K,1 800 K,2 000 K,2 200 K,2 400 K时,CO的T(K)和298.15(=T_0)K的$H^\circ(T)-H^\circ(T_0)$,分别为42.385,49.526,56.744,64.021,71.324(kJ/mol)。

【答案】

7.1 空气比1.2:2069 K 空气比1.4:1917 K

CO_2:10.4% H_2O:16.6% O_2:5.4% N_2:67.6%

7.2 (a) 523 kJ/mol

(b)(1) 33 kJ/mol (2) 41 kJ/mol (3) 228 kJ/mol

7.3 $\Delta H=-247.726$ kJ/mol

$\Delta S=-54.595$ kJ/mol

$\Delta G=-193.131$ kJ/mol

7.4 $CH_4+0.9\times2(O_2+3.76N_2)\rightarrow0.6CO_2+0.4CO+2H_2O+6.768N_2$ 2 222 K

第7章 参考文献

[1] JANAF Thermochemical Tables,Third edition,(1985).

[2] 燃焼工学ハンドブック,日本機械学会,(1995).

第 8 章

气 体 循 环

Gas Cycle

8.1 热机与循环(heat engine and cycle)

如前所述,我们可以通过燃烧获得大量的热能。制造一个使用热能让工作流体膨胀并做功的装置,用这个装置驱动汽车及飞机等各种各样的机械系统。这样的将热能转换成功的装置或机构称之为热机(heat engine)。

热机有燃烧热或太阳热等热源单独存在并加热工作流体的外燃机(external combustion engine)和燃烧气体本身作为工作流体的内燃机(internal combustion engine)之分。进一步地,又可分成连续地让工作流体膨胀增加其动能并驱动叶轮机的叶片获取旋转功的流动式,以及在容器内让工作流体膨胀提高压力并驱动活塞的容积式。前者以蒸汽轮机(steam turbine)和燃气轮机(gas turbine),后者以往复式活塞发动机(reciprocating piston engine)为代表。如图 8.1 所示。

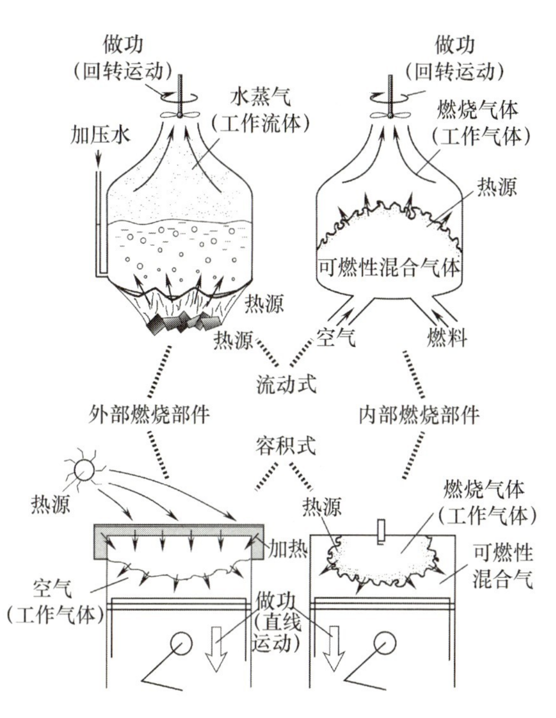

图 8.1 各种热机的工作原理

为了长时间地驱动热机运转,工作流体必须在经过各种各样的状态变化向外部做功之后重新回到原来的状态。即,如同在第 4 章中也曾描述过的那样,工作流体的状态在 p-V 图上形成一个顺时针的闭环,假定各种状态变化为准静态过程,则向外部输出的功等于闭环曲线的面积。此时,在 T-s 图上也同样形成一个顺时针的闭环,这个闭环曲线的面积等于从外部获得并完全转换成功的热量。如图8.2所示。

现在,考虑一个热机,其从高温热源获取 Q_H 的热量并产生 L_1 的功,然后从外部接受 L_2 的功并向低温热源(通常是大气)排出 Q_L 的热量。基于热能有效利用的立场,希望使用尽可能少的热量尽可能增大向外部输出的功 $L=L_1-L_2$。热机的效率用下式表示。

$$\eta_{th}=L/Q_H \tag{8.1}$$

η_{th} 称为热机的理论热效率(theoretical thermal efficiency)。根据热力学第一定律,向外部做功应等于从外部获取的热量,$L=Q_H-Q_L$。因此,式(8.1)可以写成

$$\eta_{th}=(Q_H-Q_L)/Q_H=1-Q_L/Q_H \tag{8.2}$$

严格地讲,上述的理论热效率是对基于准静态过程的理论循环所求的热效率。对实际的热机来说,工作流体的状态变化包含各种各样的不可逆过程,实现准静态过程是不可能的。因此,使用去掉各种损失的净功作为式(8.1)的分子,可计算实际热机的净热效率(net thermal efficiency)。

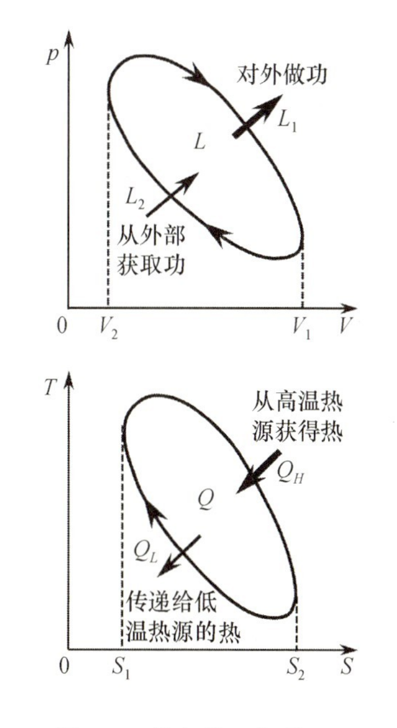

图 8.2 热机的一般循环

这些损失包括保持循环的驱动力、在运动部件上产生的摩擦、伴随热传递而产生的热损失等,在很大程度上依存于机械的构造和运转条

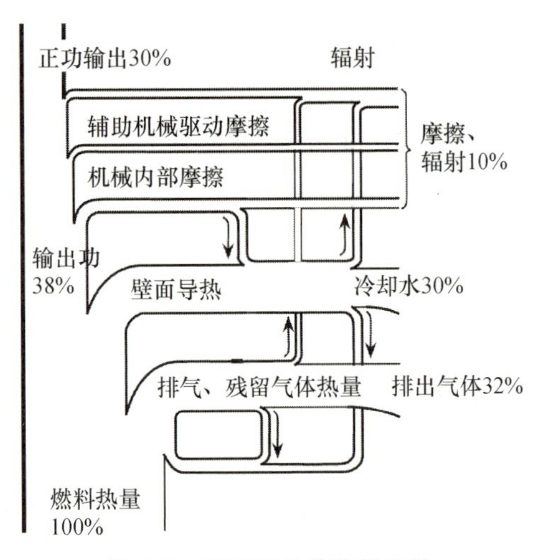

图 8.3　实际热机的热量耗散
（以小型柴油机为例）

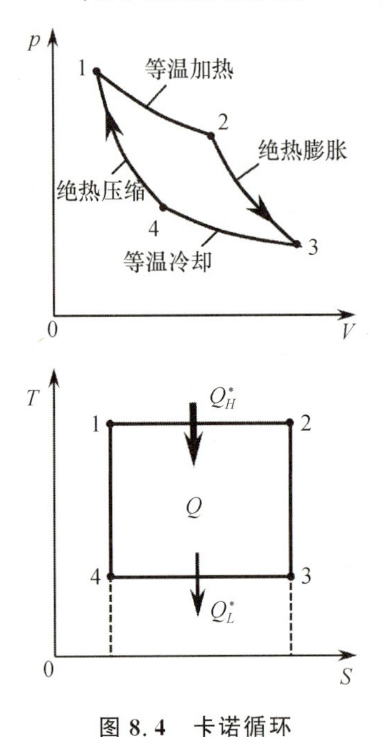

图 8.4　卡诺循环

件（图 8.3）。因此，本章中对这种不可逆损失不作考虑，主要介绍理论热效率的热力学分析方法。

作为理论循环有第 4 章中介绍的**卡诺循环（Carnot cycle）**。如图 8.4 所示，循环由等温冷却（压缩）→绝热压缩→等温加热（膨胀）→绝热膨胀四个过程构成，高温热源和低温热源的温度一定。如果将高低温热源的温度分别用 T_H，T_L 表示，则卡诺循环理论热效率可由式（8.3）给出，表示热机中最高的热效率。

$$\eta_{th} = 1 - T_L / T_H \tag{8.3}$$

但是，实际上我们使用的热机中，如前所述，由于使用各种各样的热源和工作流体，因此应当使用适合这些条件的工作原理，理论循环由与此相适应的过程构成。另外，对卡诺循环中包含的等温冷却和等温加热来说，必须以极好的效率进行热交换才可以接近理想状况，这在以相对高速运转的动力系统中是难以实现的。

【例题 8.1】 ************************

证明图 8.2 中表示的一般循环的理论热效率比分别以该循环中的最高温度和最低温度为高温热源和低温热源的卡诺循环的理论效率低。

【解答】　考虑一个由通过图 8.2 所示的 T-s 图的最高点和最低点的两条水平线构成的卡诺循环。如图 8.5 所示，比较一下夹在各个状态变化曲线和横轴之间的面积可以发现，卡诺循环从高温热源获得的热量明显大于图 8.2 所示循环从高温热源获得的热量，而且卡诺循环向低温热源排放的热量明显小于图 8.2 所示循环废弃的热量。因此根据式（8.2），有

$$\eta_{th} = 1 - Q_L / Q_H < 1 - Q_L^* / Q_H^* = \eta_{th}(\text{Carnot}) \tag{ex8.1}$$

这一点也表明卡诺循环的理论热效率是热机中最高的。

****

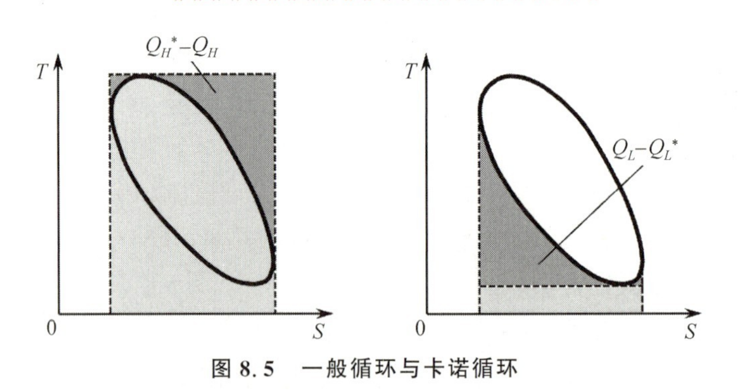

图 8.5　一般循环与卡诺循环

热机中的工作流体有许多种。其中，在循环中总是处于气体状态的称之为气体循环，在循环中有气相与液相两种状态的称之为蒸气循环，各种循环的特性相差很大。在本章和下章中分别以气体循环和蒸气循环为主说明轿车及卡车、大型船舶、燃气轮机等实际上广泛使用的热机的基本循环。另外，图 8.6 例举了这些循环的代表性线图，从中可以看出作为后述理论循环的基础的一些特征。

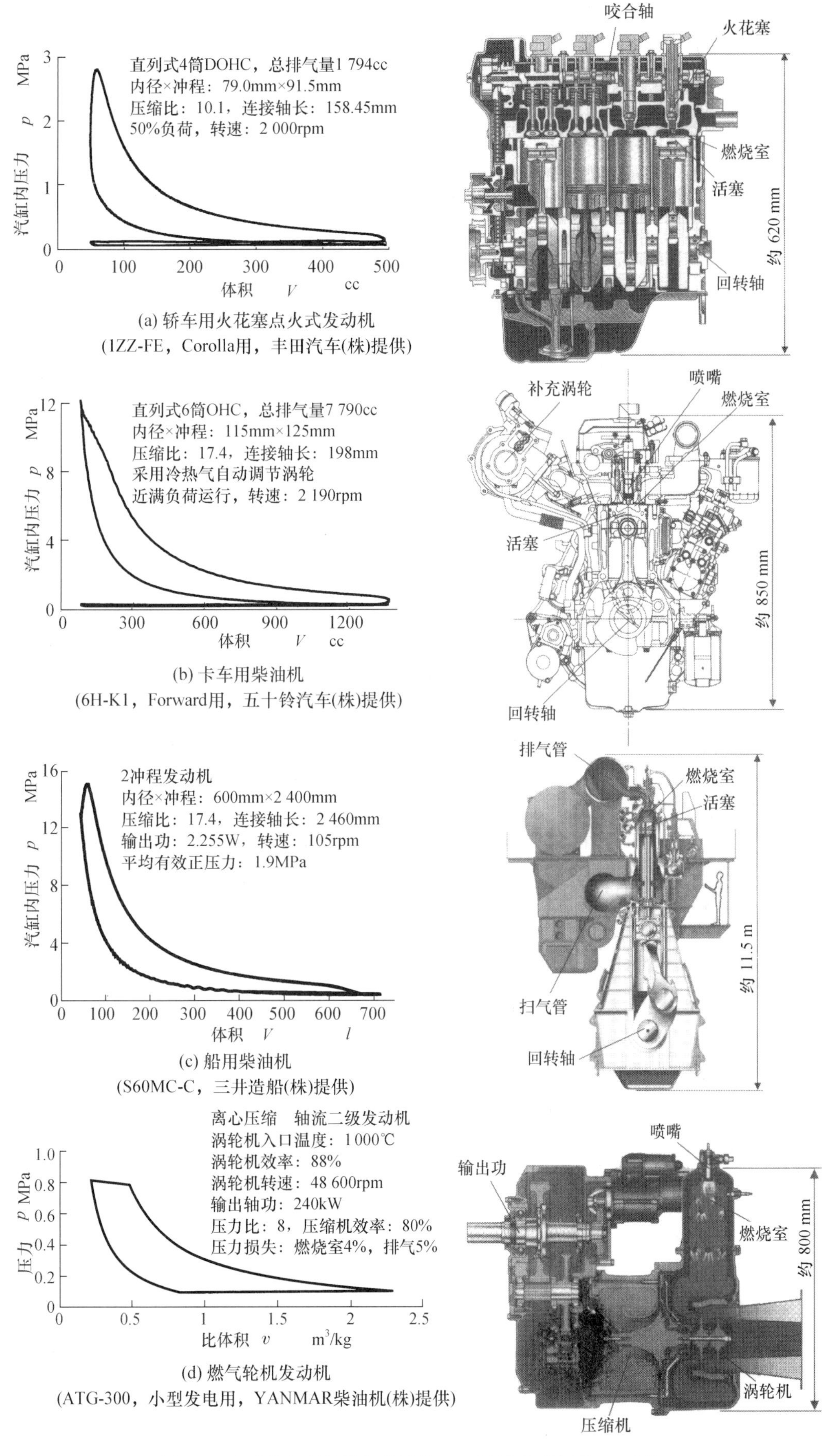

图 8.6 各种热机的构造和典型的 p-V 图(燃气轮机的 p-v 图)

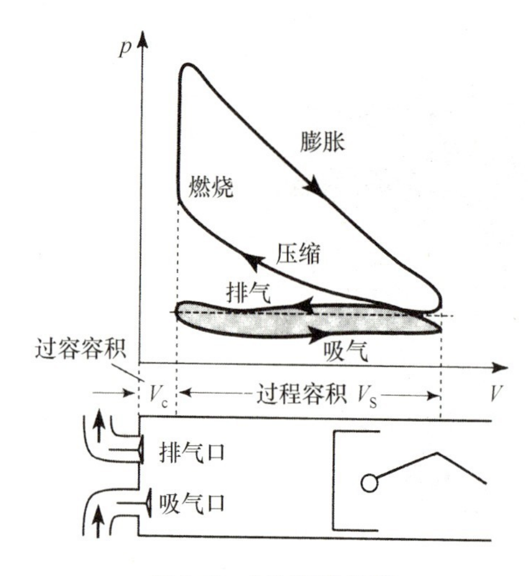

图 8.7 4冲程发动机

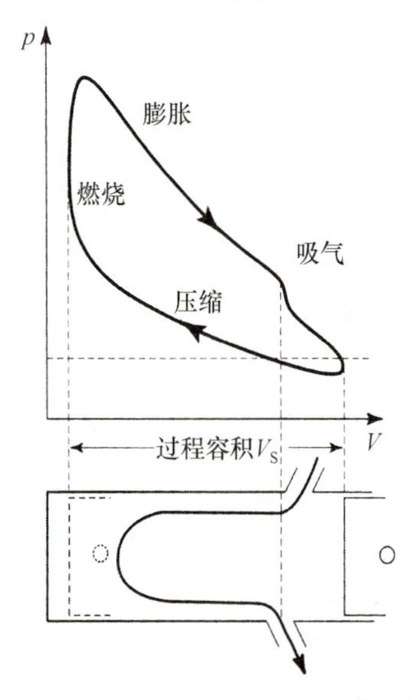

图 8.8 2冲程发动机

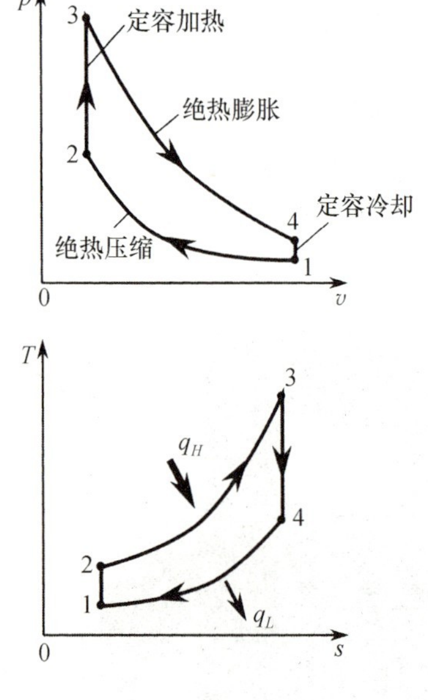

图 8.9 奥托循环

8.2 活塞式发动机的循环(piston-engine cycle)

活塞式发动机是一种利用让燃料在汽缸内燃烧生成的高温高压气体推动活塞从而获得动能的热机。尽管循环的最高温度达到 2 500 K 以上,但因为燃烧是间歇式进行的,所以对材料的耐热性能要求比较宽松。因此,与其他热机相比可以抑制冷却系统和排气的损失,从而提高热效率。

几乎所有的发动机都是让活塞在筒状汽缸内往复运动,通过曲轴机构将这种运动转换成旋转运动的。图 8.7 和图 8.8 分别表示 **4 冲程式**和 **2 冲程式**循环中活塞的运动和汽缸内气体状态 p-V 图。在前者中,通过吸气→压缩→膨胀(燃烧)→排气这 4 个过程的重复保持发动机连续运转,期间活塞运行 2 个往复,曲轴旋转 2 圈。而在后者的 2 冲程式发动机中,排气和吸气同时进行,活塞运行 1 个往复、曲轴旋转 1 圈就完成 1 个循环。

此外,不使用活塞曲轴机构的有**转子式发动机(汪克尔发动机,Wankel engine)**。虽然因在活塞和汽缸之间以及活塞的端面气体密封和润滑比较困难导致净热效率下降,但其可减轻与往复运动相伴的振动,直接从气体膨胀过程中获得旋转功,故可以考虑能发挥其特长的用途。

发动机内的实际工作气体在循环中的成分和温度都大幅变化,与此同时比热也将随之变化。虽然在循环的详细分析中有必要考虑这些变化,但今后除非事先特殊说明,否则都将工作气体作为理想气体。

8.2.1 奥托循环(Otto cycle)

火花点火式发动机(spark-ignition engine)中,通常在吸入/压缩可燃性混合气体时,即在激烈的紊乱流(高紊流)情况下点火,通过火焰的快速传播实现燃烧。因此,加热过程几乎是在压缩结束时(上死点,top dead center)体积一定的情况下瞬间完成,所以称之为**定容循环(constant-volume cycle)**,或者使用将该循环应用于实际发动机的科学家的名字(Nicolaus A. Otto),称为**奥托循环**。另外,将燃烧气体从汽缸内排出同时向汽缸内吸入新鲜空气需要一定的时间,实际上在这个气体交换过程中必须考虑状态变化,但理论循环中认为吸/排气是在体积达到最大的时刻(下死点,bottom dead center)瞬间完成的。

图 8.9 表示奥托循环的 p-v 图和 T-s 图。工作气体从状态 1 被绝热压缩成高温高压的状态 2,在此体积不变,通过燃烧被加热变成状态 3 之后,经绝热膨胀到达状态 4,进一步地在体积不变情况下被冷却回到状态 1 完成循环。在 3 到 4 的膨胀过程中通过增高了的压力推动活塞下行对外做功,其值大于 1 到 2 的压缩过程中外部输入的功。

该循环中绝热过程前后的温度比以及每千克工作气体的加热量 q_H, q_L 如下。

1→2　绝热压缩：　$T_1/T_2=(v_2/v_1)^{\kappa-1}$

2→3　定容加热：　$q_H=c_v(T_3-T_2)$

3→4　绝热膨胀：　$T_4/T_3=(v_3/v_4)^{\kappa-1}=(v_2/v_1)^{\kappa-1}$

4→1　定容冷却：　$q_L=c_v(T_4-T_1)$

这里，T, v 分别表示温度和比容，下标的数字表示各点的状态参数。另外，c_v, κ 分别是定容比热和比热比。因此，式(8.2)的理论热效率 η_{th} 可如下求得。

$$\eta_{th}=1-\frac{q_L}{q_H}=1-\frac{(T_3-T_2)(v_2/v_1)^{\kappa-1}}{T_3-T_2}=1-\left(\frac{v_2}{v_1}\right)^{\kappa-1}=1-\frac{1}{\varepsilon^{\kappa-1}} \tag{8.4}$$

在此，$\varepsilon=v_1/v_2$ 称为**压缩比（compression ratio）**，是一个表示活塞将工作气体从下死点（体积最大）压缩到上死点（体积最小）的压缩程度的指标，是决定发动机性能的重要参数。

【例题 8.2】 ************************

根据热力学第一定律，热机理论循环中向外部的净输出功等于从外部获得的热量。通过计算 p-v 图的曲线包围面积确认在图 8.8 的奥托循环中这一关系也成立。

【解答】　工作气体在 1→2 过程中从外部获得功，在 3→4 过程中向外部输出功。考虑到不管哪一个都是绝热过程，存在 pv^κ 一定的关系，则

$$\int p\mathrm{d}v=\int_{v_3}^{v_4}p\mathrm{d}v+\int_{v_1}^{v_2}p\mathrm{d}v=p_3v_3^k\int_{v_3}^{v_4}v^{-\kappa}\mathrm{d}v+p_2v_2^\kappa\int_{v_1}^{v_2}v^{-\kappa}\mathrm{d}v$$
$$=\frac{R}{k-1}(T_3-T_2)(1-\varepsilon^{1-\kappa})=c_v(T_3-T_2)(1-\varepsilon^{1-\kappa})=q_H-q_L \tag{ex8.2}$$

这里，因工作气体是理想气体，故 $c_v=R/(\kappa-1)$。

****

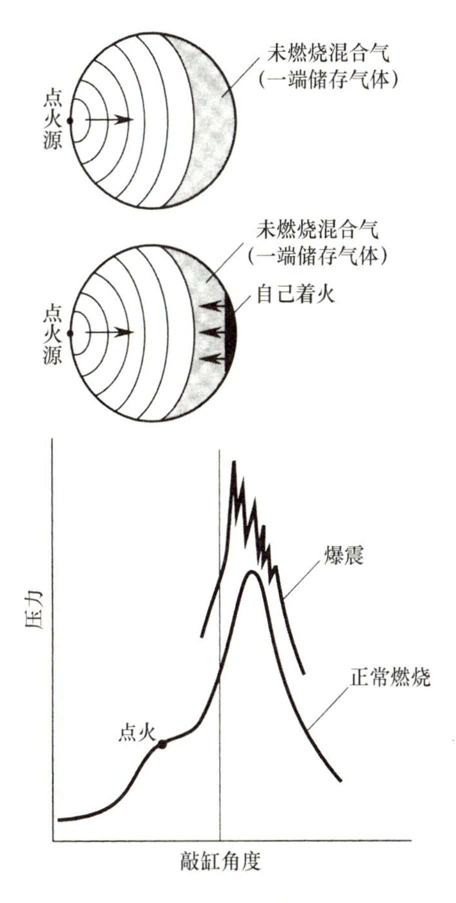

图 8.10　正常燃烧和敲缸

根据公式(8.4)，奥托循环的理论热效率 η_{th} 由压缩比 ε 和比热比 κ 决定，提高压缩比理论循环效率增加。因此，高压缩比化是火花点火式发动机降低油耗的基本方针。但是，实际发动机中提高压缩比会产生所谓**敲缸（knock）**的异常燃烧现象导致发动机不能正常工作，故压缩比受到限制。所谓敲缸是从火花塞传播过来的火焰面的前方尚未燃烧的混合气体（端部气体），在火焰到达之前因为来自火焰的热辐射以及来自燃烧压力的压缩导致高温高压状态发生化学反应，引起自我着火的一种现象。在此情况下，由于端部气体迅速燃烧，产生如图 8.10 所

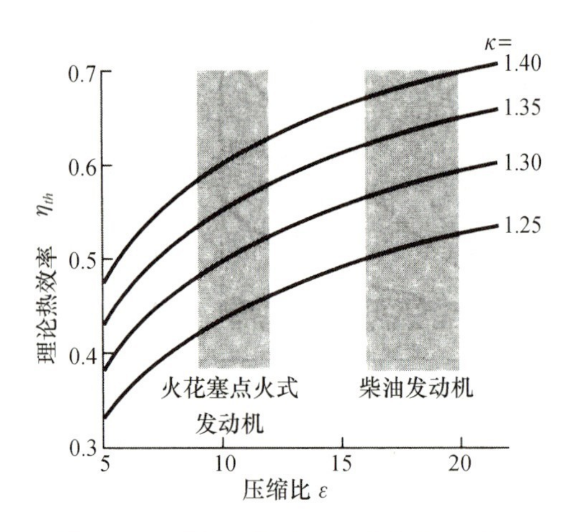

图 8.11 压缩比引起的理论热效率增加（奥托循环）

示的数千赫兹的强压力波，因而加大发动机振动产生敲门似的异常音。一般来说，发动机冷却不良或大气温度较高时，或者发动机高负荷低转速时易于发生敲缸现象，严重的敲缸可烧毁活塞。

图 8.11 表示奥托循环的理论热效率 η_{th} 如何随压缩比 ε 变化的计算结果。κ 根据工作气体的组成和温度取不同的值，对空气大约 $\kappa=1.4$，对混合气体 $\kappa=1.3\sim1.35$，对燃烧气体 $\kappa=1.25\sim1.3$。因此，κ 值大的稀薄混合气体理论热效率也高，这是稀薄燃烧方式热效率升高的原因之一。考察一下压缩比对理论热效率的影响，如图 8.11 所示，轿车使用的火花塞点火式发动机通常采用 9～12，柴油发动机由于没有敲缸的限制采用 16～21，如果仅仅考虑压缩比的差别比较两者，可见火花塞点火式发动机的热效率约低 10%以上。

8.2.2 狄塞尔循环(Diesel cycle)

狄塞尔发动机(Diesel engine)中，在汽缸内把纯空气压缩成高温高压状态，然后将燃料以雾状高压喷入。燃烧室内形成激烈的紊乱流动即高紊流流场，在燃料和空气迅速混合形成可燃性混合气体的同时，从满足自我点火条件的部分开始，燃烧顺次进行。这种燃烧方式由狄塞尔(Rudolf Diesel)予以实用化，除冷态启动等特殊条件外，不需要外部点火装置，也被称为**压缩点火式发动机(compression-ignition engine)**。因此，燃烧进行得比较缓慢，压缩结束(上死点)后的膨胀过程中压力基本保持一定。虽然实际的燃烧允许燃烧速度稍微快一点和一定程度的压力升高，但大型低速柴油发动机的燃烧压力变化过程近似于等压。所以，狄塞尔循环将对工作流体的加热作为是在等压条件下进行的来处理，也叫**定压循环(constant-pressure cycle)**。

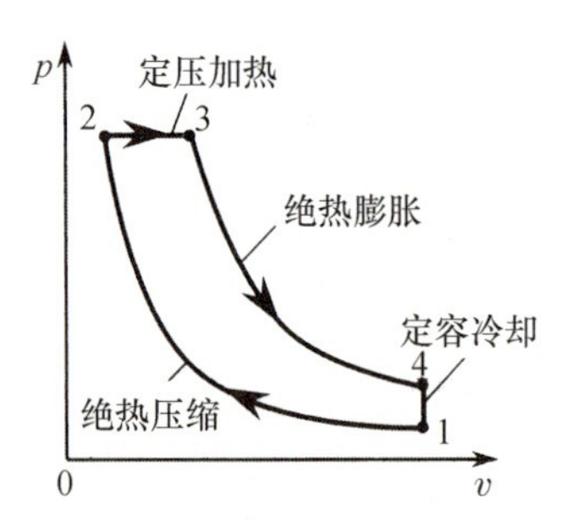

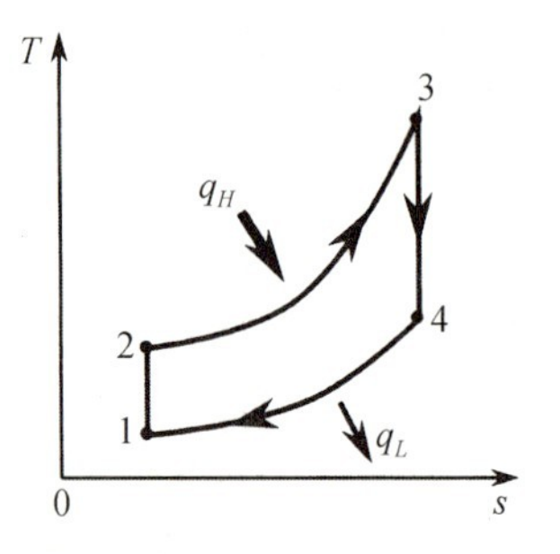

图 8.12 迪塞尔循环

图 8.12 表示狄塞尔循环的 p-v 图和 T-s 图。和奥托循环的区别仅仅是状态 2→3 为定压加热，绝热过程前后的温度比和加热量 q_H，q_L 求法如下。

1→2 绝热压缩： $T_1/T_2=(v_2/v_1)^{\kappa-1}$

2→3 定压加热： $q_H=c_p(T_3-T_2)$

3→4 绝热膨胀： $T_4/T_3=(v_3/v_4)^{\kappa-1}=(\sigma v_2/v_1)^{\kappa-1}$

4→1 定容冷却： $q_L=c_v(T_4-T_1)$

据此，理论循环效率

$$\eta_{th}=1-\frac{q_L}{q_H}=1-\frac{T_4-T_1}{\kappa(T_3-T_2)} \tag{8.5}$$

这里，压缩比 $\varepsilon=v_1/v_2$，**剪切比(cut off ratio)** $\sigma=v_3/v_2$，则

$$\frac{T_2}{T_1}=\varepsilon^{\kappa-1},\quad \frac{T_3}{T_2}=\sigma,\quad \frac{T_4}{T_3}=\left(\frac{v_3}{v_4}\right)^{\kappa-1}=\left(\sigma\frac{v_2}{v_1}\right)^{\kappa-1}$$

式(8.5)的理论循环效率可如下求得。

$$\eta_{th}=1-\frac{1}{\varepsilon^{\kappa-1}}\frac{\sigma^{\kappa}-1}{\kappa(\sigma-1)} \tag{8.6}$$

根据式(8.6),狄塞尔循环的理论热效率由压缩比(ε)和剪切比(σ)决定，提高压缩比和使剪切比接近于1都可增大理论循环效率。图8.13表示绝热指数$\kappa=1.35$,剪切比$\sigma=1.5$和2时,理论热效率η_{th}随压缩比ε变化的计算结果及其与奥托循环的比较。因为总是大于1,如果压缩比相同,则狄塞尔循环的热效率将小于奥托循环。然而,如前所述,狄塞尔发动机由于没有敲缸的限制而可以提高压缩比,因此理论上其热效率比奥托循环大。

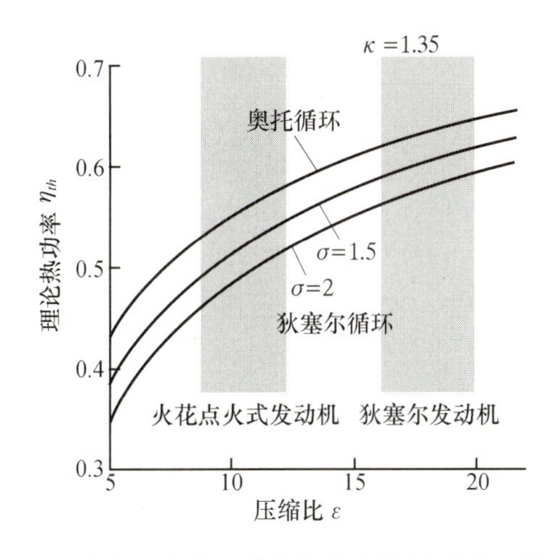

图 8.13 压缩比引起的理论热效率增加(狄塞尔循环)

8.2.3 萨巴特循环(Sabathé cycle)

高速柴油机中，虽然一般从上死点开始喷射燃料,但到形成可燃混合气并开始化学反应需要一定的时间。在此**着火延迟期间(ignition-delay period)**蓄积的混合气在上死点附近瞬间急剧燃烧，汽缸内温度进一步升高，后续的膨胀行程中喷射进来的燃料一和空气混合马上就发生反应进行燃烧。即，对工作气体的加热可近似看成一部分是在定容条件下,剩余部分是在定压条件下进行的，可以作为奥托循环和狄塞尔循环的组合形式来处理。这种理论循环称为**萨巴特循环(Sabathé cycle)**。

图8.14所示为萨巴特循环的p-v图和T-s图。对各个过程采用与此前相同的方法计算,则有

1→2 绝热压缩: $T_1/T_2=(v_2/v_1)^{\kappa-1}$

2→2′ 定容加热: $q_v=c_v(T_{2'}-T_2),T_{2'}/T_2=p_{2'}/p_2$

2′→3 定压加热: $q_p=c_p(T_3-T_{2'}),T_3/T_{2'}=v_3/v_{2'}=v_3/v_2$

3→4 绝热膨胀: $T_4/T_3=(v_3/v_4)^{\kappa-1}=(v_3/v_1)^{\kappa-1}$

4→1 定容冷却: $q_L=c_v(T_4-T_1)$

因此,理论热效率

$$\eta_{th}=1-\frac{q_L}{q_v+q_p}=1-\frac{c_v(T_4-T_1)}{c_v(T_{2'}-T_2)+c_p(T_3-T_{2'})}$$

$$=1-\frac{1}{\varepsilon^{\kappa-1}}\frac{\xi\sigma^{\kappa}-1}{\xi-1+\kappa\xi(\sigma-1)} \tag{8.7}$$

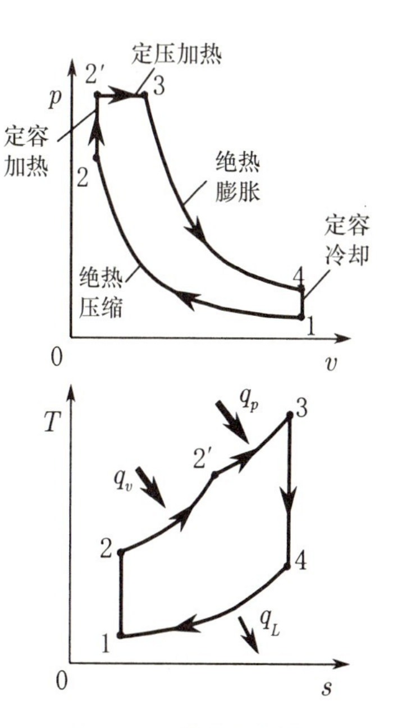

图 8.14 萨巴特循环

这里，$\varepsilon=v_1/v_2$，$\sigma=v_3/v_{2'}=v_3/v_2$，$\xi=p_{2'}/p_2$ 分别为压缩比、剪切比和**压力比**(pressure ratio)。若 $\sigma=1$，则式(8.7)变成表示奥托循环的式(8.4)，若 $\xi=1$，则式(8.7)变成表示狄塞尔循环的式(8.6)。

【例题 8.3】 ************************

若奥托循环、狄塞尔循环以及萨巴特循环的理论热效率分别用 η_O，η_D，η_S 表示，证明压缩比相等时 $\eta_O \geqslant \eta_S \geqslant \eta_D$。

【解答】

$$\eta_O-\eta_S=\frac{1}{\varepsilon^{\kappa-1}}\frac{\xi(\sigma-1)\{(\sigma^\kappa-1)/(\sigma-1)-\kappa\}}{\{\xi-1+\kappa\xi(\sigma-1)\}} \quad \text{(ex8.3)}$$

$$\eta_S-\eta_D=\frac{1}{\varepsilon^{\kappa-1}}\frac{(\xi-1)(\sigma-1)\{(\sigma^\kappa-1)/(\sigma-1)-\kappa\}}{\kappa(\sigma-1)\{(\xi-1)+\kappa\xi(\sigma-1)\}} \quad \text{(ex8.4)}$$

这里，$(\sigma^\kappa-1)/\kappa(\sigma-1)$ 总是大于 1，即

$$(\sigma^\kappa-1)/(\sigma-1)-\kappa>0 \quad \text{(ex8.5)}$$

因此，$\eta_O-\eta_S>0$，$\eta_S-\eta_D>0$ 成立。

****

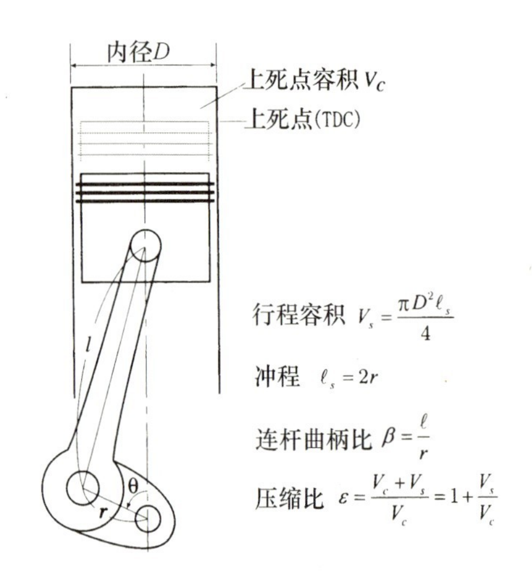

$$V(\theta)=Vc\left[1+\frac{\varepsilon-1}{2}\{\beta(1-\sin\theta)+1-\cos\theta\}\right]$$

图 8.15 活塞动作与容积的关系

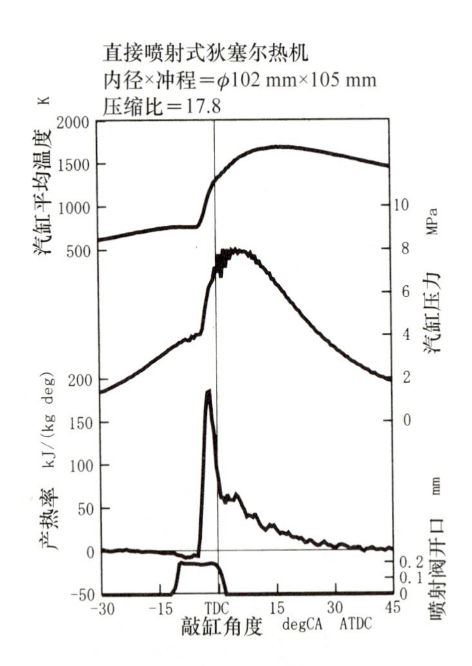

图 8.16 实际发动机内的燃烧过程

*8.2.4 活塞式发动机的燃烧分析(combustion analysis in piston engines)

以上的理论循环中，将燃烧过程作为定容或定压过程来对待，而实际上燃烧/加热过程基于汽缸内的温度/压力以及气体流动/紊乱等条件进行。发动机的循环功和热效率依赖于这个热生成随时间的变化，燃烧中产生的有害物质的生成也受其严重影响。因此，研究热生成随时间的变化是尝试发动机高性能化的基础，其方法描述如下。

在实际的发动机中，因为汽缸内压力 p 随时间的变化能够比较容易高精度地测量，如果同时检测出活塞的运动并将之与汽缸内体积 V 的变化相对应，则可以计算燃烧产生的热量。如果将热量 $\mathrm{d}Q$ 供给汽缸内的工作流体，对于理想气体的准静态过程，根据热力学第一定律

$$\mathrm{d}Q=C_V\mathrm{d}T+p\mathrm{d}V$$

这里，若以 m 作为工作气体的质量，考虑到理想气体状态方程 $pV=mRT$ 和 $C_V=mR/(\kappa-1)$，则

$$\mathrm{d}Q=\frac{1}{\kappa-1}\mathrm{d}(pV)+p\mathrm{d}V=\frac{V}{\kappa-1}\mathrm{d}p+\frac{\kappa p}{\kappa-1}\mathrm{d}V \quad (8.8)$$

式(8.8)的 V 和 $\mathrm{d}V$ 是由图 8.15 中表示的几何关系和发动机结构参数与连杆曲轴比(连杆比)决定曲轴转角的函数，因此，通过测量 p 求得压力上升率 $\mathrm{d}p/\mathrm{d}\theta$，从而可以计算单位曲轴转角产生的热量，即热生成率 $\mathrm{d}Q/\mathrm{d}\theta$。此时，根据状态方程也可一并求得汽缸内的平均温度。图 8.16 表示基于试验用柴油发动机的实测压力的一例热生成率计算结果。

8.2.5 斯特林循环(Stirling cycle)

迄今为止介绍的内燃机，都是通过汽缸内的迅速燃烧加热工作气体使之膨胀做功，从而实现高速运转获得大的输出功率。另外，为了快速进行间歇式燃烧，要求燃料具有蒸发性、流动性和可燃性，因此可用燃料受到限制，通常根据发动机的特性主要选用汽油、轻油、重油、LPG(液化石油气)、天然气等。与此相对，外燃机对热源的要求条件较松，从煤炭等固体燃料开始，太阳热、高温废热都可利用，基于能量有效利用的立场，以实用化和高性能化为目标的研究和开发正在实施。

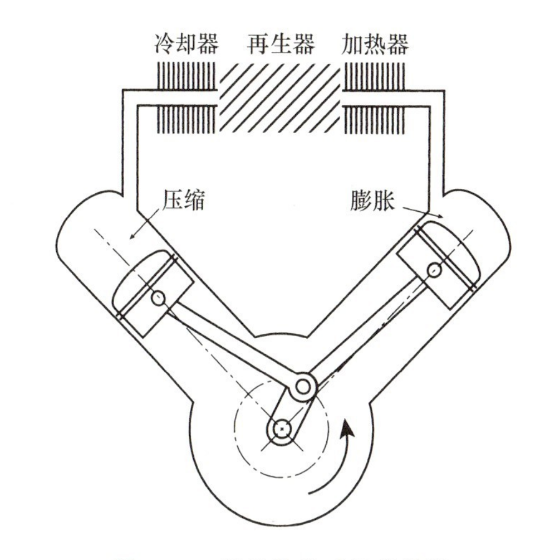

图 8.17 斯特林发动机的构造

斯特林发动机的构造如图 8.17 所示。

斯特林循环是一种适合外燃式活塞发动机的气体循环，如图8.18中的 p-v 图和 T-s 图所示，由两个等温过程和两个定容过程构成。

1→2 定容加热： $q_{12}=c_v(T_2-T_1)$

2→3 等温膨胀： $q_H=RT_2\ln(v_3/v_2)$

3→4 定容冷却： $q_{34}=c_v(T_3-T_4)=c_v(T_2-T_1)=q_{12}$

4→1 等温压缩： $q_L=RT_1\ln(v_4/v_1)=RT_1\ln(v_3/v_2)$

可见，含有两个等温过程是斯特林循环的特征，3→4 的放热 q_{34} 不是排向外部而是预先存储在蓄热体内，然后用于 1→2 的加热 q_{12} 使其再生(regeneration)。在此情况下，必须将 $T_1\sim T_2$ 细分成足够小的温度间隔，并分别使用单独的蓄热体(热源)。因此，斯特林循环具有蓄热再生过程，仅仅在 2→3 和 4→1 的等温过程中与外部进行热交换，理论热效率

$$\eta_{th}=1-\frac{q_L}{q_H}=1-\frac{T_1}{T_2} \tag{8.9}$$

这和高低温分别为 T_2，T_1 的卡诺循环热效率一致。

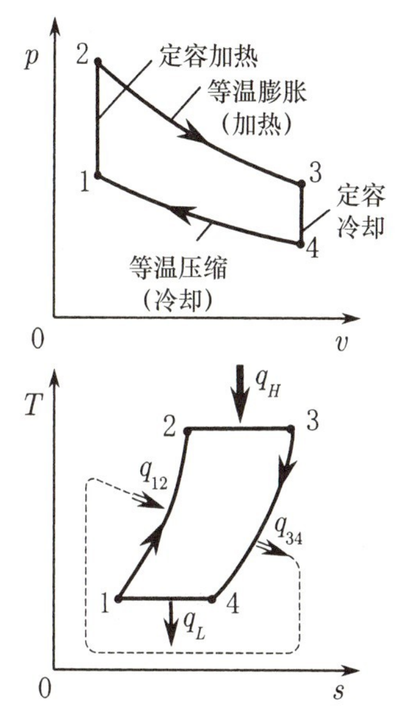

图 8.18 斯特林循环

不过，为了实现这种循环，高性能的加热器和换热器是必需的，因动作速度受制于传热现象很难获得大的输出功。而且，最高温度受限于材料，实际上热效率也不能那么高。

8.3 燃气轮机发动机的循环(gas-turbine engine cycle)

燃气轮机 (gas turbine)是发动机的种类之一，其通过高速运转的压缩机将大量空气连续地压缩，在燃烧室内向该空气流喷射燃料使之燃烧，用生成的高温燃烧气体高速吹到安装在转动轴上的叶片(涡轮翼)上驱动涡轮，从而获得旋转功。涡轮和压缩机一般直接用轴连接，涡轮输出功的一部分用于驱动压缩机，剩下的部分作为轴功取出用于驱动发电机、螺旋桨、车轴等。这种将速度能不是作为轴功而是通过喷嘴喷射以动能的形式取出直接用于推进的热机称为喷气式发动机(turbojet engine)。

8.3.1　布雷顿循环(Brayton cycle)

图 8.19 为最简单的开放型燃气轮机循环(open gas turbine cycle)的构成。与容积式相比,这种流动式热机构造复杂。而且由于燃烧连续地进行,燃烧室和涡轮翼暴露于高温环境中,燃烧温度受制于材料的强度和耐腐蚀性,热效率比较低。尤其是部分负荷时的性能较差,不适合于负荷变动大的装置。不过,由于可使涡轮高速运转连续地输出轴功,在小型轻量化的条件下获得高出力,因此除了用于飞机、高速舰艇、应急发电机等的动力源之外,最近基于耐高温材料的开发,涡轮翼冷却技术和天然气稀薄燃烧技术等的进展,也用于超过 150 MW 的高效大功率联合发电厂。

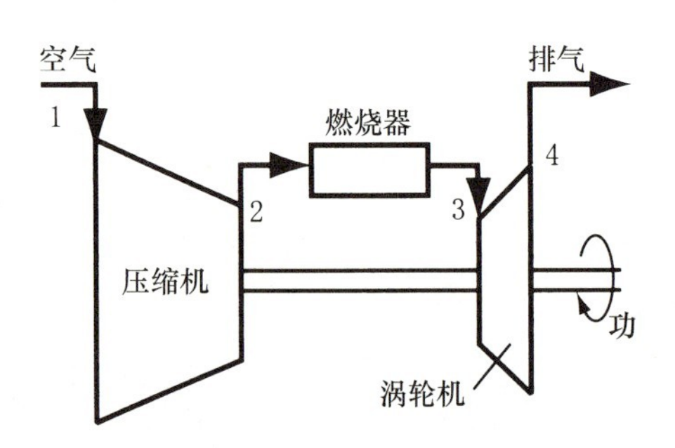

图 8.19　燃气轮机的构成

这种燃气轮机的基本循环,其加热与放热过程是在等压条件下进行的,因此称为定压燃烧循环或布雷顿循环(Brayton cycle)。图 8.20 表示其 p-v 图和 T-s 图。与此前相同,对各个过程有

1→2　绝热压缩:　$T_1/T_2=(p_1/p_2)^{(\kappa-1)/\kappa}$

2→3　定压加热:　$q_H=c_p(T_3-T_2)$

3→4　绝热膨胀:　$T_4/T_3=(p_4/p_3)^{(\kappa-1)/\kappa}=(p_1/p_2)^{(\kappa-1)/\kappa}$

4→1　定压冷却:　$q_L=c_p(T_4-T_1)$

因此,理论循环热效率

$$\eta_{th}=1-\frac{q_L}{q_H}=1-\frac{T_4-T_1}{T_3-T_2}=1-\frac{1}{\gamma^{(\kappa-1)/\kappa}} \tag{8.10}$$

式中,$\gamma=p_2/p_1$ 是压力比(pressure ratio),η_{th} 依赖于 γ 和 κ,随着 γ 的增加而增加。

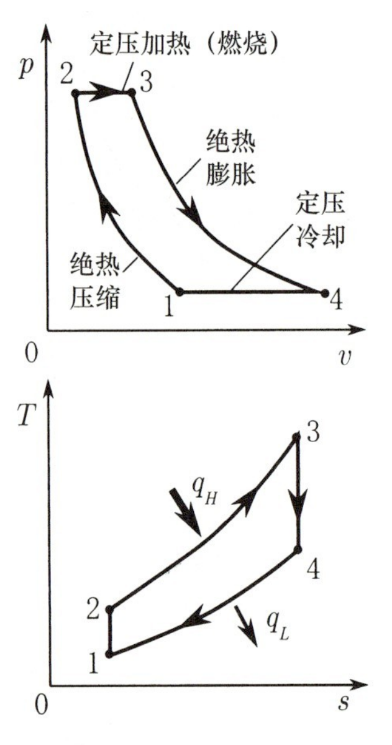

图 8.20　布雷顿循环

【例题 8.4】 

图 8.20 中的布雷顿循环的压缩比为 $\varepsilon=v_1/v_2$,用它表示理论热效率 η_{th}。

【解答】　和活塞式发电机不同,因为在燃气轮机中不是将固定体积的气体进行压缩,因此用压缩比作为描述循环的特征量是不合适的。不过,如果定义压缩机前后的气体体积比为压缩比,则根据图 8.20 中的绝热过程 1→2 可得:

$$\gamma=\frac{p_2}{p_1}=\left(\frac{v_1}{v_2}\right)^{\kappa}=\varepsilon^{\kappa} \tag{ex8.6}$$

根据式(8.10)有

$$\eta_{th}=1-\frac{1}{\varepsilon^{\kappa-1}} \qquad \text{(ex8.7)}$$

此式与式(8.4)一致,可见压缩比一样的奥托循环和布雷顿循环的热效率相等。

此外,比较一下同样含有等压燃烧过程的狄塞尔循环和布雷顿循环。现假定两者压缩比 $\varepsilon=v_1/v_2$ 和剪切比 $\sigma=v_3/v_2$ 均相等,即从绝热压缩到等压燃烧的过程相同,则根据两者的 p-v 图比较可见,仅仅考虑膨胀进行到初压部分时,布雷顿循环的输出功大,热效率高。不过,实际上燃气轮机装置的压缩机效率低,相对于涡轮产生的功,压缩机耗功变大,所以其净热效率比狄塞尔发动机低。

****

【例题 8.5】 *************************

证明在布雷顿循环中,涡轮产生的功 l_t 与压缩机消耗的功 l_c 之比 λ 等于其燃烧前后温度之比 $\tau=T_3/T_2$。

【解答】 1→2 和 3→4 系绝热过程,所以

$$l_t=\int_4^3 v\mathrm{d}p=\frac{\kappa}{\kappa-1}p_4v_4\left[\left(\frac{p_3}{p_4}\right)^{\frac{\kappa-1}{\kappa}}-1\right]=\frac{\kappa}{\kappa-1}RT_4\left(\frac{T_3}{T_4}-1\right) \qquad \text{(ex8.8)}$$

$$l_c=\int_1^2 v\mathrm{d}p=\frac{\kappa}{\kappa-1}p_1v_1\left[\left(\frac{p_2}{p_1}\right)^{\frac{\kappa-1}{\kappa}}-1\right]=\frac{\kappa}{\kappa-1}RT_1\left(\frac{T_2}{T_1}-1\right) \qquad \text{(ex8.9)}$$

而且,由 $p_1=p_4$,$p_2=p_3$ 可得 $T_2/T_1=T_3/T_4$,故

$$\lambda=\frac{l_t}{l_c}=\frac{T_4(T_3/T_4-1)}{T_1(T_2/T_1-1)}=\frac{T_4}{T_1}=\frac{T_3}{T_2}=\tau \qquad \text{(ex8.10)}$$

由此可见,增加燃烧的发热量、增大温度升高可以提高热效率。不过,在燃烧连续进行的燃气轮机装置中,由于受构成材料的耐热性能限制,工作气体的温度不能像活塞式发动机那么高。

****

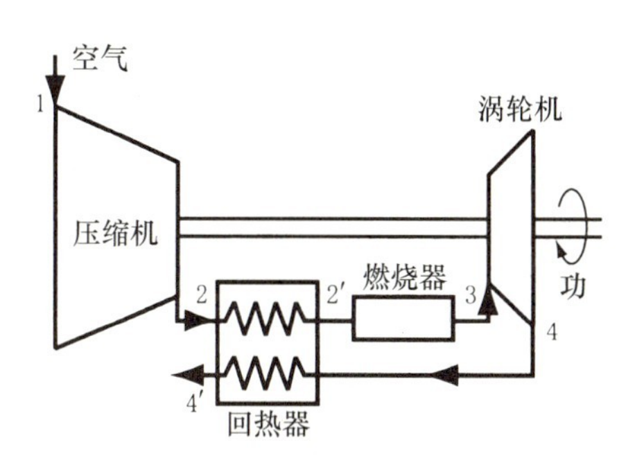

图 8.21 布雷顿回热循环的构成

8.3.2 布雷顿回热循环(regenerative Brayton cycle)

涡轮出口排气的温度一般相当高,比压缩机出口温度还高。此时,通过回收一部分排气热量预热燃烧前的空气可以改善热效率。即,如图 8.21 所示,在压缩机和燃烧器之间设置**换热器(回热器)**,用 4→4′ 的热量给 2→2′ 加热。这个循环称为**布雷顿回热循环(regenerative Brayton cycle)**,其 p-v 图和 T-s 图表示于图 8.22。这里假设热交换在理想条件下进行,$T_4=T_{2'}$,$T_{4'}=T_2$,则

回热热量 $q_r=c_p(T_4-T_{4'})=c_p(T_{2'}-T_2)$

加热量 $q_H=c_p(T_3-T_{2'})=c_p(T_3-T_4)$

放热量 $q_L=c_p(T_{4'}-T_1)=c_p(T_2-T_1)$

因此,理论热效率

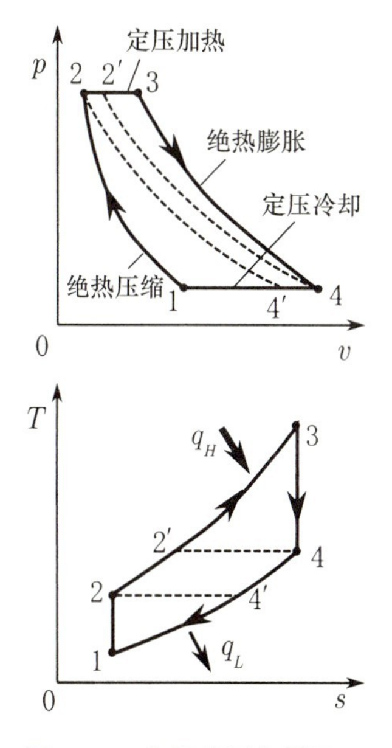

图 8.22 布雷顿回热循环

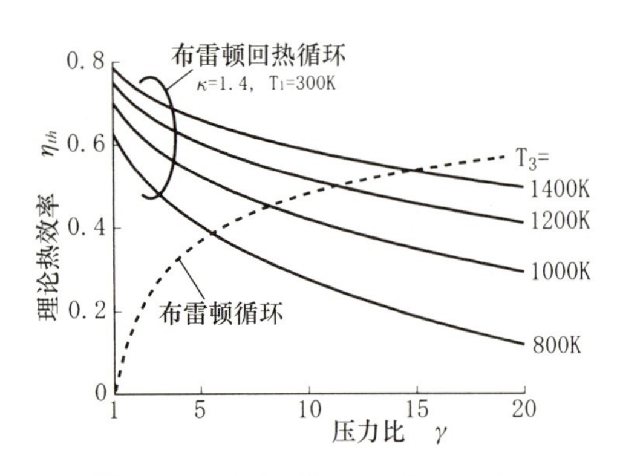

图 8.23 布雷顿循环和回热循环的理论热效率比较

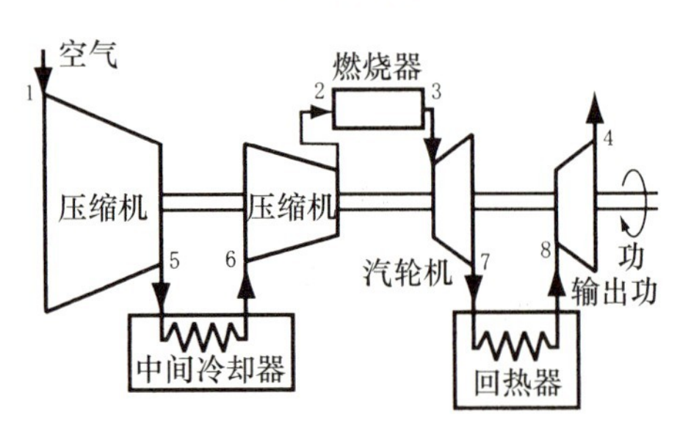

图 8.24 布雷顿中间冷却回热循环的构成

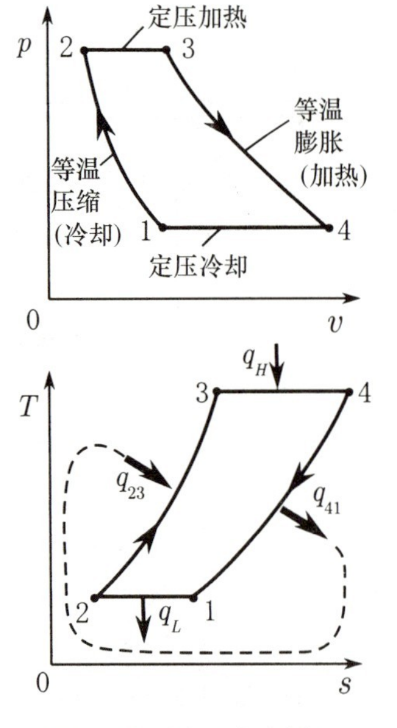

图 8.25 埃里克森循环

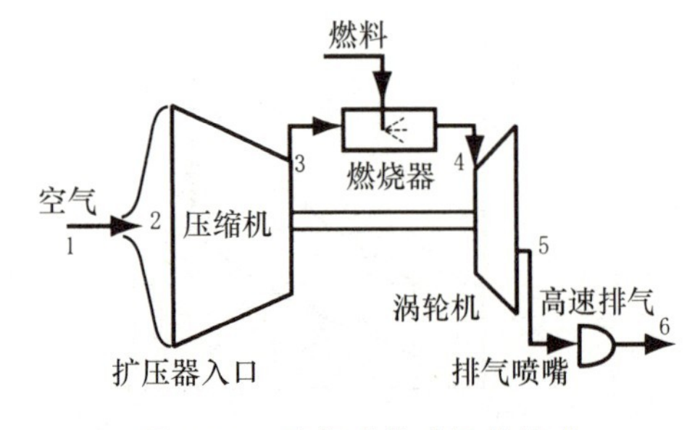

图 8.26 喷气式发动机的构成

$$\eta_{th}=1-\frac{q_L}{q_H}=1-\frac{T_2-T_1}{T_3-T_4}$$

$$=1-\frac{T_1}{T_4}=1-\left(\frac{T_1}{T_3}\right)\left(\frac{T_3}{T_4}\right)=1-\left(\frac{T_1}{T_3}\right)\left(\frac{T_2}{T_1}\right)=1-\frac{T_1}{T_3}\gamma^{(\kappa-1)/\kappa} \tag{8.11}$$

最高温度比 T_3/T_1 越高，压力比 γ 越小，理论热效率越高。图8.23表示 $\kappa=1.4$，$T_1=300$ K 时布雷顿回热循环的热效率与布雷顿循环的比较。由图可见，对于压力比受到限制、不能提高 γ 的情况，回热有利于提高热效率。

布雷顿中间冷却回热循环的构成如图 8.24 所示。

8.3.3 埃里克森循环(Ericsson cycle)

由式(8.11)可知，布雷顿回热循环的最高温度 T_3 和最低温度 T_1 一定时，T_2/T_1 和 T_3/T_4 越接近于 1，η_{th} 越大。对此可以考虑成将压缩机和涡轮分别分割在其中间放入热交换器(中间冷却器和回热器)的情况。将这种中间冷却回热无限多段进行，使压缩和膨胀过程为等温过程的循环称为**埃里克森循环 (Ericsson cycle)**，其组成过程如图 8.25 所示。对于各个过程有

1→2 等温压缩： $q_L=RT_1\ln(p_2/p_1)$

2→3 定压加热： $q_{23}=c_p(T_3-T_2)$

3→4 等温膨胀： $q_H=RT_3\ln(p_3/p_4)=RT_3\ln(p_2/p_1)$

4→1 定压冷却： $q_{41}=c_p(T_4-T_1)=c_p(T_3-T_2)=q_{23}$

因此，理论热效率

$$\eta_{th}=1-\frac{q_L}{q_H}=1-\frac{T_1}{T_3} \tag{8.12}$$

与卡诺循环的热效率相等。

8.3.4 喷气式发动机循环(jet-engine cycle)

图 8.26 表示用于飞机推进的喷气式发动机的基本构成。通过**扩压器(diffuser)**和**压缩机(compressor)**压缩以飞机飞行速度流入的空气，利用燃烧生成的高温高压气体驱动**涡轮(turbine)**，同时利用其从排气喷嘴喷出获得推进力。描述此过程的理论循环与布雷顿循环相同，见图 8.27。在图中，若考虑摩擦不起作用的理想状态，压缩过程消耗的功(面积 11′3′3)完全由涡轮做功(面积 55′3′4)承担，则燃烧产生的热量(面积 123456)将完全被用于排气喷嘴的推进功(面积 61′5′5)。

8.4 气体制冷循环(gas refrigeration cycle)

迄今为止，本章介绍了热机，即供给热能产生功的机构的基本循环中以气体为工作流体的部分。第 4 章中也曾叙述过，若让热机逆向工作，则变成从低温热源向高温热源输送热量的**制冷循环**。如图8.28所示，将常温常压的气体绝热压缩到一定压力之后冷却成常温高

压，若使之绝热膨胀向外部做功，则其温度将显著低于常温，因此可用气体作为工作流体进行制冷或空气调节。此时，放热/吸热通过热交换器以定压过程进行，因此是**布雷顿逆循环(Brayton reverse cycle)**。图8.29表示其 p-v 图和 T-s 图。在此循环中

放热量 $q_H = c_p(T_2 - T_3)$

吸热量 $q_L = c_p(T_1 - T_4)$

外部输入功 $l = q_H - q_L$

因此，式(4.5)定义的**制冷机的制冷系数**

$$\varepsilon_R = \frac{q_L}{l} = \frac{T_1 - T_4}{(T_2 - T_3) - (T_1 - T_4)}$$

1→2，3→4 都是绝热变化，则

$$\frac{p_2}{p_1} = \left(\frac{T_2}{T_1}\right)^{(\kappa-1)/\kappa}, \quad \frac{p_3}{p_4} = \left(\frac{T_3}{T_4}\right)^{(\kappa-1)/\kappa}$$

而且，2→3，4→1 为等压变化，有

$$p_2 = p_3, \quad p_4 = p_1$$

$$\therefore \frac{T_2}{T_1} = \frac{T_3}{T_4} = \frac{T_2 - T_3}{T_1 - T_4}$$

$$\therefore \varepsilon_R = \frac{1}{\dfrac{T_2 - T_3}{T_1 - T_4} - 1} = \frac{1}{\dfrac{T_2}{T_1} - 1} = \frac{1}{\dfrac{T_3}{T_4} - 1} = \frac{1}{(p_2/p_1)^{(\kappa-1)/\kappa} - 1} \tag{8.13}$$

所以，压缩前后的温度差和压力差越小，循环的制冷系数越大。但是实际上，为了实现高效换热，压缩前的温度 T_1 必须大大低于吸热器(制冷室)的温度，而压缩后的温度 T_2 也必须大大高于放热器的温度。另外，因摩擦以及热损失影响，压缩时需要的功比 l 大，膨胀后的温度、压力也降不到 T_4，p_4。因此，与后述的其他制冷机相比，气体制冷循环的制冷系数非常低。此外，因**工作流体(制冷剂，refrigerant)**使用气体，比热小，为达到所需的制冷效果必须加大气体的量和温度差$(T_1 - T_4)$，从而导致装置大型化成本上升。因此，除了比如坑道内送风同时又需要冷却之类的可以发挥空气作为制冷剂的特点的场合之外，气体制冷循环几乎不用。一般的制冷和空调使用**蒸汽压缩式制冷循环**，其热交换过程利用相变换热，并以**节流阀**代替膨胀机。对此将在第10章中详细叙述。

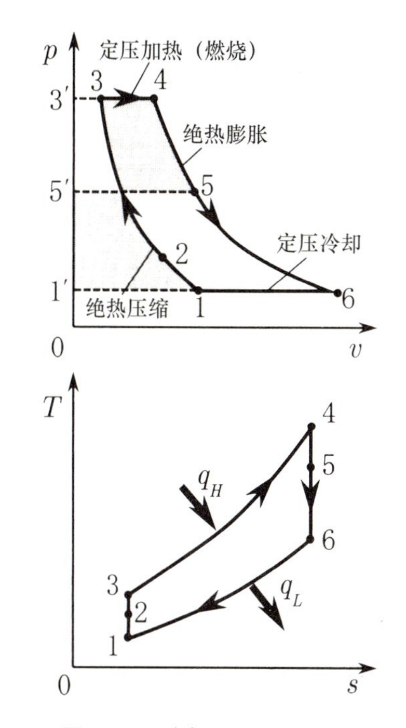

图 8.27 喷气式发动机循环

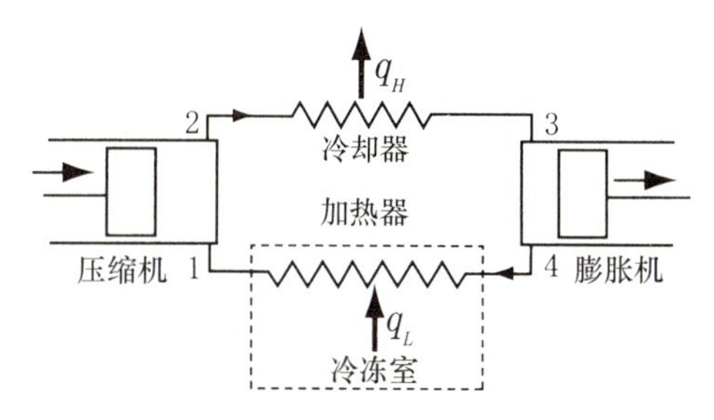

图 8.28 空气制冷机

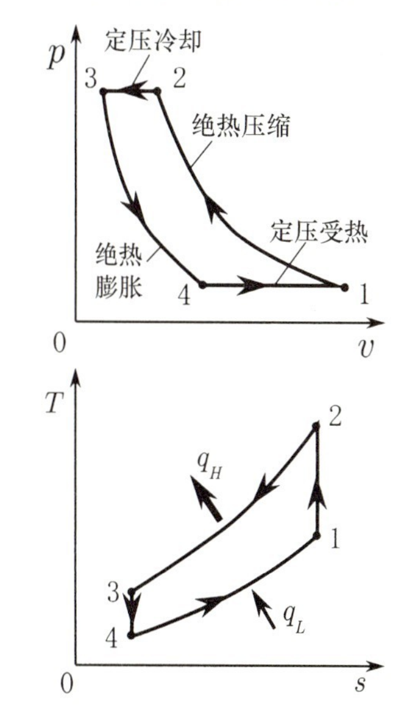

图 8.29 气体制冷循环

练习题

【8.1】在由热容量足够大的高温热源(温度 T_H)和低温热源(温度 T_L)组成的卡诺循环中，保持等温膨胀结束和等温压缩结束的压力均为 p_0 时，求以下各量。其中，工作流体为理想气体，质量 m、气体常数 R、比热比 κ 一定。(a) 循环中的最高压力 p_H 和最低压力 p_L，(b) 工作流体从高温热源获得的热量，(c) 等温膨胀前后的比熵变化，(d) 压缩比(最大体积和最小体积之比)，(e) 循环的热效率，(f) 循环产生的净功。

【8.2】 A gas cycle is executed in a closed system and experiences the following four processes:

1-2 The isentropic compression increases from 0.1 MPa and 300 K to 1 MPa.

2-3 The heat increases by 2 840 kJ/kg at constant pressure

3-4 Heat is radiated and equilibrates at 0.1 MPa at constant volume

4-1 Heat is radiated and equilibrates to the initial state at constant pressure

Assuming a constant ratio of specific heats $\kappa=1.4$ and a gas constant $R=0.287$ kJ/(kg·K) for air,

(a) illustrate the cycle on p-v and T-s diagrams,

(b) calculate the maximum temperature in the cycle, and finally,

(c) determine the thermal efficiency.

【8.3】 Calculate the thermal efficiency of an engine operating on an Otto air-standard cycle, η_{Otto}, between a maximum temperature of 1 200 K and at an ambient temperature of 293 K, assuming that the compression ratio is 10, and that the ratio of specific heats for air is $\kappa=1.4$. Also, compare the result with the thermal efficiency of a Carnot cycle, η_{Carnot}, operating between the same temperature limits.

【8.4】 在压缩比为 9.5 的奥托循环中，绝热压缩前的压力、温度、体积分别是 0.1 MPa，290 K，600 cc，绝热膨胀后的温度是 800 K。求 (a) 循环的最高压力和最高温度，(b) 定容过程中的加热量，(c) 循环的热效率。其中，工作流体为气体常数 $R=0.287$ kJ/(kg·K)的空气，比热比 $\kappa=1.4$。

【8.5】 An ideal Diesel cycle with a compression ratio of 20 is executed using air as the working fluid. At the beginning of the compression process, air is at apressure of 95 kPa and a temperature of 293 K. If the maximum temperature in the cycle is not to exceed 2 200 K, determine the thermal efficiency, assuming constant specific heats for air at room temperature.

【8.6】 在以 0.3 kg 的空气为工作流体的萨巴特循环中，绝热压缩前的状态为温度 300 K，压力 0.1 MPa。每个循环的加热量为 510 kJ，定容过程和定压过程各占一半，求绝热膨胀开始时的温度和压力。其中，空气分子量 28.8，定容比热 20.09 kJ/km，比热比 1.4，压缩比 17，按理想气体计算。

【8.7】 Calculate the thermal efficiency of a closed-cycle gas turbine engine operating on air between a maximum temperature of 1 200 K and a minimum temperature of 293 K. Assume the pressure ratio is 10 and that the ratio of specific heats $\kappa=1.4$ for air.

【8.8】 A closed-cycle gas turbine engine operates on air between a maximum temperature of 1 200 K and a minimum temperature of 293 K. Taking the ratio of specific heats $\kappa=1.4$ for air, calculate the thermal efficiency at the pressure ratio of an optimum value.

【8.9】 右图 8.30 表示的密闭燃气轮机以气体常数 R、比热比 κ 一定的理想气体为工作流体稳态运行。被压缩机 C 压缩了的气体在高温侧换热器 X_H 单位时间内接受 Q_H 的热量后进入第 1 涡轮 E_1。E_1 的轴功全部被用于 C 的驱动，E_1 的排气进入第 2 涡轮 E_2 产生动力。E_2 排出的气体通过低温侧换热器 X_L 被冷却。各处的压力、温度、比熵分别为 p_i，T_i，s_i（角标表示图中各状态 1～5）。另外，假定在 C，E_1，E_2 中气体作可逆绝热变化，在 X_H，X_L 中的压力损失可忽略。将上述循环的状态变化概略画成 p-v 图和 T-s 图，然后以压力比 $\gamma=p_2/p_1=p_3/p_5$，质量流量 m 以及 Q_H，p_1，T_1 为已知量，求下述各量。

(a) 状态 2 的温度 T_2

(b) 压缩机所需功

(c) 第 1 涡轮进口温度 T_3

(d) X_H 进口和出口的熵差 s_3-s_2

(e) E_2 产生的功

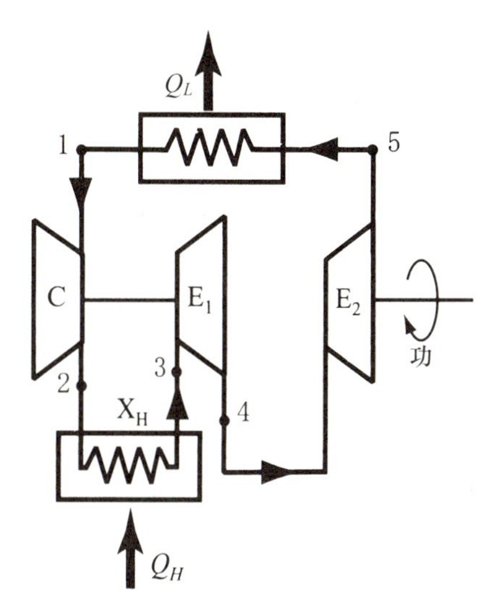

图 8.30 密闭的燃气轮机

【8.10】 将压力 p_1、温度 T_1 的大气绝热压缩，连续地供给压力为 p_2 的压缩空气。此时，将压缩过程分成 2 段，其间设置中间冷却器，将工作流体温度冷却到与 T_1 相等。若中间冷却器的出口压力为 p_m，求使单位质量流量的全压缩功 l_t 最小的 p_m 及此时的 l_t。其中，空气按比热比 κ 一定、气体常数 R 的理想气体计算。

【8.11】 An industrial gas turbine engine takes air into the compressor at 290 K and operates with a pressure ratio of 16 and a turbine inlet temperature of 1 200 K. The engine has a power output of 5 MW and operates on an air-standard cycle. Taking the ratio of specific heats $\kappa=1.38$ for air, calculate (a) the thermal efficiency, (b) the fuel consumption if the fuel has an energy content of 44 000 kJ/kg, and (c) the ratio of the work produced by the turbine compared to that of the compressor.

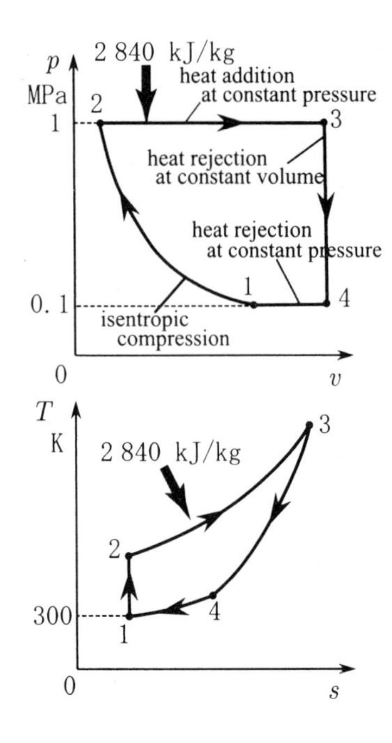

图 8.31 习题 8.2 的循环

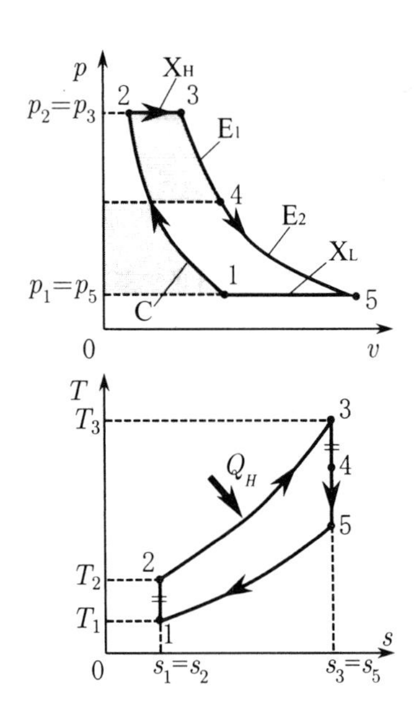

图 8.32 密闭燃气轮机的 p-v 图和 T-s 图

【答案】

8.1 (a) $p_0(T_H/T_L)^{\kappa/(\kappa-1)}$，$p_0(T_L/T_H)^{\kappa/(\kappa-1)}$

(b) $\dfrac{m\kappa RT_H}{\kappa-1}\ln\left(\dfrac{T_H}{T_L}\right)$

(c) $\dfrac{\kappa R}{\kappa-1}\ln\left(\dfrac{T_H}{T_L}\right)$ (d) $\left(\dfrac{T_H}{T_L}\right)^{\frac{\kappa+1}{\kappa-1}}$

(e) $1-\dfrac{T_L}{T_H}$ (f) $\dfrac{m\kappa R(T_H-T_L)}{\kappa-1}\ln\left(\dfrac{T_H}{T_L}\right)$

8.2 (a) 如图 8.31 所示 (b) 3 406.5 K (c) 21.1%

8.3 $\eta_{\text{Otto}}=60.3\%$ ($<\eta_{\text{Carnot}}=75.6\%$)

8.4 (a) 6.45 MPa，1 969 K (b) 0.65 kJ (c) 59.4%

8.5 60.4%

8.6 3 020 K，12.18 MPa

8.7 48.2%

8.8 50.6%(at $\gamma=11.89$)

8.9 密闭燃气轮机的 p-v 图和 T-s 图如图 8.32 所示。

(a) $T_1\gamma^{(\kappa-1)/\kappa}$ (b) $\dfrac{m\kappa RT_1}{\kappa-1}(\gamma^{\frac{\kappa-1}{\kappa}}-1)$

(c) $\dfrac{(\kappa-1)Q_H}{m\kappa R}+T_1\gamma^{\frac{\kappa-1}{\kappa}}$

(d) $\dfrac{m\kappa R}{\kappa-1}\ln\left(\dfrac{(\kappa-1)Q_H}{m\kappa RT_1}\gamma^{\frac{1-\kappa}{\kappa}}+1\right)$ (e) $Q_H(1-\gamma^{\frac{1-\kappa}{\kappa}})$

8.10 $p_m=\sqrt{p_1p_2}$， $l_t=\dfrac{2\kappa RT}{\kappa-1}\{(p_2/p_1)^{(\kappa-1)/2\kappa}-1\}$

8.11 (a) 53.4% (b) 0.21 kg/s (c) 1.93

第9章

蒸 汽 循 环

Vapor Cycle

9.1 蒸汽的物性(properties of vapor)

9.1.1 相平衡与状态变化(phase equilibrium and transition)

物质有固体、液体和气体三种聚集状态,宏观上均匀的聚集状态称为相。固相和液相之间的状态变化根据变化方向可称为**熔解**(dissolution)或**凝固**(solidification)。液相和气相间的状态变化称为**凝结**(condensation)或**蒸发**(evaporation),气相和固相间的变化称为**升华**(sublimation)或**凝华**(deposition)。2相或3相共存的状态称为**相平衡**(phase equilibrium)。例如,大气压下把水加热到100℃沸腾,液态的水变成水蒸气,就是气相和液相共存状态,称为**气液平衡** (gas-liquid equilibrium)。

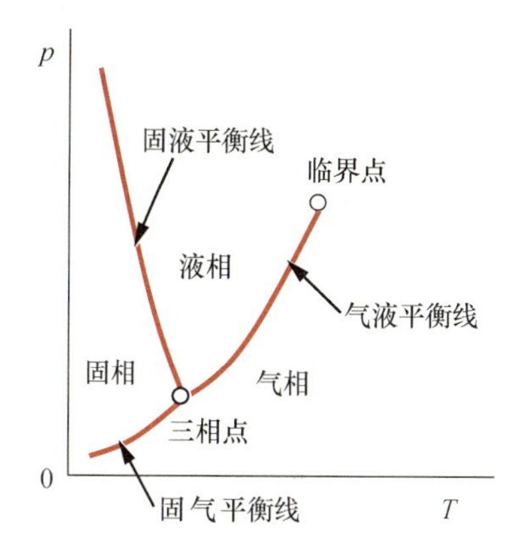

图9.1 水的 p-T 图

图9.1是在压力-温度坐标下水的相图。固液平衡线、气液平衡线和固气平衡线相交点即为三相共存点,称为**三相点**(triple point)。对于气液平衡,气体的比容随着压力的升高而减小,逐渐接近共存液体的比容,最后与之相等。气体和液体的比容一旦相等,气相和液相的区别就消失了,气液平衡线在该点就结束了。这个点被称为**临界点**(critical point)。如表9.1所示,三相点或临界点是物质的固有值。

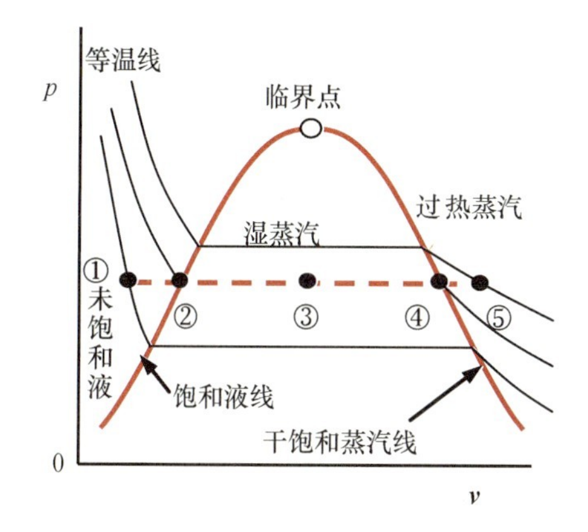

图9.2 蒸汽的 p-v 图

图9.2是蒸汽的 p-v 图。以冷水在大气压下被加热蒸发的情况为例来看其状态变化。状态①是加热前的冷水状态,称为未饱和液体(compressed liquid)。

表9.1 主要物质的热物性[1]

物质	三相点		临界点			熔点 K	沸点 K	熔解热* kJ/kg	汽化热** kJ/kg
	压力 kPa	温度 K	压力 MPa	温度 K	密度 kg/m^3				
氦	5.035	2.18	0.228	5.2	69.6		4.2	3.5	20.3
n—氢	7.20	14.0	1.32	33.2	31.6	14.0	20.4	58	448
氮	12.5	63.1	3.40	126.2	314	63.2	77.4	25.7	1365
氧	0.100	54.4	5.04	154.6	436	54.4	90.0	13.9	213
空气			3.77	132.5	313		78.8		213.3
二氧化碳	518	216.6	7.38	304.2	466		升华 194.7	180.7	368
水	0.6112	273.16	22.12	647.30	315.46	273.15	373.15	333.5	2257
氨	6.477	195.4	11.28	405.6	235	195.4	239.8	338	1371
甲烷	11.72	90.7	4.60	190.6	162.2	90.7	111.6	58.4	510.0
乙烷	0.00113	90.3	4.87	305.3	205	90.4	184.6	95.1	489.1
甲醇			8.10	512.58	272	175.47	337.8	99.16	***1190
乙醇			6.38	516.2	276	159.05	351.7	108.99	854.8
HCFC-22			5.00	369.3	513	113.2	232.3		233.8
HFC-32			5.777	351.3	424	136	221.5		381.9
HFC-125			3.618	339.2	568	170	224.7		163.9
HFC-134a			4.065	374.3	511	172	247.1		217.0

*熔点时的值 **沸点时的值 ***273 K时的值。

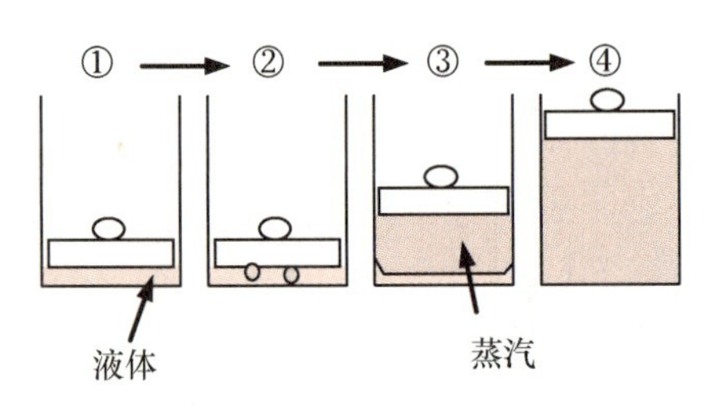

图 9.3　湿蒸汽的变化

在饱和液线(saturated liquid line)上状态②(温度 100℃)的水开始蒸发(见图 9.3)。状态③为温度保持 100℃进行蒸发的状态，气体和液体共存，被称为湿蒸汽 (wet vapor)。在干饱和蒸汽线(dry saturated vapor line)上状态④(温度 100℃)的水蒸发结束，全部变为干饱和蒸汽 (dry saturated vapor)。若继续加热，温度则上升，状态⑤被称为过热蒸汽(superheated vapor)。物质达到气液平衡状态被称为饱和状态(saturation state)，此时压力和温度分别称为饱和压力 (saturation pressure)和饱和温度(saturation temperature)。图 9.4 是温度-熵坐标下的气液平衡状态图。

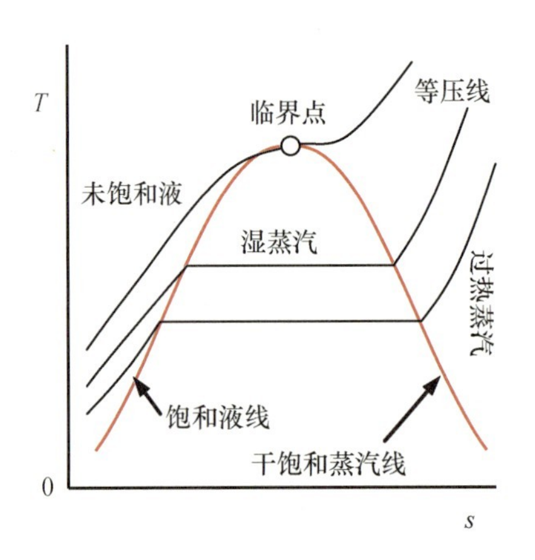

图 9.4　蒸汽的 T-s 图

9.1.2　湿蒸汽性质(properties of wet vapor)

单位质量液体在定压下完全蒸发所需的热量称为汽化热(heat of vaporization)或者汽化潜热(latent heat of vaporization)。根据热力学第一定律

$$\delta q = \mathrm{d}h - v\mathrm{d}p \tag{9.1}$$

定压时($\mathrm{d}p=0$)所加热量与比焓的增加量相等。因此，汽化潜热 r 就等于饱和蒸汽的比焓 h'' 与饱和液体的比焓 h' 的差。

$$r = h'' - h' \tag{9.2}$$

这表明了汽化潜热是气体和液体内部的能量差和蒸发时体积膨胀功之和。这里，根据习惯，加′表示饱和液体变量，加″表示饱和蒸汽变量。

干度(quality)是表征湿蒸汽中所含干饱和蒸汽和饱和液体比例的物理量。当 1kg 湿蒸汽中含干饱和蒸汽 x(kg)、饱和液($1-x$)(kg)时，湿蒸汽的干度即为 x。饱和液线是干度为 0 的等干度线，饱和蒸汽线是干度为 1 的等干度线。湿蒸汽的热物性可用干饱和蒸汽和饱和液的热物性以及干度表示如下(表 9.2)。

表 9.2　湿蒸汽的性质

湿蒸汽的性质
$h=h'+(h''-h')x$
$u=u'+(u''-u')x$
$s=s'+(s''-s')x$
$v=v'+(v''-v')x$
$r=h''-h'$
$\frac{r}{T}=s''-s'$

比焓：$h=(1-x)h'+xh''=h'+xr$　　(9.3)

内能：$u=(1-x)u'+xu''=u'+(u''-u')x$　　(9.4)

比熵：$s=(1-x)s'+xs''=s'+\frac{xr}{T}$　　(9.5)

比容：$v=(1-x)v'+xv''=v'+(v''-v')x$　　(9.6)

式(9.5)中汽化潜热和相变时的熵变化量之间存在如下的关系

$$s''-s'=\frac{r}{T} \tag{9.7}$$

式中,T 是饱和温度(K)。

文末附表9.1给出了表征水的气液平衡的饱和参数表。附表9.1(a)以温度为基准,附表9.1(b)以压力为基准。附表9.2是未饱和液体和过热蒸汽的物性表。

【例题9.1】 湿蒸汽的性质 ****************

温度200℃的饱和水蒸气以10 kg/s的流量流动,并用5.0 MW的功率进行冷却,求冷却后的水蒸气干度。

【解答】 由附表9.1(a),200℃的饱和水蒸气和饱和液体的比焓分别为2 792 kJ/kg和852 kJ/kg。设冷却后的干度为 x,根据能量守恒可得

$$\dot{M}h''=\dot{M}\{xh''+(1-x)h'\}+\dot{Q} \tag{ex9.1}$$

上式左边为冷却前的热量,右边为冷却后的热量。将式(ex9.1)整理为 x 的表达式,并带入已知数值,可得

$$x=1-\frac{\dot{Q}}{\dot{M}(h''-h')}=1-\frac{5.0\times10^3}{10\times(2\,792-852)}=0.742 \tag{ex9.2}$$

****

【例题9.2】 湿蒸汽的性质 ****************

The Specific enthalpies of saturated liquid and vapor of a substance at 273 K are 150 kJ/kg and 2 300 kJ/kg, respectively. (a) What is the specific enthalpy of a liquid-vapor mixture with a quality of 0.80? (b) What is the entropic difference between the saturated vapor and the liquid?

【解答】

(a) $h=h'+(h''-h')x=150+(2\,300-150)\times0.80=1\,870\ (\text{kJ/kg})$ (ex9.3)

(b) $h''-h'=(s''-s')/T_{sat}$ (ex9.4)

$$s''-s'=\frac{h''-h'}{T_{sat}}=\frac{2\,300-150}{273}=7.88(\text{kJ/(kg}\cdot\text{K)}) \tag{ex9.5}$$

****

9.2 相平衡和克拉珀龙-克劳修斯方程(phase equilibrium and Clapeyron-Clausius equation)

9.2.1 相平衡的条件(conditions for phase equlibrium)

让我们来考虑一下相平衡应满足什么样的热力学条件。在第5章定义的吉布斯自由能

$$G=H-TS \tag{9.8}$$

的微小变化可用下式表示

$$\mathrm{d}G=\mathrm{d}H-T\mathrm{d}S-S\mathrm{d}T \tag{9.9}$$

这里,将热力学第一定律式(9.1)代入式(9.9),消去 $\mathrm{d}H$ 得

$$\delta Q=\mathrm{d}G+T\mathrm{d}S+S\mathrm{d}T-V\mathrm{d}p \tag{9.10}$$

再根据热力学第二定律

$$\delta Q\leqslant T\mathrm{d}S \tag{9.11}$$

将式(9.10)代入并整理得

$$\mathrm{d}G\leqslant -S\mathrm{d}T+V\mathrm{d}p \tag{9.12}$$

这意味着物质的状态发生变化时必须满足不等式(9.12)。反过来说,不存在满足不等式

$$\mathrm{d}G> -S\mathrm{d}T+V\mathrm{d}p \tag{9.13}$$

的变化。由于相平衡使多相共存而不发生状态变化,满足相平衡的条件可考虑为式(9.12)和式(9.13)的边界

$$\mathrm{d}G= -S\mathrm{d}T+V\mathrm{d}p \tag{9.14}$$

对于相平衡,由于压力和温度都不发生变化,故 $\mathrm{d}p=0$,$\mathrm{d}T=0$,则

$$\mathrm{d}G=0 \tag{9.15}$$

一般的相平衡条件是吉布斯自由能保持最小值。

*9.2.2 多组分混合物的两相平衡(two-phase equilibrium of multi-component mixtures)

若考虑 N 组分混合物的两相平衡,需要将相平衡式(9.14)向多组分体系扩展。下面引入式(9.16)所定义的**化学势(chemical potential)**。

$$\mu_i=\left(\frac{\partial G}{\partial n_i}\right)_{T,P,n_j\,(j\neq i)} \tag{9.16}$$

这里,化学势是表示同样的混合物中某一组分含量发生变化时整个体系吉布斯自由能变化量的变量。多组分体系的吉布斯自由能变化式可表示为

$$\mathrm{d}G=-S\mathrm{d}T+V\mathrm{d}p+\sum_{i=1}^{N}\mu_i\mathrm{d}n_i \tag{9.17}$$

式中,n_i 为组分 i 的物质的量。若相(1)和相(2)中分别含 $n_i^{(1)}$ 摩尔、$n_i^{(2)}$ 摩尔的物质,则

$$n_i^{(1)}+n_i^{(2)}=n_i \tag{9.18}$$

达到相平衡时,n_i 为一定值,故

$$\mathrm{d}n_i^{(1)}+\mathrm{d}n_i^{(2)}=0 \tag{9.19}$$

上标$^{(1)}$和$^{(2)}$表示相的编号。

用式(9.17)来描述相(1)和相(2),分别可表示为

$$\mathrm{d}G^{(1)}=-S^{(1)}\mathrm{d}T+V^{(1)}\mathrm{d}p+\sum_{i=1}^{N}\mu_i^{(1)}\mathrm{d}n_i^{(1)} \tag{9.20}$$

$$\mathrm{d}G^{(2)}=-S^{(2)}\mathrm{d}T+V^{(2)}\mathrm{d}p+\sum_{i=1}^{N}\mu_i^{(2)}\mathrm{d}n_i^{(2)} \tag{9.21}$$

整个系统的吉布斯自由能是式(9.20)和式(9.21)之和

$$dG = -S^{(1)}dT + V^{(1)}dp + \sum_{i=1}^{N}\mu_i^{(1)}dn_i^{(1)} - S^{(2)}dT + V^{(2)}dp + \sum_{i=1}^{N}\mu_i^{(2)}dn_i^{(2)} \tag{9.22}$$

对于相平衡，$dp=0$，$dT=0$，代入式(9.19)，并考虑相平衡条件式(9.15)，可得

$$\begin{aligned} dG &= \sum_{i=1}^{N}\mu_i^{(1)}dn_i^{(1)} + \sum_{i=1}^{N}\mu_i^{(2)}dn_i^{(2)} \\ &= \sum_{i=1}^{N}(\mu_i^{(1)} - \mu_i^{(2)})dn_i^{(1)} \\ &= 0 \end{aligned} \tag{9.23}$$

为了使式(9.23)恒成立，须使

$$\mu_i^{(1)} = \mu_i^{(2)} \ (i=1,\cdots,N) \tag{9.24}$$

N 组分的物质都必须分别使其相(1)和相(2)的化学势相等。这就是多组分混合物的两相平衡条件。

9.2.3 克拉珀龙-克劳修斯方程(Clapeyron-Clausius equation)

纯净物的化学势等于单位摩尔的吉布斯自由能。对于纯净物的两相平衡，式(9.24)表示两相单位质量的吉布斯自由能相等，即

$$g^{(1)} = g^{(2)} \tag{9.25}$$

考虑微分变化，代入式(9.14)，则

$$-s^{(1)}dT + v^{(1)}dp = -s^{(2)}dT + v^{(2)}dp \tag{9.26}$$

由上式可得两相平衡时的饱和压力和饱和温度的关系式为

$$\frac{dp}{dT} = \frac{s^{(2)} - s^{(1)}}{v^{(2)} - v^{(1)}} \tag{9.27}$$

这里，将相(1)作为液相(L)，相(2)作为气相(V)，利用式(9.7)进行形式变换可得

$$\frac{dp}{dT} = \frac{r}{T(v_V - v_L)} \tag{9.28}$$

上式称为**克拉珀龙-克劳修斯方程**(Clapeyron-Clausius equation)。如表9.3所示。

表9.3 气液两相平衡的克拉珀龙-克劳修斯方程

$\frac{dp}{dT} = \frac{r}{T(v_V - v_L)}$

假定气体为理想气体，$v_V = RT/p$，由于 $v_V \gg v_L$，故可忽略 v_L，则

$$\frac{dp}{dT} = \frac{rp}{RT^2} \tag{9.29}$$

将汽化潜热作为定值进行积分，由临界点时 $p=p_C$，$T=T_C$ 决定积分常数，可得下述近似关系式

$$\ln\frac{p}{p_C} = -\frac{r}{R}\left(\frac{1}{T} - \frac{1}{T_C}\right) \tag{9.30}$$

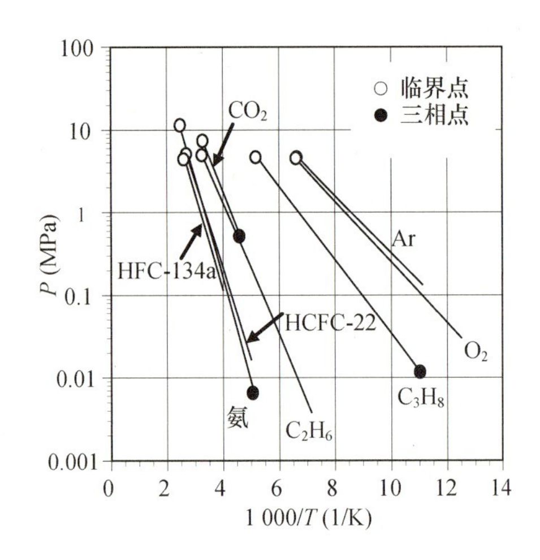

图 9.5 物质的饱和关系

图 9.5 表示主要物质的 $\ln p - 1/T$ 气液平衡关系线图。除临界点外几乎呈直线关系，因此可知式(9.30)是一个很好的近似式。

对于固体和液体的相平衡，与式(9.28)同样的方程也成立。令 r_d 为熔解热，则

$$\frac{\mathrm{d}p}{\mathrm{d}T}=\frac{r_d}{T(v_L-v_S)} \tag{9.31}$$

9.3 实际气体状态方程(equation of state)

9.3.1 范德华方程(Van der Waals equation)

为了表示实际气体的平衡物性，已提出了各种各样的状态方程，而且进行了改进。从理想气体的状态方程只能得到压力、温度和比容的关系，而从实际气体的状态方程可算出气液饱和关系和焓、熵等几乎所有的平衡物性。最基本的实际气体状态方程为范德华状态方程式(Van der Waals equation)。

$$\left(p+\frac{a}{v^2}\right)(v-b)=RT \tag{9.32}$$

与理想气体的状态方程相比，压力修正项 a/v^2 考虑了由于分子间的作用力导致的压力降低，比容的修正项 $-b$ 是为了与理想气体的体积相当而将系统的体积减去分子所占的体积所得到的。a，b 是常数。范德华状态方程式在临界点附近与实际气体的物性的偏差特别大，虽然不实用，但成为各种状态方程进行改进的基础。

利用该状态方程，让我们来考虑气液饱和线会是什么样。从式(9.32)算出的在压力-比容坐标上的等温线图如图 9.6 所示，如何决定与等温线对应的饱和压力是一个问题。由于式(9.32)在 p 和 T 给定情况下是比容 v 的 3 次方程式，对应于该 p 和 T 有三个可能的 v 的解。满足气液平衡关系的饱和液和饱和蒸汽状态点分别表示为点 A、点 B，中间的比容点记为点 D。

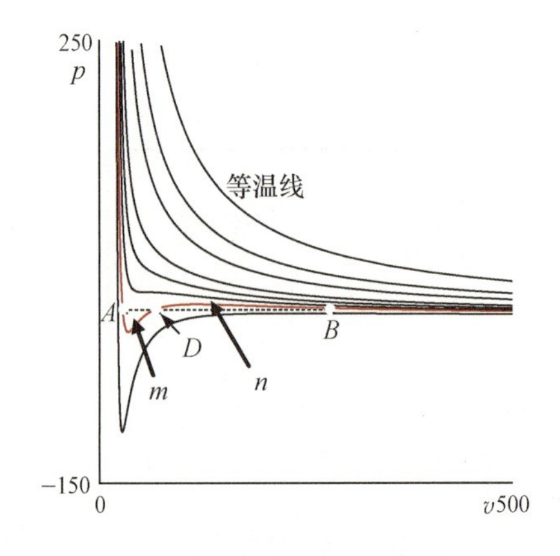

图 9.6 范德华状态方程的等温线

沿着等温线从点 A 到点 B 对吉布斯自由能进行积分，由式(9.14)可知，等温线上($\mathrm{d}T=0$)$\mathrm{d}g=v\mathrm{d}p$，故

$$\int_A^B \mathrm{d}g = \int_A^B v\mathrm{d}p \tag{9.33}$$

由于吉布斯自由能是状态量，积分值与积分路径无关，故可表示为积分终点和起始点的差

$$g_B - g_A = \int_A^B v\mathrm{d}p \tag{9.34}$$

根据气液平衡条件 $\bar{g}_A = \bar{g}_B$，故

$$\int_A^B v\mathrm{d}p = 0 \tag{9.35}$$

将上式分为 $A \to D$ 的积分和 $D \to B$ 的积分，则

$$\int_A^D v\mathrm{d}p + \int_D^B v\mathrm{d}p = 0 \tag{9.36}$$

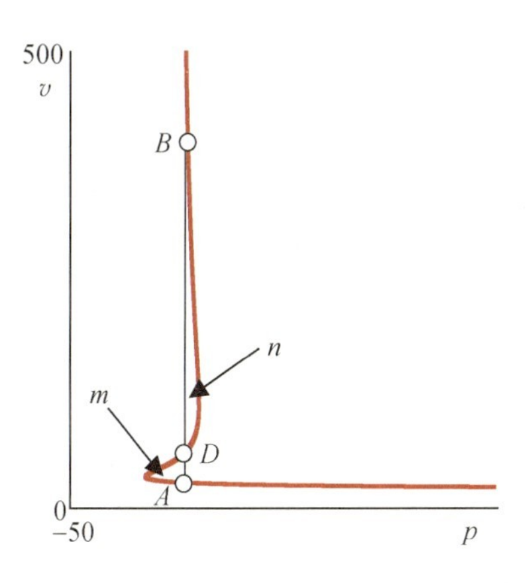

图 9.7 v-p 图上的等温线

将图 9.6 的纵轴和横轴互换，得图 9.7，其中第 1 项区域 m 的面积、第 2 项区域 n 的面积为负值。等温线对应的饱和压力由图9.6、图 9.7 的区域 m 的面积和区域 n 的面积相等所确定。对于气液平衡，气液的吉布斯自由能相等等价于 p-v 图中状态方程式的等温线区域 m 与区域 n 的面积相等，这是与状态方程形式无关的普遍性质。如果求得所有等温线对应的饱和压力，则可绘出连续的饱和线。

由于临界点是饱和压力上升到使饱和液和饱和蒸汽的比容相等的状态点，与等温线的拐点一致。在数学上可定义为满足式(9.37)和式(9.38)的点

$$\left(\frac{\partial p}{\partial v}\right)_T = 0 \tag{9.37}$$

$$\left(\frac{\partial^2 p}{\partial v^2}\right)_T = 0 \tag{9.38}$$

将式(9.37)和式(9.38)式应用于式(9.32)来求解临界点的关系，可得

$$v_C = 3b \tag{9.39}$$

$$T_C = \frac{8a}{27bR} \tag{9.40}$$

$$p_C = \frac{a}{27b^2} \tag{9.41}$$

反过来，从临界点的测定结果可求得范德华状态方程的常数 a 和 b 如下

$$a = 3v_C^2 p_C \tag{9.42}$$

$$b = \frac{v_C}{3} \tag{9.43}$$

$$R = \frac{8}{3}\frac{p_C v_C}{T_C} \tag{9.44}$$

将式(9.42)～式(9.44)带入式(9.32)，消去 a, b, R，利用**对比压力**(reduced pressure) $p_r = p/p_C$，**对比温度**(reduced temperature) $T_r = T/T_C$，**对比比容**(reduced specific volume) $v_r = v/v_C$ 进行变形可得

$$\left(p_r + \frac{3}{v_r^2}\right)\left(v_r - \frac{1}{3}\right) = \frac{8}{3}T_r \tag{9.45}$$

式(9.45)只用p_r,T_r,v_r进行表示,成为与物质种类无关的形式。这样,通过对压力、温度和比容进行适当的坐标变换,可得到与物质种类无关的通用状态方程的性质,称为**对应状态原理**(principle of corresponding states)。

*9.3.2 实用状态方程式(practical equation of state)

范德华状态方程可较好地定性描述实际气体的性质,但在实用方面精度差。因此,为了较好地定量描述实际气体的性质,提出了各种各样的状态方程。这些方程可分为以范德华状态方程为基础进行改进得到的范德华型和维里展开型两类。

具有代表性的范德华型状态方程有**彭-鲁滨逊状态方程式**(Peng-Robinson equation of state)

$$p=\frac{R_0T}{\bar{v}-b}-\frac{a(T)}{\bar{v}(\bar{v}+b)+b(\bar{v}-b)} \tag{9.46}$$

索夫-瑞里奇-邝状态方程式(Soave-Redlich-Kwong equation of state)

$$p=\frac{R_0T}{\bar{v}-b}-\frac{a(T)}{\bar{v}(\bar{v}+b)} \tag{9.47}$$

式中,$\bar{v}$为单位摩尔的比容,式(9.46)及式(9.47)右边第2项的分子a是温度的函数。

维里展开型采用以下形式的级数进行展开

$$p\bar{v}=R_0T\left(1+\frac{B}{\bar{v}}+\frac{C}{\bar{v}^2}+\frac{D}{\bar{v}^3}+\cdots\right) \tag{9.48}$$

$$p\bar{v}=R_0T(1+B'p+C'p^2+D'p^3+\cdots) \tag{9.49}$$

典型的维里展开状态方程有**本尼迪克特-韦伯-鲁宾(BWR)状态方程式**(Benedict-Webb-Rubin equation of state)

$$p=\frac{R_0T}{\bar{v}}+\frac{B_0R_0T-A_0-C_0/T^2}{\bar{v}^2}+\frac{bR_0T-a}{\bar{v}^3}+\frac{a\alpha}{\bar{v}^6}+\frac{c}{\bar{v}^3T^2}\left(1+\frac{\gamma}{\bar{v}^2}\right)\exp\left(-\frac{\gamma}{\bar{v}^2}\right) \tag{9.50}$$

9.4 蒸汽动力循环(vapor power cycles)

蒸汽动力循环就是在高温高压蒸汽的能量通过涡轮机转变为机械功的热机系统中,工作介质具有在气体和液体之间发生相变并进行循环的特征。火力发电站(图9.8)利用天然气(LNG)、石油、煤炭在锅炉中进行燃烧产生高温高压的水蒸气,而核能发电厂利用原子炉内核裂变能产生水蒸气,这只是水蒸气产生方法的不同,而从水蒸气获取机械能方法的原理是相同的。2009年中国电力事业的所有发电设备的74%都是利用蒸汽循环的系统,是发电热机的基本组成部分。

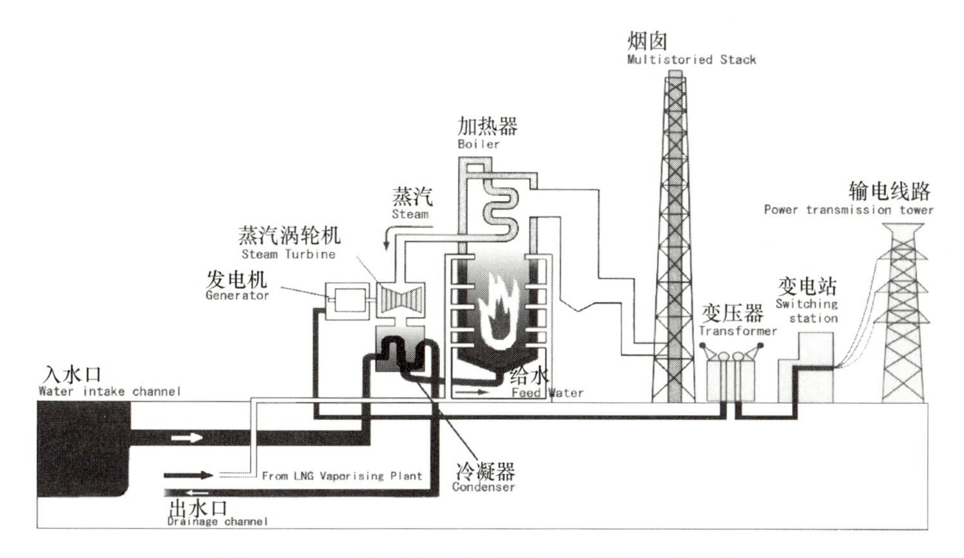

图 9.8 LNG 火力发电站(资料由东北电力(株)提供)

9.4.1 朗肯循环(Rankine cycle)

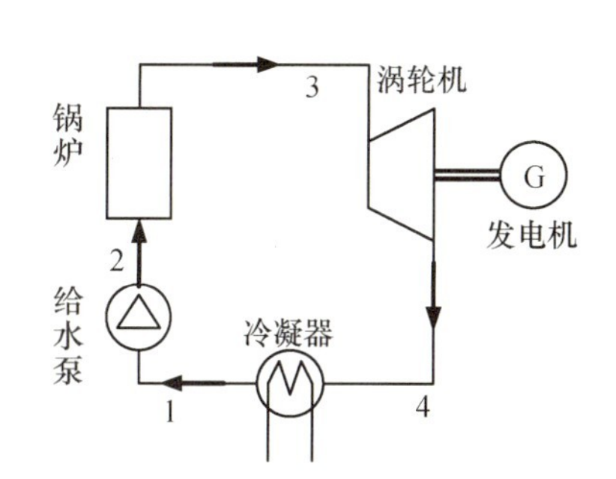

图 9.9 朗肯循环的构成

朗肯循环是基本的蒸汽循环,图 9.9 给出了其基本构成,包括锅炉、涡轮机、冷凝器和给水泵。几乎所有系统的工作介质均为水。低压液体经过泵被可逆绝热压缩为高压压缩液(状态 1→2),在锅炉被等压加热成为高温高压的蒸汽(状态 2→3)。然后,在涡轮机进行可逆绝热膨胀输出机械功,变成低压湿蒸汽(状态 3→4)。在冷凝器被等压冷却重新成低压饱和液体(状态 4→1)。这个循环的温-熵图如图 9.10 所示。虽然与气体循环的布雷顿循环一样有 4 个变化过程,由于伴随有气液相变,故温-熵图有很大的不同。

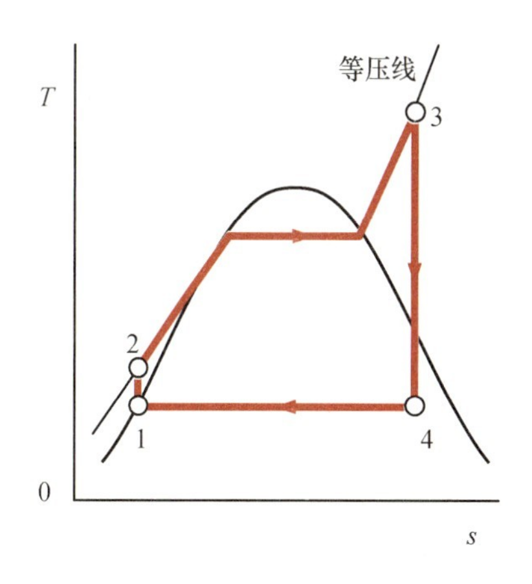

图 9.10 朗肯循环的 T-s 图

考虑单位质量的工作介质的热功输出和输入。

状态 1→2:由热力学第一定律得

$\delta q = T\mathrm{d}s = \mathrm{d}h - v\mathrm{d}p$

可逆绝热变化外部施加的功($\mathrm{d}s=0$)$v\mathrm{d}p$ 由

$v\mathrm{d}p = \mathrm{d}h$

可知其与焓的增加量相等。因此,泵功为

$$l_{12} = h_2 - h_1 \quad (h_2 > h_1) \tag{9.51}$$

状态 2→3:锅炉内等压变化($\mathrm{d}p=0$)的加热量由

$\delta q = \mathrm{d}h$

可知其与焓的增加量相等。因此,锅炉内的加热量为

$$q_{23} = h_3 - h_2 \quad (h_3 > h_2) \tag{9.52}$$

状态 3→4:在涡轮机内可逆绝热膨胀对外做功与泵功相反,等于焓的减少量,因而涡轮机做功为

$$l_{34} = h_3 - h_4 \quad (h_3 > h_4) \tag{9.53}$$

这个焓降称为**等熵热降**(isentropic heat drop)或**绝热热降**(adiabatic heat drop)。

状态 4→1:冷凝器内等压变化的放热量与锅炉内相反,等于焓的减少量,因此冷凝器的放热量为

$$q_{41} = h_4 - h_1 \quad (h_4 > h_1) \tag{9.54}$$

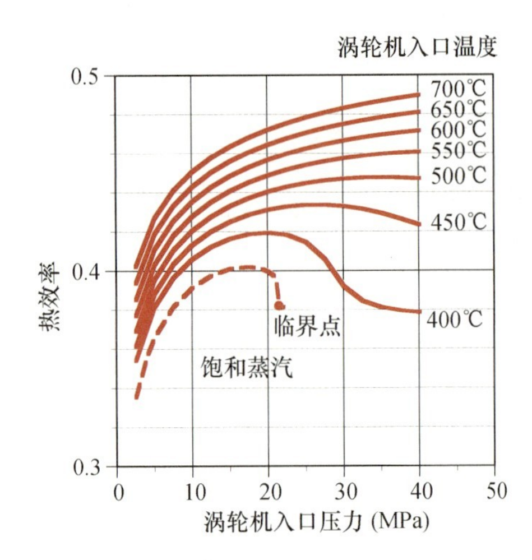

图 9.11　朗肯循环的理论热效率
(冷凝器压力 5 kPa)

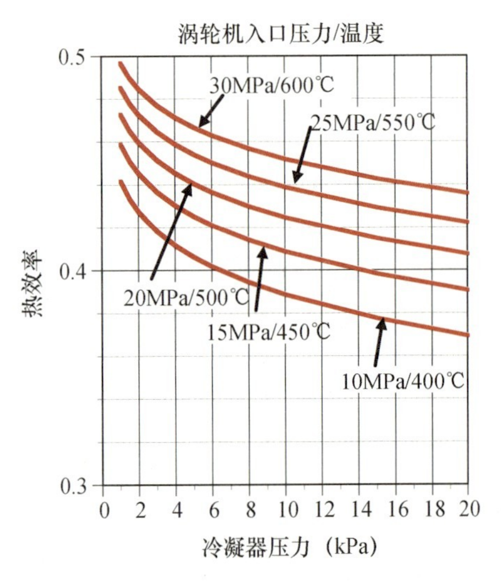

图 9.12　冷凝器压力对理论热效率的影响

理论热效率为

$$\eta=\frac{l_{34}-l_{12}}{q_{23}}=1-\frac{q_{41}}{q_{23}}$$

将式(9.52)和式(9.54)代入得

$$\eta=\frac{(h_3-h_4)-(h_2-h_1)}{h_3-h_2} \tag{9.55}$$

在蒸汽循环中，由于液体在泵内被压缩后比容几乎不发生变化，与气体循环的压缩相比具有压缩功率小的优点。将比容近似为一定值，泵功可表示为

$$l_{12}=\int_1^2 v\mathrm{d}p \approx v(p_2-p_1) \tag{9.56}$$

这与涡轮机输出功相比，在多数场合下可以忽略不计。因此，近似认为 $h_2 \approx h_1$，此时的理论热效率可表示为

$$\eta \approx \frac{h_3-h_4}{h_3-h_2} \approx \frac{h_3-h_4}{h_3-h_1} \tag{9.57}$$

图 9.11 为涡轮机入口水蒸气压力、温度对理论热效率影响的计算结果。由图可知，热效率随着压力、温度的上升而升高。但是，由于锅炉是由传热管构成，在其内流动的水从管外加热，会产生材料的耐热性问题，从而难以像燃气轮机那样在高温下工作，涡轮机入口温度上限在 900 K 左右。另外，当涡轮机出口湿蒸汽的干度比较小时，蒸汽中的水滴将对涡轮机叶片产生损伤。为了使该干度达到 88%～90%，涡轮机入口的蒸汽又必须处于高温状态。图 9.12 为冷凝器压力对理论热效率的影响。热效率随冷凝器压力降低而升高。

实际的蒸汽轮机由于存在摩擦或黏性等因素，不能做到可逆绝热膨胀，如 9.13 所示朝着熵增方向变化。设假定可逆绝热膨胀时蒸汽轮机出口的比焓为 h_4，实际蒸汽轮机出口的比焓为 $h_{4'}$，表示蒸汽轮机效率的**绝热效率**(adiabatic efficiency)可考虑为这两种情况下蒸汽轮机输出功之比，表示为

$$\eta_T=\frac{h_3-h_{4'}}{h_3-h_4} \tag{9.58}$$

蒸汽轮机效率的热效率比由式(9.57)算出的绝热效率低。

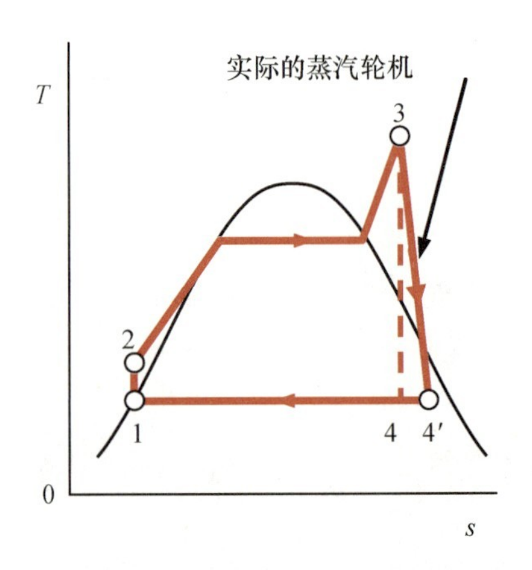

图 9.13　蒸汽轮机的绝热效率

【例题 9.3】 朗肯循环 ***************

有一已知下述状态点的朗肯循环。

涡轮机入口蒸汽：$p_3=10\ \text{MPa}$，$t_3=500℃$，$h_3=3\,375\ \text{kJ/kg}$，

$s_3=6.60\ \text{kJ/(kg}\cdot\text{K)}$

涡轮机出口蒸汽：$p_4=5.0\ \text{kPa}$

求涡轮机出口蒸汽的比焓、干度和理论热效率。

【解答】 设涡轮机出口蒸汽的干度为 x_4，比熵 s_4 可表示为

$$s_4=x_4s''+(1-x_4)s' \tag{ex9.6}$$

其中，s'，s''分别为饱和液体和干饱和蒸汽的比熵。在涡轮机内熵保持不变，根据 $s_3=s_4$ 可得

$$x_4=\frac{s_3-s'}{s''-s'} \tag{ex9.7}$$

根据饱和水表(附表 9.1)，5.0 kPa 时的饱和液体和干饱和蒸汽的物性为

$h'=138\ \text{kJ/kg}$，$h''=2\,562\ \text{kJ/kg}$，$s'=0.476\ \text{kJ/(kg}\cdot\text{K)}$，$s''=8.40\ \text{kJ/(kg}\cdot\text{K)}$

将上述数值代入可求得 x_4 为

$$x_4=\frac{6.60-0.476}{8.40-0.476}=0.773 \tag{ex9.8}$$

涡轮机出口蒸汽的比焓 h_4 为

$$\begin{aligned}h_4&=x_4h''+(1-x_4)h'\\&=0.773\times2\,562+(1-0.773)\times138\\&=2\,012(\text{kJ/kg})\end{aligned} \tag{ex9.9}$$

在冷凝器内压力为 p_4 下冷凝，出口成为饱和液体。因此，

$$h_1=h'=138\ \text{kJ/kg} \tag{ex9.10}$$

根据饱和水物性表(附表 9.1)，5.0 kPa 时饱和液体的比容为 $v'=0.001\,01\ \text{m}^3/\text{kg}$，由式(9.56)可得泵功为

$$\begin{aligned}l_{12}&=v(p_2-p_1)\\&=0.001\,01\times(10\times10^6-5\times10^3)\times10^{-3}\\&=10.1(\text{kJ/kg})\end{aligned} \tag{ex9.11}$$

由式(9.53)可得涡轮机输出功为

$$l_{34}=h_3-h_4=3\,375-2\,012=1\,363(\text{kJ/kg}) \tag{ex9.12}$$

由此可知，泵功与涡轮机输出功相比可以忽略。由式(9.57)可求得理论热效率为

$$\eta=\frac{h_3-h_4}{h_3-h_1}=\frac{3\,375-2\,012}{3\,375-138}=0.421 \tag{ex9.13}$$

****

9.4.2 再热循环(reheat cycle)

从朗肯循环的效率图(图 9.11)可知，热效率随涡轮机入口压力上

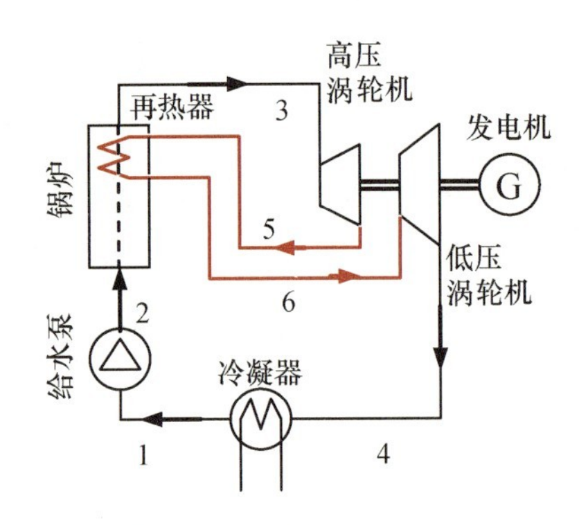

图 9.14 再热循环的构成

升而上升，由于涡轮机入口温度受材料耐热性的限制而不能太高，故压力增加过多就会产生涡轮机出口干度较低的问题。为了解决这一问题，蒸汽在涡轮机内膨胀进行到一定程度时予以中止，引到锅炉内再度加热，这种分两次进行膨胀的循环称为**再热循环**（reheat cycle）。该循环的构成如图 9.14 所示，将涡轮机分为高压涡轮机和低压涡轮机，从高压涡轮机出来的蒸汽在锅炉**再热器**(reheater)内再加热，然后进入低压涡轮机内继续膨胀。图 9.15 为再热循环的温-熵图。由图可知通过再热可使涡轮机出口的干度增加。对应于单位质量流量，

锅炉加热量：$q_b=(h_3-h_2)+(h_6-h_5)$ (9.59)

涡轮机输出功：$l_t=(h_3-h_5)+(h_6-h_4)$ (9.60)

忽略泵功，理论热效率可表示为

$$\eta=\frac{(h_3-h_5)+(h_6-h_4)}{(h_3-h_2)+(h_6-h_5)} \tag{9.61}$$

图 9.16 显示了高压涡轮机及低压涡轮机入口温度相等、再热压力（p_5）变化时理论热效率的计算结果。可以看出存在使理论热效率最大的再热压力，该最佳再热压力与涡轮机入口压力的比值为 0.2～0.4。

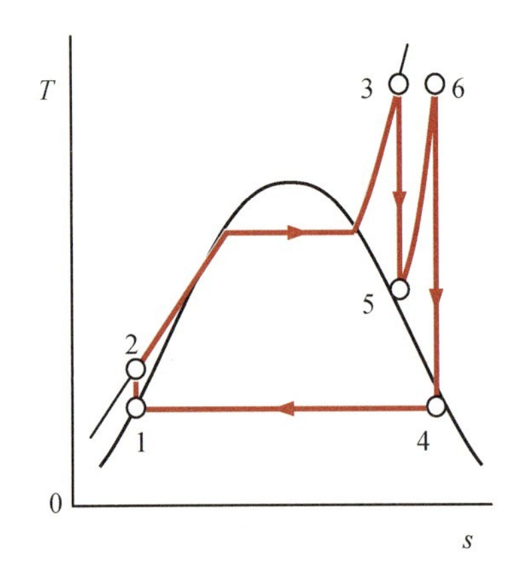

图 9.15 再热循环的 T-s 图

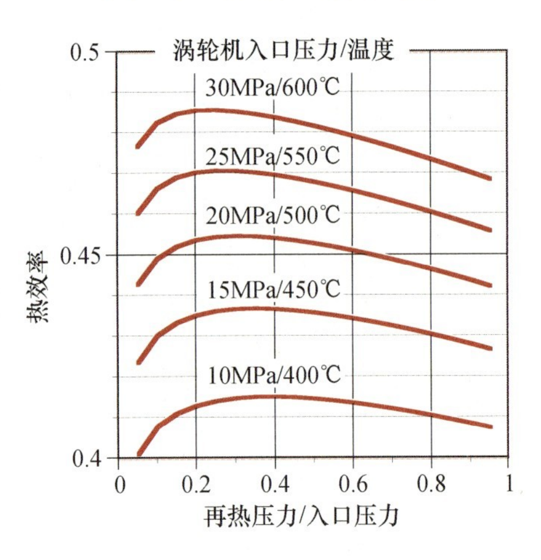

图 9.16 再热循环的热效率

9.4.3 再生循环(regenerative cycle)

减少锅炉内的加热量可作为提高蒸汽循环热效率的一种方法。将涡轮机内正进行膨胀的蒸汽在途中取出(称为抽气)，对锅炉给水进行加热的循环称为**再生循环**(regenerative cycle)。通过蒸汽的抽气使涡轮机输出功减少，但锅炉内加热量的减少效果更大，从而使热效率得以提高。该循环的构成有如图 9.17 所示的抽气蒸汽与从冷凝器出来的给水混合的**混合给水加热器型**(mixing feed water heater type)**再生循环**和如图 9.18 所示的抽气蒸汽与给水在换热器内进行热交换被冷凝后返回冷凝器的**表面给水加热器型**(surface condensing feed water heater type)再生循环两类。

混合给水加热型的温-熵图如图 9.19 所示。设蒸汽入口为单位质量流量，抽气流量为 m，涡轮机出口的流量则为 $1-m$。

锅炉加热量：$q_b=h_3-h_6$ (9.62)

涡轮机输出功：$l_t=h_3-h_5+(1-m)(h_5-h_4)$ (9.63)

冷凝器放热量：$q_c=(1-m)(h_4-h_1)$ (9.64)

忽略泵功，理论热效率可表示为

$$\eta=\frac{h_3-h_5+(1-m)(h_5-h_4)}{h_3-h_6} \tag{9.65}$$

考虑给水加热器内的能量平衡，得

$$mh_5+(1-m)h_1=h_6$$

抽气比例为

$$m=\frac{h_6-h_1}{h_5-h_1} \tag{9.66}$$

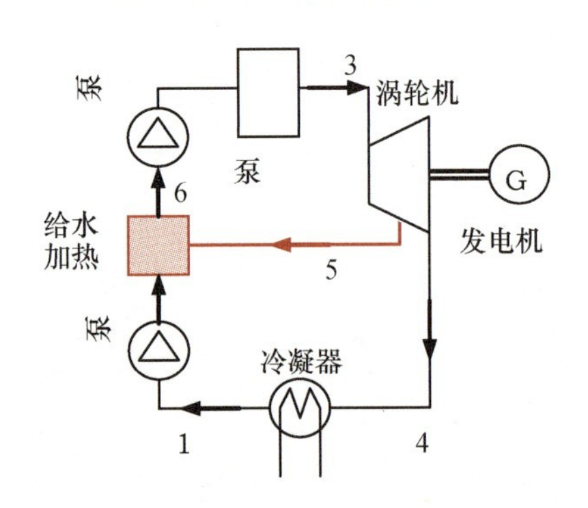

图 9.17 混合给水加热器型再生循环的构成

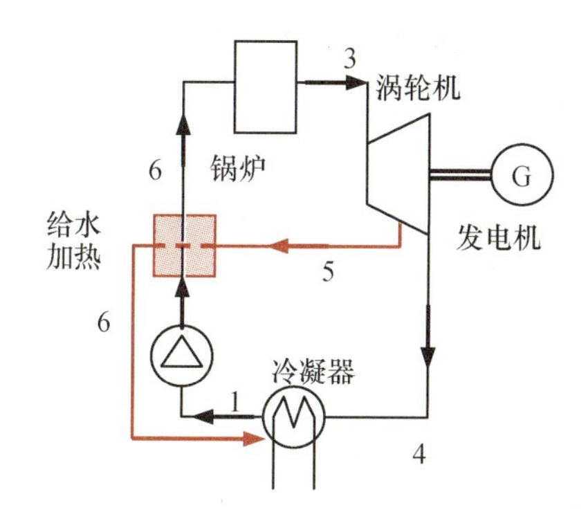

图 9.18 表面给水加热器型再生循环的构成

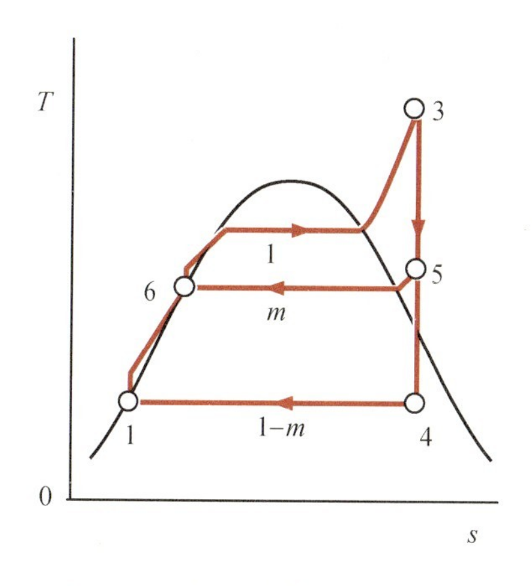

图 9.19 混合给水加热器型循环的 T-s 图

表面给水加热型的热效率在忽略泵功的情况下与式(9.65)相同。考虑给水加热器内的能量平衡,得

$$h_6-h_1=m(h_5-h_6)$$

抽气比例为

$$m=\frac{h_6-h_1}{h_5-h_6} \tag{9.67}$$

实际中通常并列设置6~7个给水加热器,但由于混合给水加热器型需要增设相应的泵的个数,因此使用表面给水加热器型成为主流的再生循环方法。

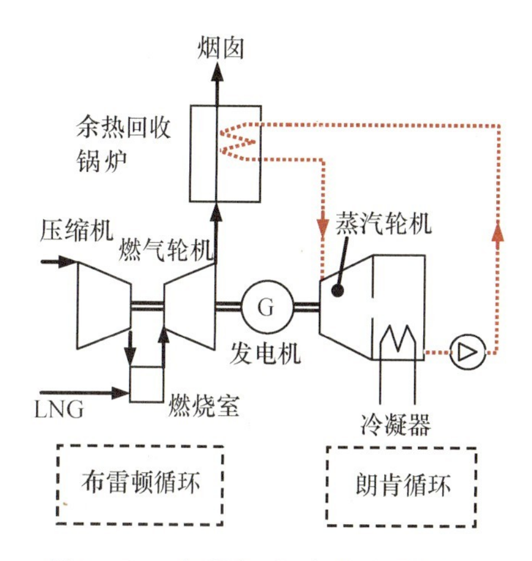

图 9.20 布雷顿-朗肯联合循环的构成

9.4.4 联合循环(combined cycle)

热能中可用能所占的比例随温度升高而增大,因此可知卡诺循环的热效率随高温热源温度升高而升高。由于高温热能具有高品质的能量,故热能应在高温时进行有效利用转变为机械功。另外,不将1个热机的排热扔掉,而将其作为与该热机相比工作温度更低的热机的热源,彻底进行能量的有效利用的技术正在发展。多个热机进行组合,从高温到低温能有效利用热能的系统称为**联合循环(combined cycle)**。

目前最实用化的联合循环是发电厂用的高温燃气轮机和蒸汽循环的组合。该循环的构成如图9.20所示,高温工作的燃气轮机的排热通过导入余热锅炉产生蒸汽,该蒸汽在低温下推动涡轮机工作。典型的温-熵图如图9.21所示。燃气轮机入口的气体温度为1 300~1 500℃,出口气体温度为600~800℃。利用该排气的能量在余热锅炉内产生蒸汽,作为蒸汽循环的热源。设燃气轮机的热效率为 η_G,余热锅炉产生水蒸气所回收的能量与燃气轮机投入的能量之比为 η_H,蒸汽循环热效率为 η_S,综合热效率可表示为

$$\eta=\eta_G+\eta_H\eta_S \tag{9.68}$$

最先进的联合循环发电的发电效率已超过50%。

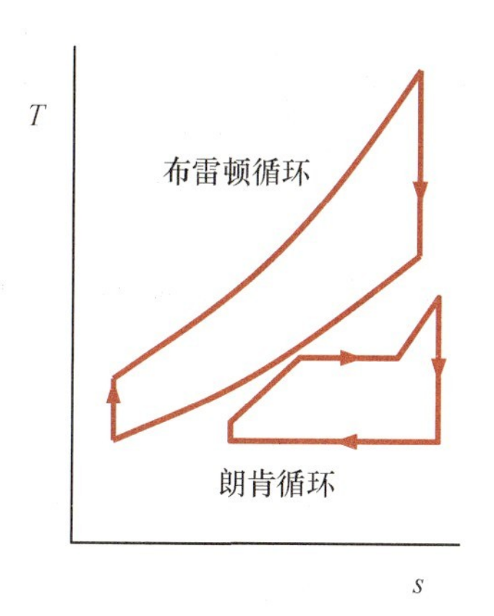

图 9.21 布雷顿-朗肯联合循环的 T-s 图

===== 练习题(*表示具有一定难度) ==========

(参照水蒸气饱和物性附表9.1和过热水蒸气物性附表9.2进行求解)

【9.1】 500℃,10 MPa的过热水蒸气通过涡轮机膨胀到5.0 kPa。

(a) 蒸汽在涡轮机内可逆绝热膨胀时,求涡轮机出口干度和1 kg蒸汽的输出功。

(b) 蒸汽轮机的绝热效率为0.85时,求涡轮机出口干度和1 kg蒸汽的输出功。

【9.2】 某物质在30℃时的汽化潜热为1 600 kJ/kg。该温度对应干度为0.30的湿蒸汽的比焓为750 kJ/kg,比熵为3.10 kJ/(kg·K)。求该温度下干饱和蒸汽的比焓和比熵。

【9.3】 有一个以水作为工作介质的再热循环。高压段涡轮机入口蒸汽的压力为25 MPa,温度为500℃,再热压力为8.0 MPa时再热到500℃,然后通过低压段涡轮机膨胀到3.0 kPa。求热效率。忽略泵功。(提示:利用过热蒸汽物性表,高压段涡轮机出口蒸汽的比焓可通过令入口蒸汽的比熵与8 MPa时的比熵相等,从300℃和400℃的物性内插求得)

【9.4】 锅炉产生压力为10 MPa,温度为600℃的蒸汽,有一冷凝压力为5.0 kPa的1段混合给水加热器型再生循环,抽气压力为0.8 MPa(热效率最大的抽气压力可近似为绝热热降2等分处的压力)。忽略泵功。

(a) 求从涡轮机抽出蒸汽的比焓。

(b) 求抽气比。

(c) 求热效率。

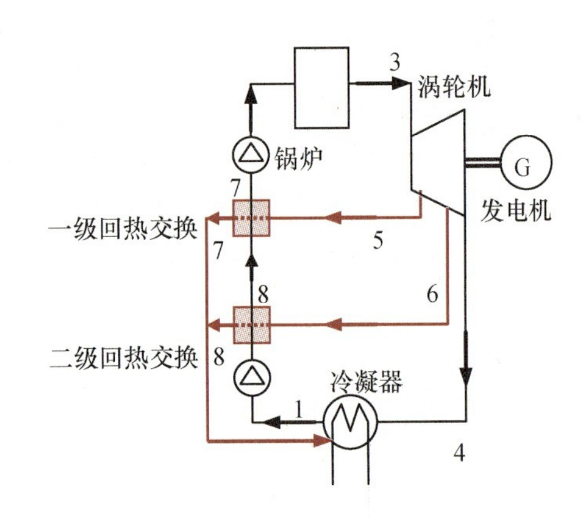

图9.22　二级回热加热再生循环

*【9.5】 有一与习题9.4具有相同蒸汽条件的如图9.22所示的二级回热加热再生循环。若第1级的抽气压力为2.0 MPa,回答下述问题。第2级的抽气压力可通过各给水加热器内饱和液体焓增量相等来确定($h_7-h_8=h_8-h_1$),可忽略泵功。

(a) 求各级的抽气比。

(b) 求热效率。

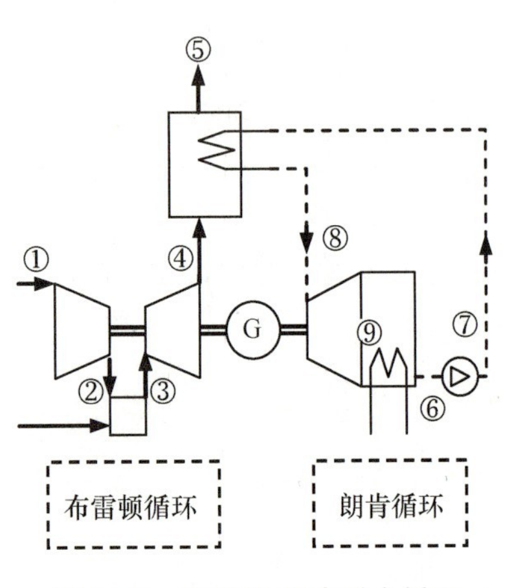

图9.23　布雷顿-朗肯联合循环

*【9.6】 对于图9.23所示的布雷顿-朗肯联合循环,已知下列条件。$p_1=0.10$ MPa,$p_2=1.0$ MPa,$T_1=293$ K,$T_3=1\,620$ K,$T_5=430$ K,工作介质比热比为1.4、气体常数为0.287 kJ/(kg·K)的理想气体。压缩机和燃气轮机内为可逆绝热变化过程。对于朗肯循环,$p_6=p_9=5.0$ kPa,$p_7=1.0$ MPa,$T_8=473$ K,工作介质为水。蒸涡轮机内为可逆绝热变化过程。可忽略泵功。

(a) 求布雷顿循环的热效率。

(b) 求余热回收锅炉回收的热能与布雷顿循环投入的热能的比值。忽略余热回收锅炉的热损失。

(c) 求朗肯循环的热效率

(d) 求整个系统的热效率。

【9.7】 One kilogram of water is heated from a quality of 0.70 to a superheated vapor state at 400℃ under a constant pressure of 3.0 MPa. How much heat is absorbed by vapor?

【9.8】 What is the final entropy and the work output for one kilogram of steam expanded from 10 MPa and 500℃ to 3.0 kPa in a process with an isentropic efficiency of 80%?

【9.9】 A Rankine cycle operates on steam at 20 MPa and at 600℃, exhausting at 3.0 kPa. Assuming an isentropic expansion of the turbine, find the quality at the turbine outlet and the thermal efficiency of the turbine.

【9.10】 A reheat cycle operates on steam at 20 MPa and at 600℃, exhausting at 3.0 kPa. The steam is reheated when its pressure drops to 5.0 MPa. Assuming an isentropic expansion of the turbine, find the quality at the turbine outlet and the thermal efficiency of the turbine.

【答案】

9.1 (a) 0.773, 1 364 kJ/kg (b) 0.858, 1 159 kJ/kg

9.2 1 870 kJ/kg, 6.80 kJ/(kg·K)

9.3 47.0%

9.4 (a) 2 885 kJ/kg (b) 0.212 (c) 46.7%

9.5 (a) 第1级：0.151 第2级：0.129 (b) 47.9%

9.6 (a) 48.2% (b) 38.8% (c) 29.3% (d) 59.6%

9.7 967 kJ

9.8 7.56 kJ/(kg·K) 1 133 kJ

9.9 0.748 46.8%

9.10 0.840 48.6%

第9章 参考文献

[1] 日本機械学会編，流体の熱物性値集，(1983).

第10章

制冷循环与空调

Refrigeration Cycle and Air Conditioning

10.1 制冷原理(principle of refrigeration)

物体的加热通过电加热器等利用燃烧热很容易实现,而对于物体的冷却则需要特别的办法。对于环境温度以上的物体冷却,只需利用环境里有的空气和水冷却就行了,而对于环境温度以下的低温,即从低温热源不断地取走热量向高温环境释放,这一过程是不能自发进行的。这必须通过外部对系统做功,实现低温热源向高温热源的热量移动而达到制冷的目的。通常,高温的物体到低温通过绝热膨胀或者用节流阀就可以实现。要得到1 K以下的极低温,虽然有绝热消磁法、原子核消磁法、稀释冷冻法等,但都只限于特殊场合。

10.1.1 可逆绝热膨胀(reversible adiabatic expansion)

如图10.1所示,以高压气体一边绝热膨胀一边流动的系统为考察对象。准静态的过程根据热力学第一定律有:

$$T\mathrm{d}s=\mathrm{d}h-v\mathrm{d}p \tag{10.1}$$

定熵膨胀有 $\mathrm{d}s=0$,$\mathrm{d}p<0$,由此得出 $\mathrm{d}h<0$,焓将减少。焓是流体的能量,焓一减少流体温度将降低。焓的减少量可以作为功向外部输出。

如此,通过可逆绝热膨胀,任何物质都能实现低温。作为实现可逆绝热膨胀的装置,涡轮能采用,但因为成本高,所以只在空气制冷循环和极低温液化机的一部分使用。

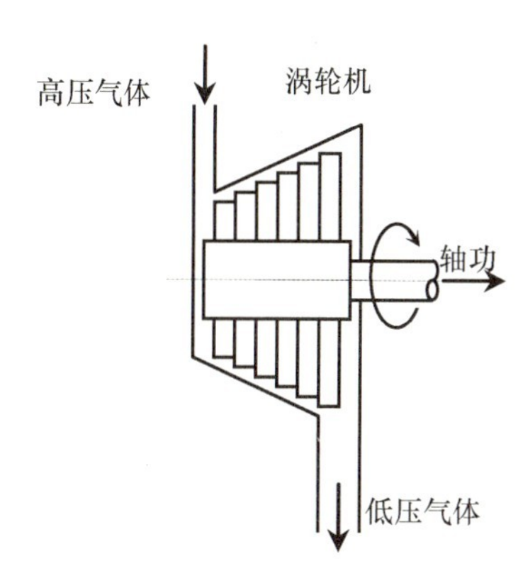

图10.1 可逆绝热膨胀的例子

10.1.2 节流膨胀(throttle expansion)

流体在多孔介质及孔板等狭窄的管路中流过时,如果忽略流速的变化,节流过程中与外界没有热交换,也不可能对外界做功,焓将被保存,**节流膨胀**过程成为**等焓膨胀**(isenthalpic expansion)过程,也称**焦耳-汤姆逊膨胀过程**(Joule-Thomson process)。

焓一定时,温度变化除以压力变化得到**焦耳-汤姆逊系数**(Joule-Thomson coefficient)μ:

$$\mu=\left(\frac{\partial T}{\partial p}\right)_h \tag{10.2}$$

将热力学一般关系式

$$\mathrm{d}s=\frac{c_p}{T}\mathrm{d}T-\left(\frac{\partial v}{\partial T}\right)_p\mathrm{d}p$$

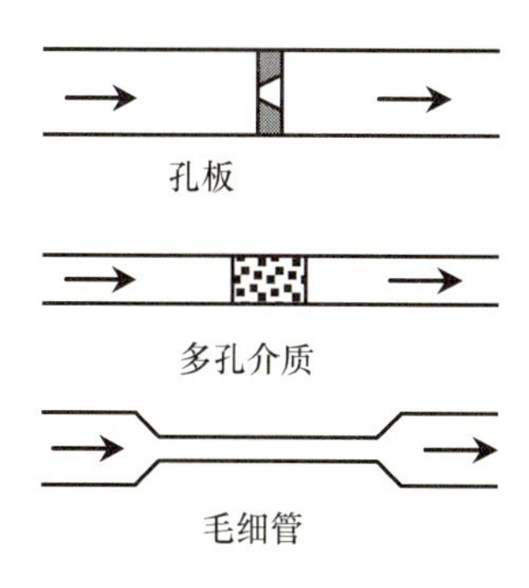

图10.2 节流膨胀的例子

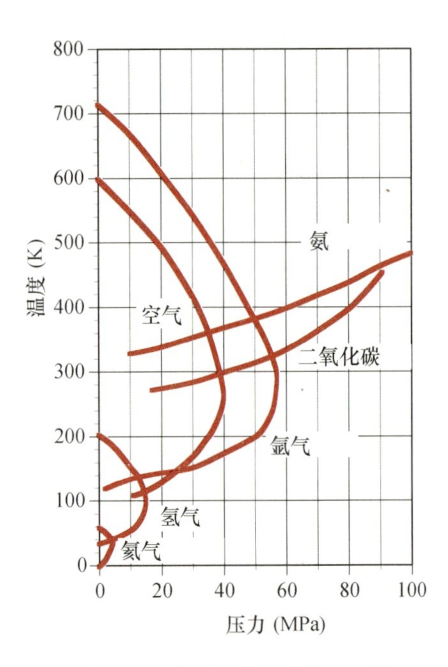

图 10.3 各种物质的回转温度[1]

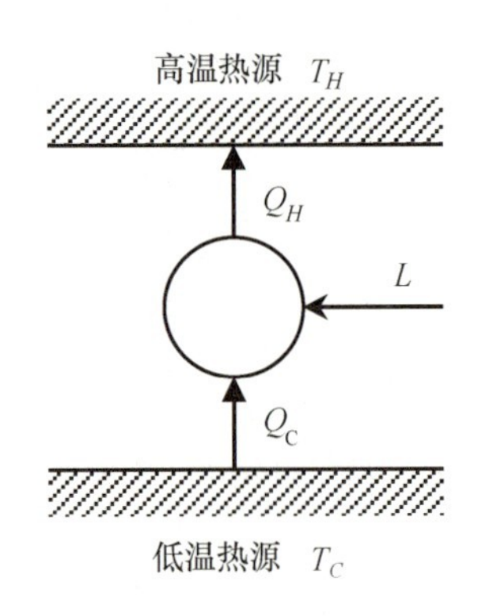

图 10.4 制冷机、热泵

代入(10.1),消去 ds,得到:

$$c_p dT - T\left(\frac{\partial v}{\partial T}\right)_p dp = dh - v dp \tag{10.3}$$

令 $dh=0$,方程两边除以 dp,则焦耳-汤姆逊系数

$$\mu = \frac{T\left(\frac{\partial v}{\partial T}\right)_p - v}{c_p} \tag{10.4}$$

对于理想气体,$\mu=0$,节流膨胀过程中温度不发生变化。对于实际气体,不服从理想状态方程式,温度将发生如下变化。

膨胀时温度降低:$\mu>0$ (10.5)

膨胀时温度上升:$\mu<0$ (10.6)

$\mu=0$ 时的温度叫做**递转温度(inversion temperature)**。几种代表性物质的递转温度如图 10.3 所示。曲线的左侧是 $\mu>0$ 的区域,右侧是 $\mu<0$ 的区域。在 $\mu>0$ 的温度、压力范围内,节流膨胀可以使温度降低。表 10.1 是各种物质的最高递转温度。氮气和氧气在常温附件有 $\mu>0$,利用节流膨胀可以实现低温,而氢气和氦气在常温附近 $\mu<0$,因此当温度小于其递转温度时,必须采用别的方法实现制冷。

表 10.1 最高递转温度

物质	CO_2	O_2	N_2	空气	Ne	H_2	He
(K)	1500	760	620	600	250	200	40

10.2 工作性能系数(coefficient of performance)

如图 10.4 所示,制冷循环是指从低温热源吸热,到高温热源放热的机器。这个机器将热量从低温热源吸至高温热源时,如果目的是将低温热源进行冷却的话,就被称作**制冷机(refrigerating machine)**;以对高温热源加热为目的,就被称作**热泵(heat pump)**。有时候将制冷机与热泵合起来统称热泵。循环的工作原理两者基本相同,只是目的不同。

制冷机的性能指标叫**工作性能系数(coefficient of performance)**或者**成绩系数,COP**。根据冷冻目的和加热目的的不同,工作性能系数分别定义,式(10.7)和式(10.8)(表 10.2)。

制冷机:$\varepsilon_R = \dfrac{Q_C}{L}$ (10.7)

热泵:$\varepsilon_H = \dfrac{Q_H}{L}$ (10.8)

表 10.2 冷冻机的工作性能系数

$\varepsilon_R = \dfrac{Q_C}{L}$…制冷机
$\varepsilon_H = \dfrac{Q_H}{L}$…热泵

Q_C 是低温热源的吸热量,Q_H 是高温热源的放热量,L 为输入功。根据能量守恒关系 $Q_H = Q_C + L$,有

$$\varepsilon_H = \varepsilon_R + 1 \tag{10.9}$$

根据定义，热泵的性能系数 ε 不会小于 1。空调工作的原理如图 10.5 所示。在夏季，消耗电力 L 从室内吸取热量 Q_C 而制冷，在屋外放出的热量 $Q_H = Q_C + L$。另外，在冬季，消耗电力 L 从屋外吸收热量 Q_C，在室内放出热量 $Q_H = Q_C + L$ 而供暖。夏季的工作性能系数由式(10.7)表示，冬季的工作性能系数用式(10.8)表示。

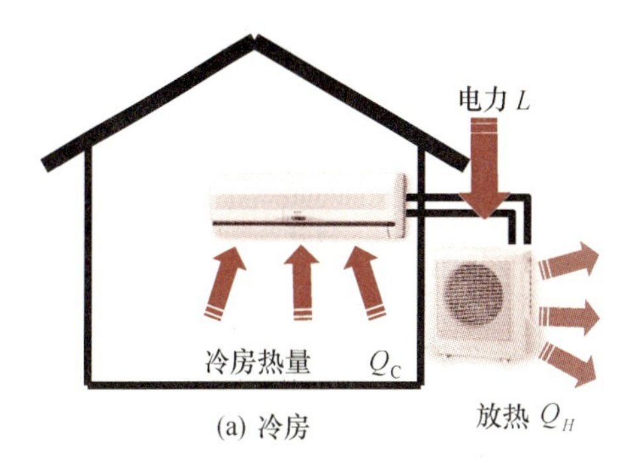

(a) 冷房

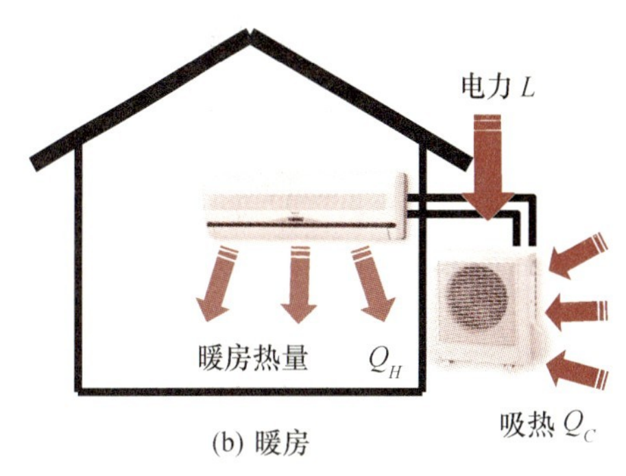

(b) 暖房

图 10.5 空调工作原理

10.3 各种制冷循环(refrigeration cycle)

10.3.1 逆卡诺循环(inverse Carnot cycle)

在相同的高温热源和低温热源之间，逆卡诺循环(inverse Carnot cycle)是所有制冷循环中效率最高的制冷循环。如图 10.6 所示，逆卡诺循环按与卡诺循环相同的路线而反向进行，即按逆时针方向进行。如果说热机是与时针同方向循环的话，制冷循环就是与时针相反方向循环。

逆卡诺循环的 4 个过程中包括两个可逆定温过程和两个可逆绝热过程，通过 4 个过程实现从低温热源吸热，并将热量传向高温热源。系统在各个过程中单位质量流量工质与外界交换的热量可以由公式 $\delta q = T\mathrm{d}s$ 积分求得。

吸热量：$q_C = T_C(s_2 - s_1)$ (10.10)

放热量：$q_H = T_H(s_2 - s_1)$ (10.11)

式(10.11)与式(10.10)的差值即是为了实现逆卡诺循环需要输入的外部补偿能量的大小。对于不同利用目的的逆卡诺循环的工作效率可以表示如下。

制冷机：$\varepsilon_R = \dfrac{T_C}{T_H - T_C}$ (10.12)

热泵 ：$\varepsilon_H = \dfrac{T_H}{T_H - T_C}$ (10.13)

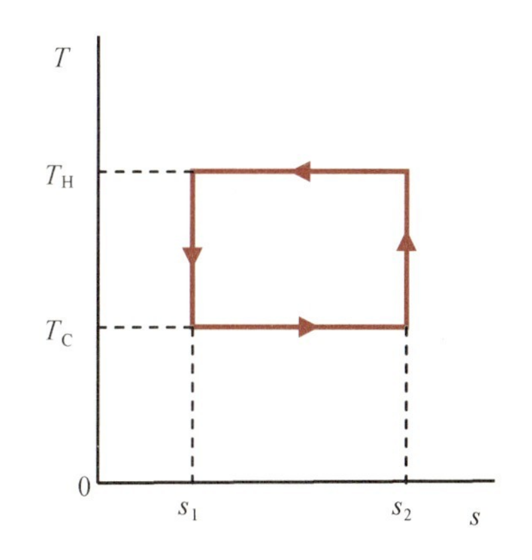

图 10.6 逆向卡诺循环的 T-s 图

上式是以温度表示的逆卡诺循环的效率。环境温度为 20℃时，即制冷机将热量排放到 20℃环境中，而热泵从 20℃的环境中吸取热量，逆卡诺循环制冷机和热泵的工作性能系数如图 10.7 所示，其中横轴为另一热源的温度。从图中可以看出两热源间温差越小工作性能系数越大；温差越大，工作性能系数越小。

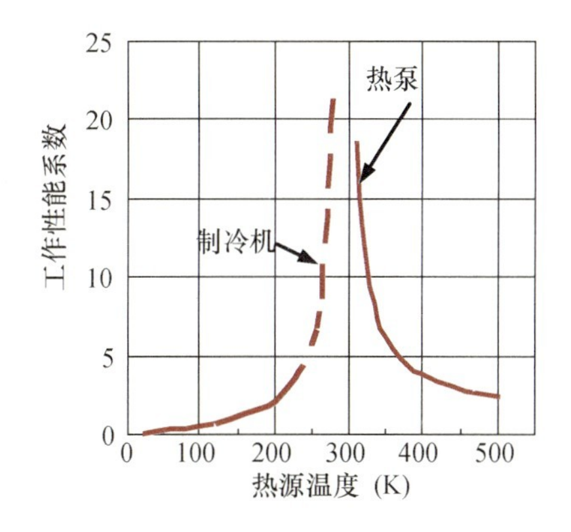

图 10.7 环境温度 20℃(293 K)的逆向卡诺循环的工作性能系数

10.3.2 蒸汽压缩式制冷循环(vapor compression refrigeration cycle)

蒸汽压缩式制冷循环在制冷和空调中得到广泛应用，其结构流程如图 10.8 和图 10.9 所示。系统由压缩机、冷凝器、膨胀阀和蒸发器组成。制冷循环的工质，即制冷剂(refrigerant)，基本制冷循环的 T-s 图和 p-h 图如图 10.10 和图 10.11 所示。饱和蒸汽的制冷剂被压缩机(compressor)吸入，经可逆绝热压缩成为高压的过热蒸汽(状态1→2)，然后送往冷凝器并在冷凝器(condenser)中被等压冷凝成饱和液体(状态 2→3)。冷凝后的液体通过膨胀阀(expansion valve)膨胀为低温的湿蒸汽(状态 3→4)。最后，在蒸发器(evaporator)中等压加热蒸发成为饱和蒸汽(状态 4→1)并从低温热源吸热。

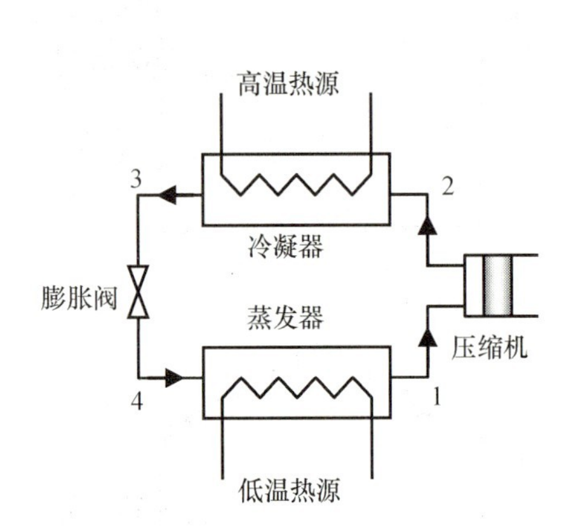

图 10.8 蒸气压缩式制冷循环

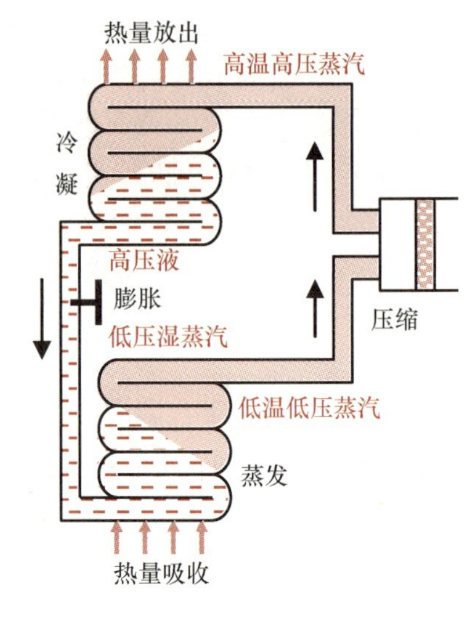

图 10.9 制冷循环内的制冷剂流动

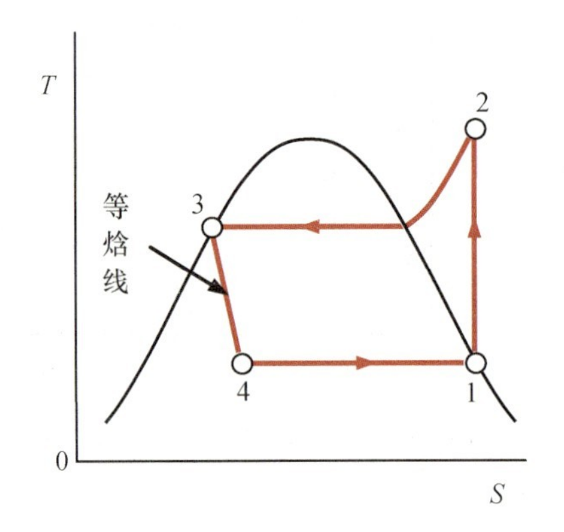

图 10.10 制冷循环的 T-s 图

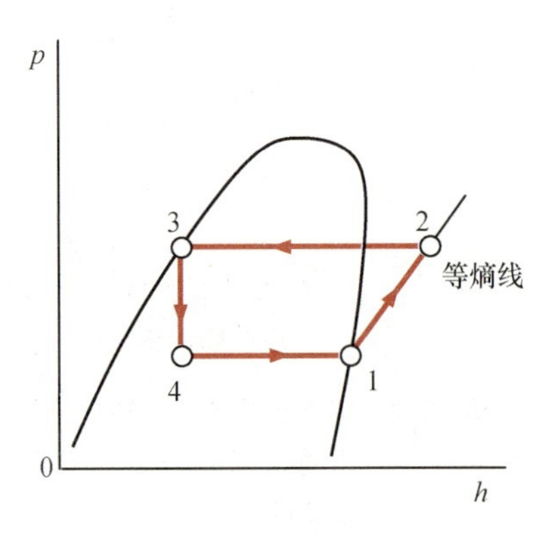

图 10.11 制冷循环的 p-h 图

制冷剂在压缩机中可逆绝热压缩，根据热力学第一定律，忽略位能和动能的变化，稳定流动的能量方程可表示为

$$l_{12}=h_2-h_1 \tag{10.14}$$

制冷剂在冷凝器中等压冷却，冷却过程向外放出的热量可表示为

$$q_{23}=h_2-h_3 \tag{10.15}$$

由于膨胀阀没有跟外部进行热交换，流体的焓值不变，即

$$h_3=h_4 \tag{10.16}$$

制冷剂在蒸发器中等压加热，其吸收的热量可表示为

$$q_{41}=h_1-h_4 \tag{10.17}$$

对于制冷系数、制热系数等，可以用如下的焓差比表示

$$\varepsilon_R=\frac{q_{41}}{l_{12}}=\frac{h_1-h_4}{h_2-h_1} \tag{10.18}$$

$$\varepsilon_H=\frac{q_{23}}{l_{12}}=\frac{h_2-h_3}{h_2-h_1} \tag{10.19}$$

从以上计算可以看出，制冷循环的工作系数均与过程的比焓差有关，在计算各循环参数时，常采用 p-h 图。

蒸汽压缩式制冷循环的制冷剂，常见的有**碳氟化合物**(fluorocarbon)，其中又以氟化烃最为常用。氟化烃是甲烷(CH_4)和乙烷(C_2H_6)等化合物中的 H 元素被 F 元素和 Cl 置换后的化合物的总称，其中把氢全部置换的称之为 CFC。CFC 由于能破坏平流层中的臭氧层，因此从 1996 年起被禁止使用。把含碳和氟以及氯的化合物称之为 HCFC，其中不含碳的称之为 HFC。含有氯的 HCFC 的物质由于对平流层中的臭氧有破坏作用，因此也受到国际限制。近年来，除了纯的制冷剂以外，常用制冷剂主要是混合了 HFC 类的混合制冷剂以及二氧化碳和氨等。

表 10.3 所示为常用制冷剂的物性。附图 10.1 为冰箱和车辆空调等常用制冷剂 HFC-134a 的 p-h 图。

【例题 10.1】 ************************

HFC-134a 做制冷剂的蒸汽压缩式制冷循环。

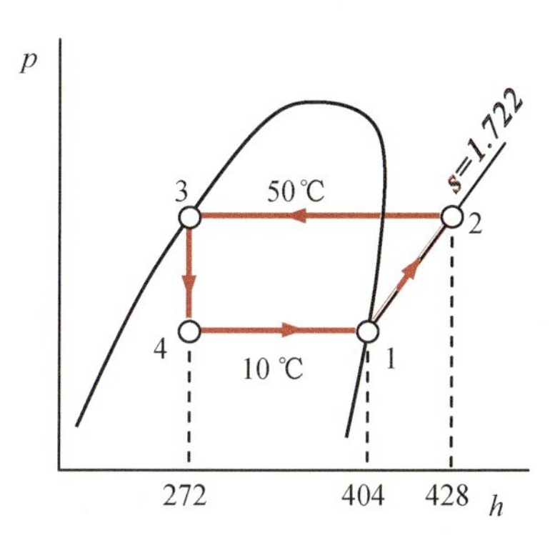

图 10.12 制冷时的 p-h 图

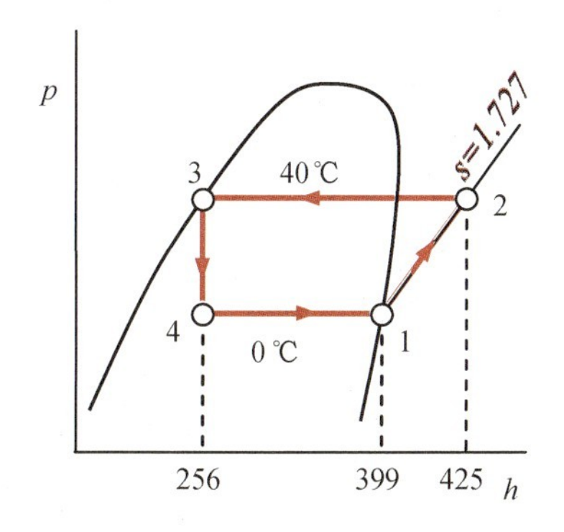

图 10.13 供暖时的 p-h 图

(a) 制冷时，蒸发温度为 10℃，冷凝温度为 50℃。求制冷系数。

(b) 供暖时，蒸发温度为 0℃，冷凝温度为 40℃。求供暖系数。

【解答】 (a)图 10.12 所示为具体的制冷循环。由附图 10.1，根据 10℃饱和蒸汽压的比焓线和比熵线可得

$h_1=404\ \mathrm{kJ/kg}, s_1=1.722\ \mathrm{kJ/(kg \cdot K)}$

状态 1 通过等熵线和 50℃的饱和压力 1.32 MPa 的等压线的交点是状态 2。则比焓为

$h_2=428\ \mathrm{kJ/kg}$

状态 3 是 50℃的饱和液，该点的比焓

$h_3=272\ \mathrm{kJ/kg}$

因 $h_4=h_3$，则制冷系数为

$$\varepsilon_R=\frac{h_1-h_4}{h_2-h_1}=\frac{404-272}{428-404}=5.50 \tag{ex10.1}$$

(b) 供暖时的循环图如图 10.13 所示。由附图 10.1 可查得 0℃的饱和蒸汽的比焓和比熵。

表 10.3 主要制冷剂的热物性

	制冷剂	化学式	沸点(℃)	临界温度(℃)	临界压力(MPa)	LT[a](年)	ODP[b]	GWP[c]	可燃性[d]
纯物质	CFC-11	CCl_3F	23.7	198.1	4.41	75	1.0	4000	不可燃
	CFC-12	CCl_2F_2	−29.8	111.8	4.12	111	1.0	8500	不可燃
	HCFC-22	$CHClF_2$	−40.8	96.2	4.99	15	0.055	1700	不可燃
	HCFC-123	$CHCl_2CF_3$	27.7	183.7	3.67	1.6	0.02	93	不可燃
	HCFC-141b	CH_3CCl_2F	32.2	204.2	4.25	8	0.11	630	6.5～15.5
	HCFC-142b	CH_3CClF_2	−9.3	137.2	4.12	19	0.065	2000	7.8～16.8
	HFC-23	CHF_3	−82.0	25.9	4.82	260	0	11 700	不可燃
	HFC-32	CH_2F_2	−51.7	78.4	5.83	5.0	0	650	13.6～28.4
	HFC-125	CHF_2CF_3	−48.5	66.3	3.63	29	0	2800	不可燃
	HFC-134a	CH_2FCF_3	−26.2	101.2	4.07	13.8	0	1300	不可燃
	HFC-143a	CH_3CF_3	−47.3	73.1	3.81	52	0	3800	8.1～21.0
	HFC-152a	CH_3CHF_2	−25.0	113.5	4.49	1.4	0	140	4.0～19.6
	二氧化碳	CO_2	−78.4	31.06	7.38	—	0	1	不可燃
	氨	NH_3	−33.4	132.5	11.28	—	0	0	16～28
	丙烷	C_3H_8	−42.1	96.7	4.25	—	0	3	2.3～9.5
	异丁烷	C_4H_{10}	−11.7	135.0	3.65	—	0	3	1.8～8.4
混合物	R404A	HFC-125/143a/134a	−46.8	72.0	3.72	—	0	3300	不可燃
	R407C	HFC-32/125/134a	−43.6	85.6	4.61	—	0	1500	不可燃
	R410A	HFC-32/125	−51.6	71.5	4.92	—	0	1700	不可燃

a：在大气层的寿命

b：平流层臭氧层破坏能力(CFC-11 作为 1 相对的价值)

c：以把全球变暖能力(二氧化碳作为 1～100 年的评价基准)

d：在爆炸界限，表现在空气中的体积分数

$h_1=399\,kJ/kg, s_1=1.727\,kJ/(kg\cdot K)$

状态1通过等熵线和40℃的1.02 MPa的饱和压力等压线的交点为状态2。该点的比焓

$h_2=425\,kJ/kg$

状态3为0℃的饱和液,该点的比焓为

$h_3=256\,kJ/kg$

因此,供暖系数为

$$\varepsilon_H=\frac{h_2-h_3}{h_2-h_1}=\frac{425-256}{425-399}=6.50 \qquad (ex10.2)$$

****

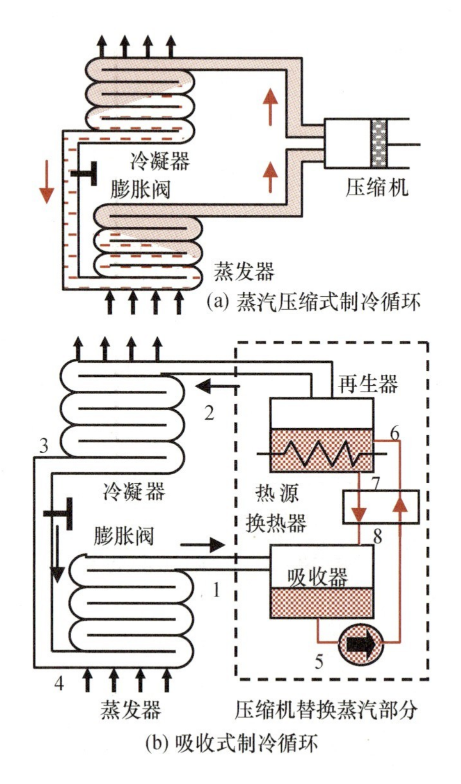

图 10.14　单效吸收制冷循环

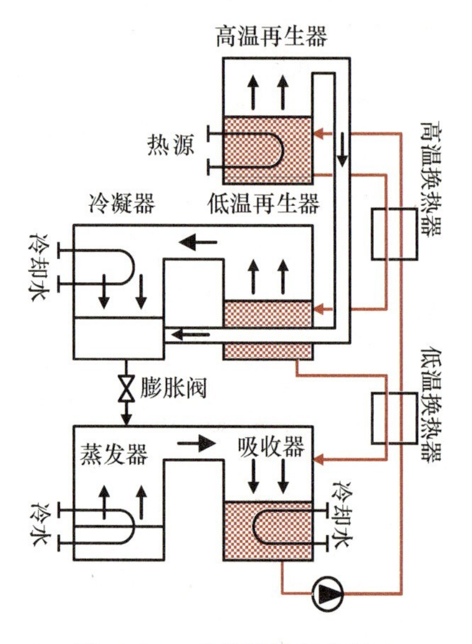

图 10.15　双效吸收制冷循环

*10.3.3　吸收式制冷循环(absorption refrigeration cycle)

蒸汽压缩式制冷循环是根据电能驱动压缩机将高压蒸汽转换为低压蒸汽,而吸收制冷循环是依靠液体溶液不断吸收或者放出制冷剂而进行热量交换达到制冷目的的循环。图10.14对比显示了蒸汽压缩式制冷循环与吸收式制冷循环的原理。和蒸汽压缩式制冷循环一样,吸收式制冷循环具有蒸发器和冷凝器,把通过其获得制冷效果的物质称为**制冷剂**(refrigerant)。蒸汽压缩式制冷循环采用压缩机,吸收式制冷循环通过制冷剂吸收热量,通过液泵升压,循环中用来吸收制冷剂的物质称为**吸收剂**(absorbent)。

吸收剂在吸收器中吸收蒸发器中制冷剂的热量,吸收剂和制冷剂混合溶液沸点上升,**吸收器**(absorber)的温度比蒸发器的温度高3～4℃,吸收时制冷剂凝结的热用常温的水除去。在吸收器中吸收了热量的蒸汽或者是被稀释了的吸收剂通过泵升压,进入**再生器**(regenerator)后被加热浓缩。加热蒸发后的高压制冷剂蒸汽再被送到冷凝器。从再生器返回的吸收剂因为温度较高,可以通过**溶液换热器**(solution heat exchanger)加热被再生器送回的低温吸收剂。制冷剂通过冷凝器经过膨胀阀流入蒸发器,再从低温热源吸取热量到高温热源蒸发放出热量。

图10.14为单效吸收制冷机的简单构造,图10.15是为提高循环效率而改良的双效吸收制冷机的构成图。考虑到高压蒸汽的热能经过冷凝器后直接排出被浪费与节能相悖,图10.14中的高压蒸汽通过低温再热器进行循环利用。图10.15是**高温再生器**(high-temperature generator)对**低温再生器**(low-temperature generator)的冷凝蒸汽进行热源再利用。高温再生器的制冷剂通过高温再生器冷凝,然后经过低温再生器的作用,蒸汽继续被冷凝,之后流入冷凝器,通过膨胀阀被送到蒸发器。与单效相比,双效以同样的加热量使之产生两次蒸汽,理论制冷系数是原来的2倍。

用于吸收式制冷循环的工质有水-溴化锂、氨-水。用水-溴化锂做制冷剂,溴化锂起吸收剂的作用,主要用于大型建筑物等宽广地带的冷气供应。由于水在 0℃以下结冰,所以在 0℃以下的户外通过空气吸收热的热泵不能使用其做制冷剂。对于热泵系统,必须使用氨-水等在 0℃以下不结冰的工质做制冷剂。图 10.16 所示的是水-溴化锂吸收式制冷的压力-温度图。由于溴化锂的浓度随着沸点的上升而不同,因此,图中也给出了溴化锂的浓度线。

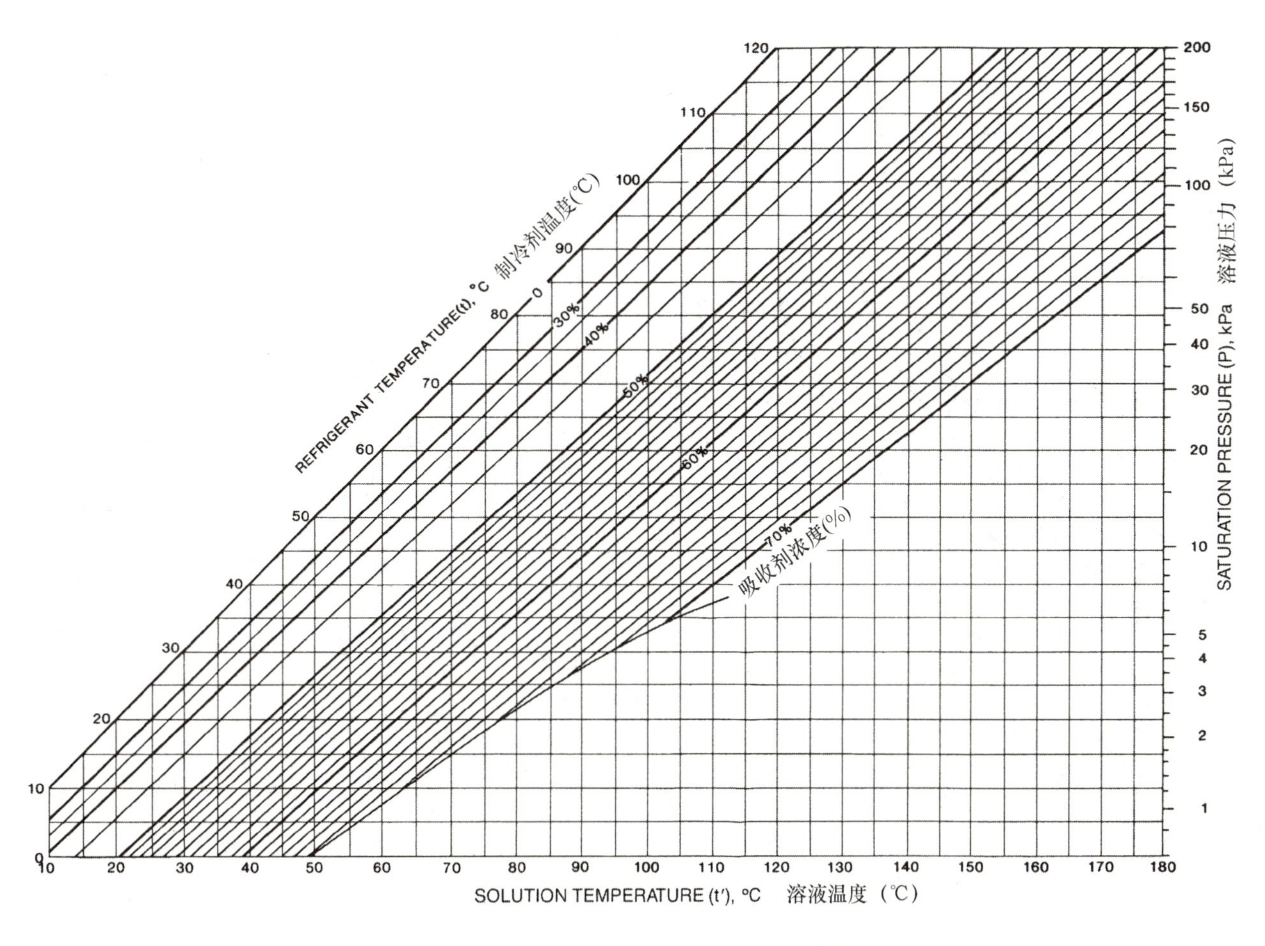

图 10.16 溴化锂水溶液的压力-温度-浓度图[2]

图 10.17 以单效吸收式制冷循环的压力-温度图为例。定义如下状态点

1：蒸发器出口 2：冷凝器入口

3：冷凝器出口 4：蒸发器入口

5：吸收器出口 6：再生器入口

7：再生器出口 8：吸收器入口

冷凝器中溶液循环比 a,定义为蒸发器的制冷剂流量与吸收器流向再生器的吸收溶液的流量之比,考虑到吸收器的吸收剂的质量,对单位流量的制冷剂,吸收器流入的液体流量为 $a-1$,吸收器流出的液体流量为 a,其关系可表示为

$$(a-1)\xi_7 = a\xi_5 \tag{10.20}$$

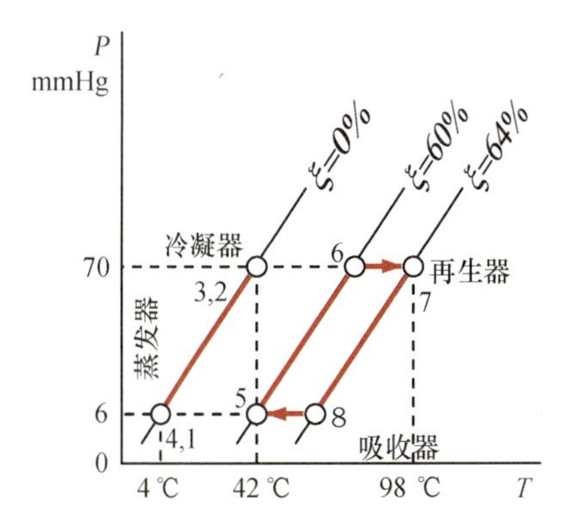

图 10.17 单效吸收循环例子

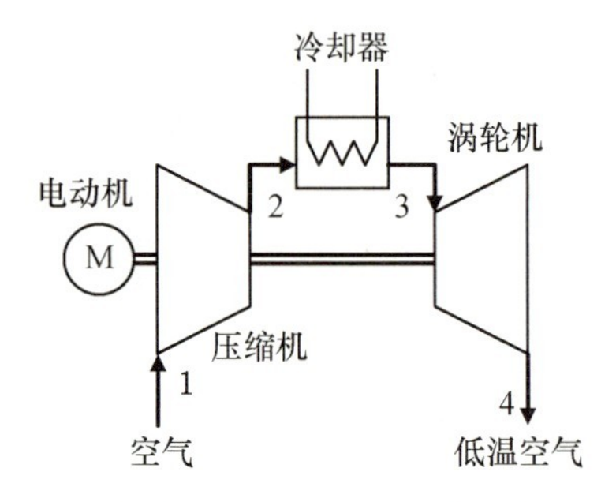

图 10.18 空气压缩制冷循环构成

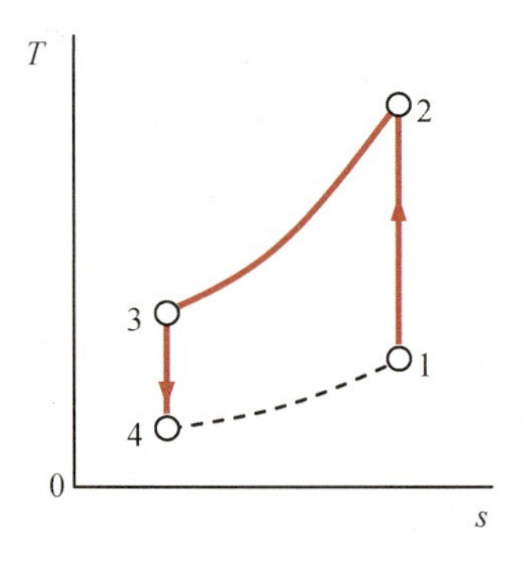

图 10.19 空气压缩制冷循环

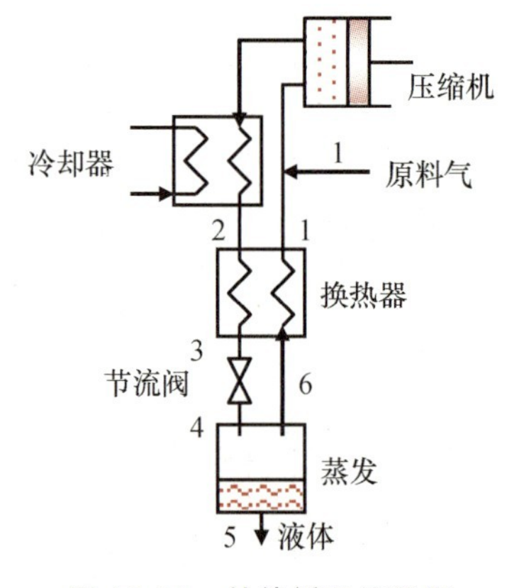

图 10.20 林德循环流程图

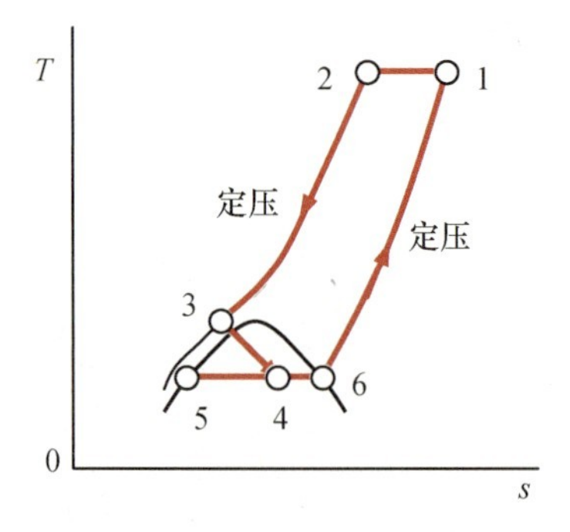

图 10.21 林德循环 T-s 图

即,稀溶液的浓度。对于浓溶液,由于吸收了吸收剂的质量,其浓度 a 可表示为

$$a=\frac{\xi_7}{\xi_7-\xi_5} \tag{10.21}$$

根据蒸发器的单位制冷剂汽化所带走的热量,在蒸发器中的制冷量可表示为

$$q_{41}=h_1-h_4 \tag{10.22}$$

另外,在再生器中的受热量,必须考虑蒸气的蒸发和溶液随温度变化两方面的影响,即

$$q_{67}=h_2-h_6+(a-1)(h_7-h_6) \tag{10.23}$$

因此,制冷系数可表示为

$$\varepsilon_R=\frac{q_{41}}{q_{67}}=\frac{h_1-h_4}{h_2-h_6+(a-1)(h_7-h_6)}$$

对于氨-水,制冷剂是氨,吸收剂是水,因为三相点为-77℃,所以能在很大范围内供热泵使用,其缺点是制冷系数比水-溴化锂低。

*10.3.4 空气制冷循环(air refrigeration cycle)

根据布雷顿循环的热力过程,由其反方向变化而得到制冷效果的循环称为压缩**空气制冷循环**,其工作介质是空气。图10.18所示为压缩空气制冷循环装置流程图。图10.19所示为压缩空气制冷循环的 T-s 图。低压空气在压缩机中被绝热压缩(状态 1→2),高温高压的空气在冷却器中等压放热被冷却(状态 2→3),然后进入涡轮机,绝热膨胀成为低温低压的空气(3→4),最后进入低温热源,吸收低温热源放出的热量。空气压缩制冷能直接应用于开放的低温空气系统。

空气制冷机利用从喷气式发动机获得的高温高压空气,已用于航空客机空调。详细介绍参照第8.4节。

*10.3.5 液化循环(liquefaction cycle)

液化器(liquetier)是利用氮、氢、氦等气体液化的制冷机,其工作介质是氮、氢、氦等气体。图10.20为**林德循环(Linde cycle)**装置流程图。图10.21为林德循环的 T-s 图。经由压缩机的高压气体被常温冷却(状态 2),经过气液分馏后的气体继续被冷却(状态 3)。根据焦耳-汤姆逊效应,节流后的介质为湿蒸气(状态 4),在蒸发中气液被分离,液体(状态 5)被取出,残余的气体(状态 6)与被压缩机压缩后的高压气体进行热交换,之后进入压缩机重新被压缩。通过液化减少了压缩机入口工作介质的补给。通过膨胀形成低温,10.1.2节中的焦耳-汤姆逊系数如果不是正数,则表示空气、沼气、氩等从室温冷却的液化能。但是,由于氦和氢室温焦耳-汤姆逊系数为负,来自室温的液化能不能为负。因此,为了液化,需采用另外的某种方法使焦耳-汤姆逊系数为正,直到能根据温度确定是不是冷却为止,如下面的克劳德循环。

图 10.22、图 10.23 分别给出了克劳德循环(Claudecycle)的装置流程图以及 *T-s* 图。该循环的高压气体一部分经膨胀机绝热膨胀,供高压气体冷却使用。

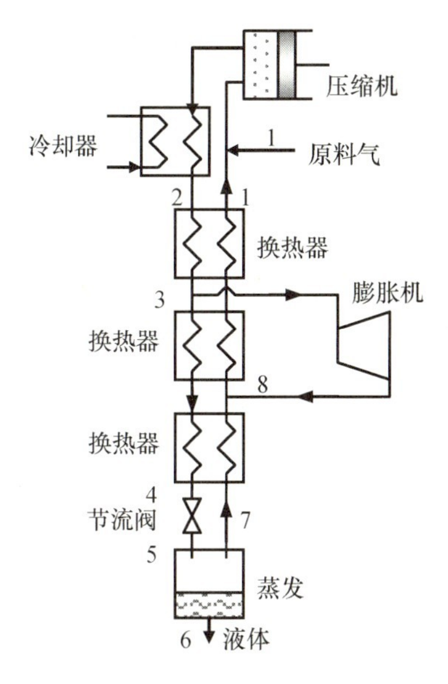

图 10.22 克劳德循环流程图

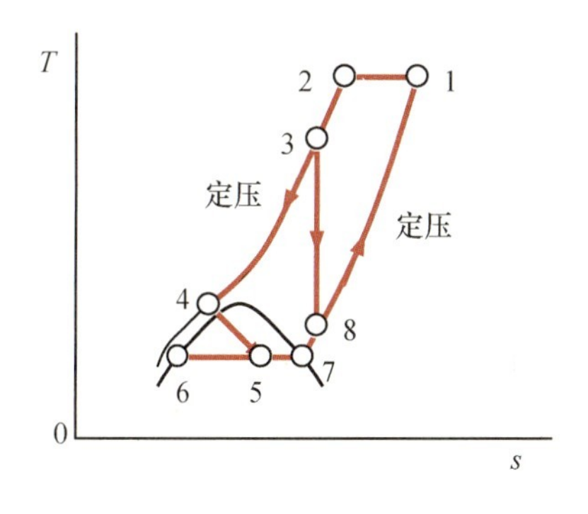

图 10.23 克劳德循环

10.4 空气调节(air conditioning)

10.4.1 湿空气的性质(properties of moist air)

标准状态下的大气,其气体组成如表 10.4 所示,气体各组分基本不发生变化,其中水蒸气的浓度根据地理位置和季节变动较大。室内空气环境质量的控制,即空气调节(air conditioning),其空气湿度与温度的调节一样至关重要。空气中含有水蒸气的气体称为湿空气(moist air),其具体性质将详细介绍。空气调节中湿空气的压力并不高,温度相对也较低,因此,湿空气中的水蒸气可以作为理想气体计算,故而湿空气是理想气体的混合物。但是,与通常的理想混合气体不同的是,水蒸气由于极限浓度的存在,当冷却湿空气超过其极限浓度时,空气中的水蒸气便会结露。把这个水蒸气不能溶解于空气的湿空气称为饱和湿空气(saturated moist air)。饱和湿空气的热物性如附表 10.1 所示。

表 10.4 标准大气压的体积比[3]

气体组成	体积比
N_2	78
O_2	21
H_2O	1～2.8
Ar	0.93
CO_2	0.032
Ne	0.002

温度 T(K),湿空气的全压力 p(Pa),水蒸气的分压力 p_v(Pa),饱和湿空气的水蒸气分压力 p_{vs}(Pa),温度 T(K)与水的饱和蒸汽压(参见附表9.1)。湿空气的质量 M(kg),其中水蒸气的质量 m(kg),**绝对湿度**(absolute humidity)、**相对湿度**(relative humidity)、**比较湿度**(degree of saturation)分别定义如下。

$$绝对湿度:x=\frac{m}{M-m} \tag{10.24}$$

$$相对湿度:\varphi=\frac{p_v}{p_{vs}} \tag{10.25}$$

$$比较湿度:\phi=\frac{x}{x_S} \tag{10.26}$$

绝对湿度是单位体积的湿空气中所含水蒸气的质量(kg)。湿空气中干空气的质量单位为 kg′。绝对湿度的单位则为 x(kg/kg′)或 x(g/kg)。比较湿度类似饱和湿度,式(10.26)的分母 x_S 是饱和湿空气的绝对湿度。

湿空气的含湿量为1 kg 干空气和 x(kg)的水蒸气的混合气体,用状态方程式表示为

$$(p-p_v)v_a=R_aT \tag{10.27}$$

$$p_vv_v=R_vT \tag{10.28}$$

式中,R_a,R_v 干空气、水蒸气的气体常数,v_a,v_v 为干空气、水蒸气的比体积。空气和水蒸气的比体积关系即

$$v_a=xv_v \tag{10.29}$$

根据这些关系,将式(10.29)代入式(10.28)再消去 v_v,将式(10.27)代入式(10.28)并进行除法运算,得

$$\frac{p-p_v}{p_v}=\frac{R_a}{xR_v}$$

绝对湿度即为

$$x=\frac{R_a}{R_v}\frac{p_v}{p-p_v} \tag{10.30}$$

其中,$R_a=287.0$ J/(kg·K),$R_v=461.5$ J/(kg·K),$R_a/R_v=0.622$
因此

$$x=0.622\frac{p_v}{p-p_v} \tag{10.31}$$

成立。式(10.31)表示绝对湿度和水蒸气分压力的关系。
对于绝对湿度 x,根据绝对湿度 x 与湿空气的比焓的关系,1 kg 干空气的焓值如下

$$h=h_a+xh_v \tag{10.32}$$

这里,h_a,h_v 分别表示干空气和水蒸气的比焓。温度 t℃时干空气的比焓在基准是0℃时可以表示为

$$h_a=c_{pa}t=1.005t \tag{10.33}$$

同样,温度 t℃为基准时湿蒸汽的比焓 h_v(kJ/kg)可表示为

$$h_v=r_0+c_{pv}t=2\,501+1.846t \tag{10.34}$$

这里，$r_0=2\,501$ kJ/kg 是 0℃时的汽化热。代入式(10.32)，湿空气的比焓可表示为

$$h=c_{pa}t+x(r_0+c_{pv}t)$$
$$=1.005t+x(2\,501+1.846t)\ (\text{kJ/kg}') \quad (10.35)$$

湿空气的定压比热

$$c_p=c_{pa}+xc_{pv}$$
$$=1.005+1.846x\ (\text{kJ/(kg}'\cdot\text{K)}) \quad (10.36)$$

湿空气的温度可由如图 10.24 所示的干湿球温度计测得。左侧是热敏部位无外包装物的温度计，测定的温度为**干球温度**(dry-bulb temperature)。右侧的湿球温度计热敏部位被湿布卷绕，如果不是饱和湿空气，热敏部位的水分由空气代替，饱和蒸汽压和水蒸气分压力的差相当于水分的蒸发，水温下降。**湿球温度**(wet-bulb temperature)比干球温度测得的值低，这是因为湿度的存在。如果流经湿球温度计的空气流速大于 5 m/s，那么把湿球温度测得的**绝热饱和温度**称为**热力学的湿球温度**(thermodynamic wet-bulb temperature)。作为绝热饱和温度 t'(℃)，某个温度的热敏部位饱和湿空气的比焓 h_s(kJ/kg$'$)、绝对湿度x_s(kg/kg$'$)、水的比焓 h'(kJ/kg)之间

$$h_s-h=h'(x_s-x) \quad (10.37)$$

关系式成立。并且，当水蒸气分压与饱和水蒸气压相等的时候，冷却湿空气开始结露，这个温度就是**露点温度**(dew point temperature)。

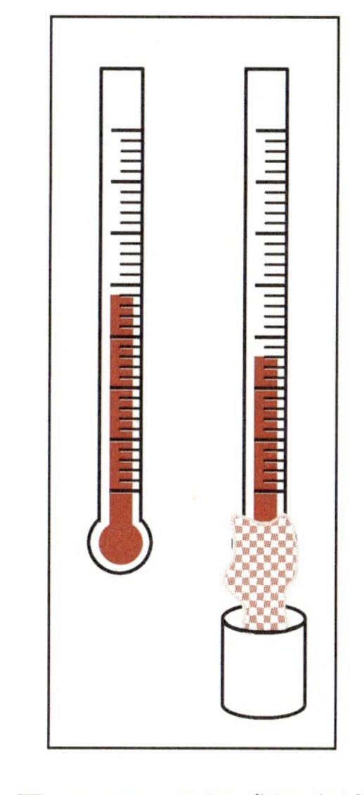

图 10.24 干湿球温度计

10.4.2 湿空气温湿图(psychrometric chart)

湿空气的各种物性间根据前面的各项说明具有相互联系。用图表来说明湿空气各参数间相互关系的图称为**湿空气温湿图**(psychrometric chart)(参见附图 10.2)。如图 10.25 所示，横轴为干球温度，右纵轴为绝对湿度与水蒸气的分压力，左上为湿球温度和比焓轴。通过从任意的 2 个物性对应关系可确定其他物性。采用温湿图能简单地计算湿空气的加热、冷却、混合等空气调节。

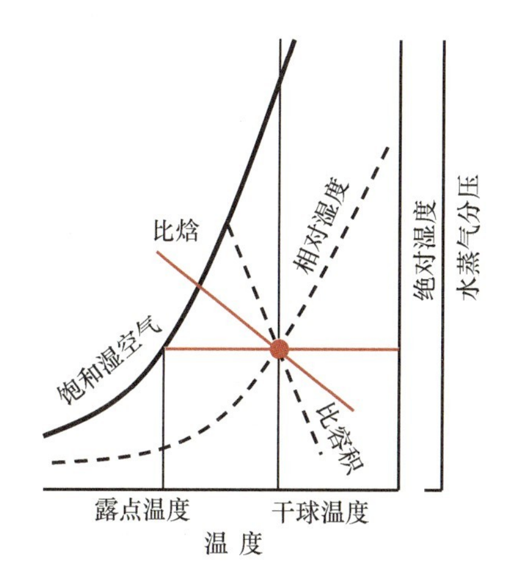

图 10.25 湿空气温湿图

(1) 湿空气的加热。

如图 10.26 所示，干空气的质量流量 $\dot{m}_a$，热量由湿空气加热装置供给。$\dot{q}$ 为获得的热量。湿空气的比焓与干空气的比焓从 h_1 增加到 h_2，加热过程为等压加热，被加的热量为焓的增加量。

$$\dot{q}=\dot{m}_a(h_2-h_1) \quad (10.38)$$

加热过程中空气的水蒸气量不发生变化，入口状态 1 和出口状态 2 的绝对湿度相等。

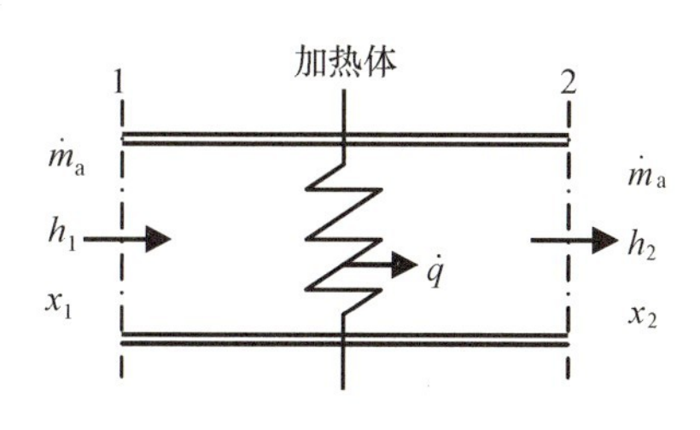

图 10.26 湿空气的加热

【例题 10.2】 *************************

5.0℃的饱和湿空气流量为 2 000 m^3/h，进出加热器以 40℃流出。求所需要的加热量。

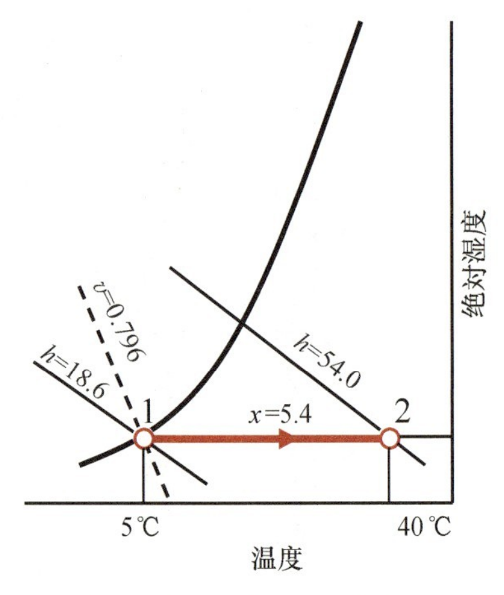

图 10.27 例题 10.2 的图解

【解答】 如图10.27所示,入口状态1在5.0℃的饱和线上。由附图10.2与附表10.1查得,绝对湿度 $x_1=5.4\ \mathrm{g/kg'}$,比焓 $h_1=18.6\ \mathrm{kJ/kg'}$,比体积 $v_1=0.794\ \mathrm{m^3/kg'}$。出口状态2是 $t=40$℃,$x_2=x_1=5.4\ \mathrm{g/kg'}$两线的交点。比焓 $h_2=54.0\ \mathrm{kJ/kg'}$。干空气的质量流量为

$$\dot{m}_a=2\,000/0.794/3\,600=0.700(\mathrm{kg'/s}) \tag{ex10.3}$$

因此,由式(10.38)可得

$$\dot{q}=0.700(54.0-18.6)=24.8(\mathrm{kW}) \tag{ex10.4}$$

****

(2) 湿空气的冷却。

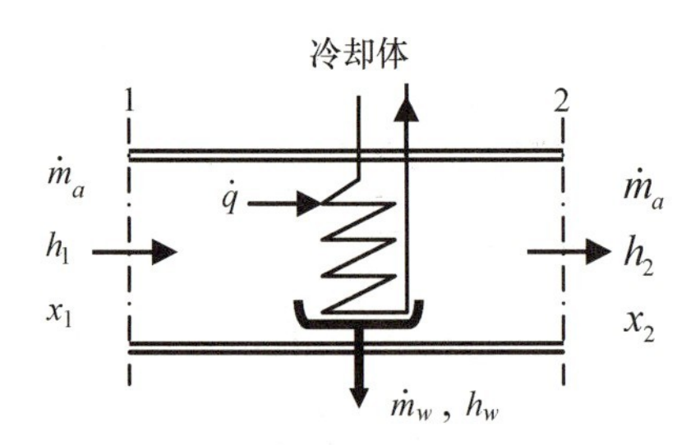

图 10.28 湿空气的冷却

在冷却过程中,在入口空气的露点温度以下条件的传热面会因为水蒸气凝结而发生分离。图10.28形象地表示了冷却过程,分离出水之后的湿空气在出口之前被冷却,比焓 h_w 为系统的流出焓。物质的质量方程和能量方程为

$$\dot{m}_a x_1=\dot{m}_a x_2+\dot{m}_w$$

$$\dot{m}_a h_1=\dot{m}_a h_2+\dot{m}_w h_w+\dot{q}$$

因此

$$\dot{m}_w=\dot{m}_a(x_1-x_2) \tag{10.39}$$

$$\dot{q}=\dot{m}_a[(h_1-h_2)-(x_1-x_2)h_w] \tag{10.40}$$

另外,在水蒸气不发生凝结时 $x_2=x_1$。

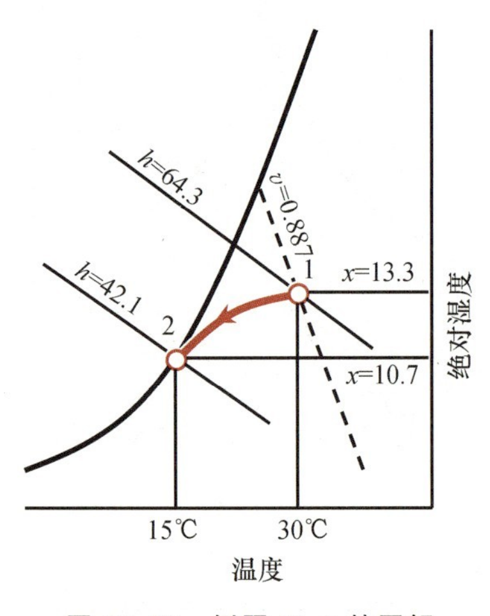

图 10.29 例题 10.3 的图解

【例题 10.3】 *************************

干球温度30℃、相对湿度50%的湿空气以14 200 m³/h流入冷却器,15℃的饱和湿空气被冷却。求冷却热量。

【解答】 如图10.29所示,入口状态1在 $t=30$℃与 $\phi=50\%$ 的交点上。由图可知,$h_1=64.3\ \mathrm{kJ/kg'}$,$x_1=13.3\ \mathrm{g/kg'}$,$v_1=0.877\ \mathrm{m^3/kg'}$,露点温度为18.4℃,因此,15℃时冷却,发生凝结。所以,出口状态2在 $t=15$℃的饱和线上,由附图10.2与附表10.1查得 $h_2=42.1\ \mathrm{kJ/kg'}$,$x_2=10.7\ \mathrm{g/kg'}$。15℃的饱和水的比焓,查附表9.2(a)得,$h_w=62.98\ \mathrm{kJ/kg}$。干空气的质量流量为

$$\dot{m}_a=14\,200/0.877/3\,600=4.50(\mathrm{kg'/s}) \tag{ex10.5}$$

因此,由式(10.40)可得

$$\dot{q}=4.50[(64.3-42.1)-(0.013\,3-0.010\,7)62.98]=99.2(\mathrm{kW}) \tag{ex10.6}$$

****

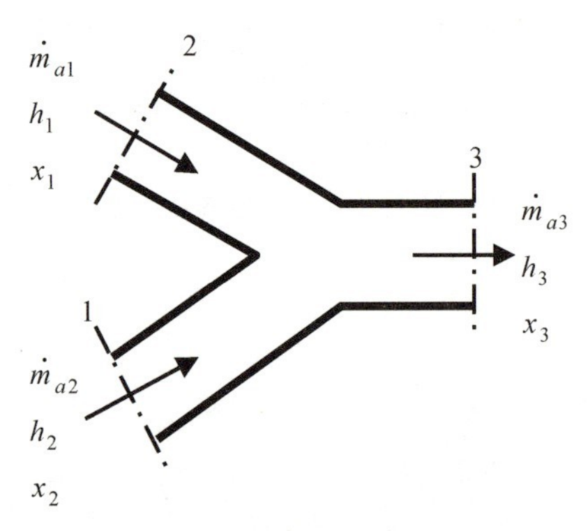

图 10.30 湿空气的绝热混合

(3) 湿空气的混合。

湿空气的混合在空气调节中频繁发生。图10.30形象地表现了两种湿空气的绝热混合。物质的质量方程和能量方程为

$$\dot{m}_{a1}+\dot{m}_{a2}=\dot{m}_{a3}$$
$$\dot{m}_{a1}x_1+\dot{m}_{a2}x_2=\dot{m}_{a3}x_3$$
$$\dot{m}_{a1}h_1+\dot{m}_{a2}h_2=\dot{m}_{a3}h_3$$

3 式联立消去 $\dot{m}_{a3}$ 得

$$\frac{h_2-h_3}{h_3-h_1}=\frac{x_2-x_3}{x_3-x_1}=\frac{\dot{m}_{a1}}{\dot{m}_{a2}} \tag{10.41}$$

这里，混合后的状态 3 在混合前的状态 1 和状态 2 的直线上，如式(10.41)中所示的位置一样，按照状态 1 和 2 干空气的流量比可表示出来。

【例题 10.4】 ************************

干球温度 4.0℃、湿球温度 2.0℃的湿空气 8 000 m³/h 与干球温度 25℃、相对湿度 50%的湿空气 25 000 m³/h 混合，求混合空气的干球温度与湿球温度。

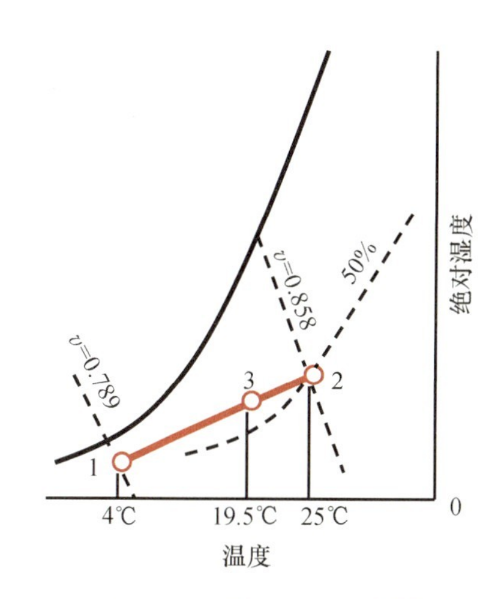

图 10.31 例题 10.4 的图解

【解答】 如图 10.31 所示，状态 1 和 2 的比体积 $v_1=0.789\ m^3/kg$，$v_2=0.858\ m^3/kg$，则干空气的质量流量

$$\dot{m}_{a1}=8\ 000/0.789=10\ 140(kg'/h) \tag{ex10.7}$$
$$\dot{m}_{a2}=25\ 000/0.858=29\ 140(kg'/h) \tag{ex10.8}$$

因此由式(10.41)可得

$$\frac{\dot{m}_{a1}}{\dot{m}_{a2}}=\frac{10\ 140}{29\ 140}=0.348 \tag{ex10.9}$$

因此，状态 3 是可由比例$\overline{13}:\overline{32}=1:0.348$ 来找到内分点的。该点的干球温度与湿球温度分别是 19.5℃、14.6℃。

****

===== 练习题(* 表示具有一定难度) ==========

【10.1】 制冷剂 HFC-134a 用于蒸汽压缩式制冷循环。在冷凝器等压冷却，冷凝温度为 50℃，冷凝器的压缩液体出口温度为 45℃。在蒸发器等压加热，蒸发温度是 10℃，蒸发器出口的过热蒸汽温度为 15℃。当膨胀过程为等焓膨胀，压缩机的绝热效率为 0.70 时，求：(注意：压缩机的绝热效率如图 10.32 所示，被定义为$(h'_2-h_1)/(h_2-h_1)$)

(a) 压缩机出口温度、比焓，冷凝器出口与蒸发器出口比焓。

(b) 该系统的制冷系数。

(c) 为了得到 3.0kW 的制冷量，需要制冷剂的循环量。

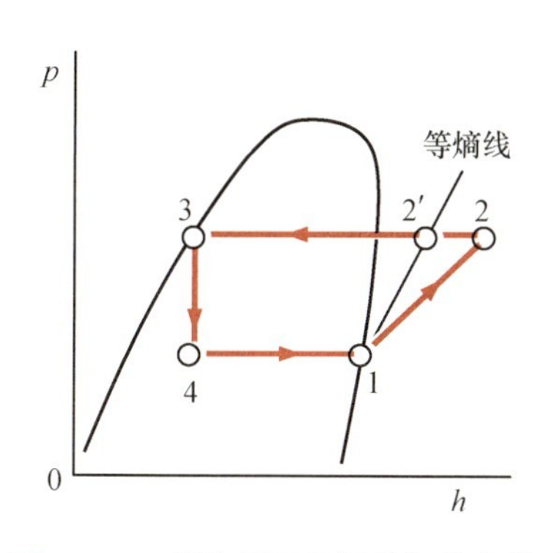

图 10.32 制冷循环的压缩机绝热效率

***【10.2】** 低温用制冷机，压缩机的压力比根据 2 级压缩的制冷

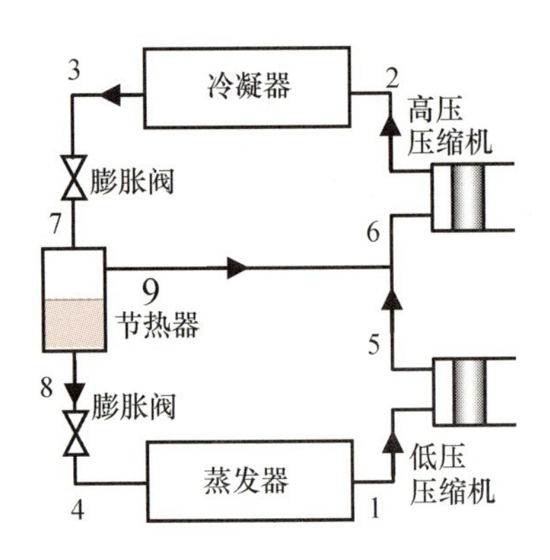

图 10.33 2级制冷循环

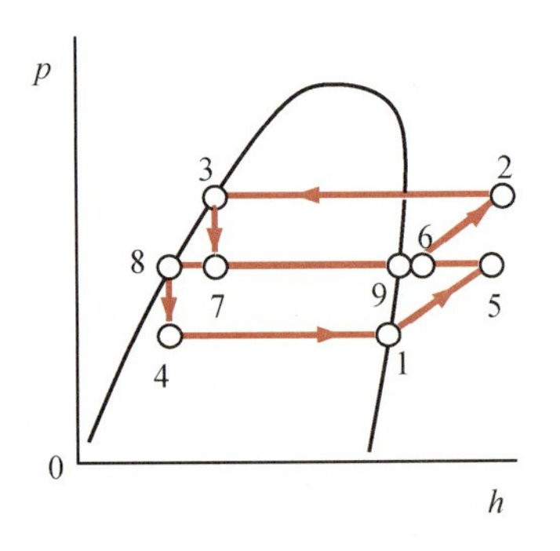

图 10.34 2级制冷循环 p-h 图

循环，如图10.33、图10.34所示，膨胀过程中间设置称之为节热器的气液分离器，让低温压缩机出口的气体冷却高温压缩机出口的气体，现在，制冷剂用HFC-134a，蒸发温度为−30℃，冷凝温度为40℃，中间蒸汽压为0.30 MPa，求解以下问题。

(a) 冷凝器内流动的制冷剂流量以及被分离的气体的流量比例。

(b) 高压压缩机入口制冷剂的比焓。

(c) 制冷系数。

【10.3】 如图10.18所示的空气制冷循环。压缩机压力0.10 MPa、温度25℃、1.0 MPa的空气被可逆绝热压缩，冷凝器冷凝温度为25℃等压冷凝。此后，压缩机以压力0.10 MPa可逆绝热膨胀，生成低温空气。求被生成的空气温度与制冷系数，已知，空气为压缩因子为1.4、气体常数为0.287 kJ/(kg·K)的理想气体。

【10.4】 利用湿空气温湿图求出干球温度30℃、湿球温度24℃的湿空气的

(a) 露点温度

(b) 绝对湿度

(c) 相对湿度

(d) 比焓

【10.5】 在大气压下，干球温度27℃、湿度80%的空气50 m^{3}除湿到25℃，50%。求冷却热量。

【10.6】 温度0℃的饱和湿空气400 m^3/h，同干球温度30℃，相对湿度70%的空气600 m^3/h相互混合。求混合空气的干球温度与湿球温度。压力为大气压力。

【10.7】 5.0 kW的发热量和0.60 kg/h的水分用于房间通风时，保持干球温度25℃，湿度30%。送风量700 kg$'$/h时，根据干球温度求湿球温度。压力为大气压力。

【10.8】 A reverse Cornot cycle with reservoirs at 50℃ and −10 ℃ is set into operation. If 10 kW are removed from the low-temperature reservoir, find the (a) COP and (b) work input.

【10.9】 A refrigeration cycle uses HFC-134a as a refrigerant. The condensation and evaporation temperatures are 30℃ and −20℃, respectively. If the vapor, which leaves the evaporator and the liquid leaving the condenser, are both saturated, and the compression is isentropic, find the (a) COP for cooling and the (b) mass flow rate of the refrigerant per 1.0 kW of refrigeration.

*【10.10】 One kilogram of air at 30℃ dry-bulb and 25℃ wet-bulb temperatures is cooled to 15℃ and has a relative humidity of 70%. Find (a) the total heat dissipated, (b) the sensible heat radiated, (c) the latent heat removed, (d) the initial dew point, and (e) the mass of the condensed moisture.

【答案】

10.1 (a) 压缩机出口：68℃，445 kJ/kg 冷凝器出口：264 kJ/kg
蒸发器出口：409 kJ/kg (b) 4.03 (c) 0.021 kg/s

10.2 (a) 0.28 (b) 404 kJ/kg (c) 3.3

10.3 −118℃，1.08

10.4 (a) 21.4℃ (b) 0.0164 kg/kg′ (c) 61% (d) 72 kJ/kg′

10.5 1230 kJ

10.6 17℃，17℃

10.7 12.4℃，0.0051 kg/kg′

10.8 (a) 4.38 (b) 2.28 kW

10.9 (a) 4.03，0.0069 kg/s

10.10 (a) 41.3 kJ (b) 15.0 kJ (c) 26.3 kJ (d) 23℃ (e) 10.5 g

第10章 参考文献

[1] 日本冷凍空調学会編，第5版冷凍空調便覧第1編，(1993).
[2] ASHRAE, Fundamental Handbook, (1997).
[3] 理科年表，丸善.

附录 1

附表 9.1(a)　水的饱和表(温度基准)[1]

温　度		压力	比体积　m^3/kg		密度 kg/m^3	比焓 kJ/kg			比熵 kJ/(kg·K)		
℃	K	MPa	v'	v''	ρ'	h'	h''	$h''-h'$	s'	s''	$s''-s'$
*0	273.15	0.00061121	0.00100021	206.140	0.00485108	−0.04	2500.89	2500.93	−0.00015	9.15576	9.15591
0.01	273.16	0.00061166	0.00100021	205.997	0.00485443	0.00	2500.91	2500.91	0.00000	9.15549	9.15549
5	278.15	0.00087257	0.00100008	147.017	0.00680194	21.02	2510.07	2489.05	0.07625	9.02486	8.94861
10	283.15	0.0012282	0.00100035	106.309	0.00940657	42.02	2519.23	2477.21	0.15109	8.89985	8.74876
15	288.15	0.0017057	0.00100095	77.8807	0.0128401	62.98	2528.36	2465.38	0.22447	8.78037	8.55590
20	293.15	0.0023392	0.00100184	57.7615	0.0173126	83.92	2537.47	2453.55	0.29650	8.66612	8.36962
25	298.15	0.0031697	0.00100301	43.3414	0.0230726	104.84	2546.54	2441.71	0.36726	8.55680	8.18954
30	303.15	0.0042467	0.00100441	32.8816	0.0304122	125.75	2555.58	2429.84	0.43679	8.45211	8.01532
35	308.15	0.0056286	0.00100604	25.2078	0.0396702	146.64	2564.58	2417.94	0.50517	8.35182	7.84665
40	313.15	0.0073844	0.00100788	19.5170	0.0512373	167.54	2573.54	2406.00	0.57243	8.25567	7.68324
50	323.15	0.012351	0.00101214	12.0279	0.0831403	209.34	2591.31	2381.97	0.70379	8.07491	7.37112
60	333.15	0.019946	0.00101711	7.66766	0.130418	251.15	2608.85	2357.69	0.83122	7.90817	7.07696
70	343.15	0.031201	0.00102276	5.03973	0.198423	293.02	2626.10	2333.08	0.95499	7.75399	6.79899
80	353.15	0.047415	0.00102904	3.40527	0.293663	334.95	2643.01	2308.07	1.07539	7.61102	6.53563
90	363.15	0.070182	0.00103594	2.35915	0.423882	376.97	2659.53	2282.56	1.19266	7.47807	6.28542
100	373.15	0.10142	0.00104346	1.67186	0.598136	419.10	2675.57	2256.47	1.30701	7.35408	6.04706
110	383.15	0.14338	0.00105158	1.20939	0.826863	461.36	2691.07	2229.70	1.41867	7.23805	5.81938
120	393.15	0.19867	0.00106033	0.891304	1.12195	503.78	2705.93	2202.15	1.52782	7.12909	5.60128
130	403.15	0.27026	0.00106971	0.668084	1.49682	546.39	2720.09	2173.7	1.63463	7.02641	5.39178
140	413.15	0.36150	0.00107976	0.508519	1.96649	589.20	2733.44	2144.24	1.73929	6.92927	5.18998
150	423.15	0.47610	0.00109050	0.392502	2.54776	632.25	2745.92	2113.67	1.84195	6.83703	4.99508
160	433.15	0.61814	0.00110199	0.306818	3.25926	675.57	2757.43	2081.86	1.94278	6.74910	4.80633
170	443.15	0.79205	0.00111426	0.242616	4.12174	719.21	2767.89	2048.69	2.04192	6.66495	4.62303
180	453.15	1.0026	0.00112739	0.193862	5.15832	763.19	2777.22	2014.03	2.13954	6.58407	4.44453
190	463.15	1.2550	0.00114144	0.156377	6.39481	807.57	2785.31	1977.74	2.23578	6.50600	4.27022
200	473.15	1.5547	0.00115651	0.127222	7.86026	852.39	2792.06	1939.67	2.33080	6.43030	4.09950
210	483.15	1.9074	0.00117271	0.104302	9.58755	897.73	2797.35	1899.62	2.42476	6.35652	3.93176
220	493.15	2.3193	0.00119016	0.0861007	11.6143	943.64	2801.05	1857.41	2.51782	6.28425	3.76643
230	503.15	2.7968	0.00120901	0.0715102	13.9840	990.21	2803.01	1812.80	2.61015	6.21306	3.60291
240	513.15	3.3467	0.00122946	0.0597101	16.7476	1037.52	2803.06	1765.54	2.70194	6.14253	3.44059
250	523.15	3.9759	0.00125174	0.0500866	19.9654	1085.69	2801.01	1715.33	2.79339	6.07222	3.27884
260	533.15	4.6921	0.00127613	0.0421755	23.7105	1134.83	2796.64	1661.82	2.88472	6.00169	3.11697
270	543.15	5.5028	0.00130301	0.0356224	28.0722	1185.09	2789.69	1604.60	2.97618	5.93042	2.95424
280	553.15	6.4165	0.00133285	0.0301540	33.1631	1236.67	2779.82	1543.15	3.06807	5.85783	2.78975
290	563.15	7.4416	0.00136629	0.0255568	39.1285	1289.80	2766.63	1476.84	3.16077	5.78323	2.62246
300	573.15	8.5877	0.00140422	0.0216631	46.1615	1344.77	2749.57	1404.80	3.25474	5.70576	2.45102
310	583.15	9.8647	0.00144788	0.0183389	54.5290	1402.00	2727.92	1325.92	3.35058	5.62430	2.27373
320	593.15	11.284	0.00149906	0.0154759	64.6165	1462.05	2700.67	1238.62	3.44912	5.53732	2.08820
330	603.15	12.858	0.00156060	0.0129840	77.0179	1525.74	2666.25	1140.51	3.55156	5.44248	1.89092
340	613.15	14.600	0.00163751	0.0107838	92.7314	1594.45	2622.07	1027.62	3.65995	5.33591	1.67596
350	623.15	16.529	0.00174007	0.00880093	113.624	1670.86	2563.59	892.73	3.77828	5.21089	1.43261
360	633.15	18.666	0.00189451	0.00694494	143.990	1761.49	2480.99	719.50	3.91636	5.05273	1.13637
370	643.15	21.043	0.00222209	0.00494620	202.176	1892.64	2333.50	440.86	4.11415	4.79962	0.68547
373.946	647.096	22.064	0.00310559	0.00310559	322	2087.55	2087.55	0	4.41202	4.41202	0

*该行所示状态为稳定的过冷液体。这个温度和压力下水可以稳定存在。

附表 9.1(b) 水的饱和表(压力基准)[1]

压力	温度	比体积 m^3/kg		密度 kg/m^3	比焓 kJ/kg			比熵 kJ/(kg·K)		
MPa	℃	v'	v''	ρ'	h'	h''	$h''-h'$	s'	s''	$s''-s'$
0.001	6.970	0.00100014	129.183	0.00774094	29.30	2513.68	2484.38	0.10591	8.97493	8.86902
0.0015	13.020	0.00100067	87.9621	0.0113685	54.69	2524.75	2470.06	0.19557	8.82705	8.63148
0.002	17.495	0.00100136	66.9896	0.0149277	73.43	2532.91	2459.48	0.26058	8.72272	8.46214
0.0025	21.078	0.00100207	54.2421	0.0184359	88.43	2539.43	2451.00	0.31186	8.64215	8.33030
0.003	24.080	0.00100277	45.6550	0.0219034	100.99	2544.88	2443.89	0.35433	8.57656	8.22223
0.005	32.875	0.00100532	28.1863	0.0354782	137.77	2560.77	2423.00	0.47625	8.39391	7.91766
0.01	45.808	0.00101026	14.6706	0.0681637	191.81	2583.89	2392.07	0.64922	8.14889	7.49968
0.02	60.059	0.00101714	7.64815	0.130751	251.40	2608.95	2357.55	0.83195	7.90723	7.07528
0.03	69.095	0.00102222	5.22856	0.191257	289.23	2624.55	2335.32	0.94394	7.76745	6.82351
0.04	75.857	0.00102636	3.99311	0.250431	317.57	2636.05	2318.48	1.02590	7.66897	6.64307
0.05	81.317	0.00102991	3.24015	0.308628	340.48	2645.21	2304.74	1.09101	7.59296	6.50196
0.07	89.932	0.00103589	2.36490	0.422851	376.68	2659.42	2282.74	1.19186	7.47895	6.28709
0.1	99.606	0.00104315	1.69402	0.590311	417.44	2674.95	2257.51	1.30256	7.35881	6.05625
0.101325	99.974	0.00104344	1.67330	0.597623	418.99	2675.53	2256.54	1.30672	7.35439	6.04766
0.15	111.35	0.00105272	1.15936	0.862547	467.08	2693.11	2226.03	1.43355	7.22294	5.78939
0.2	120.21	0.00106052	0.885735	1.12901	504.68	2706.24	2201.56	1.53010	7.12686	5.59676
0.3	133.53	0.00107318	0.605785	1.65075	561.46	2724.89	2163.44	1.67176	6.99157	5.31980
0.4	143.61	0.00108356	0.462392	2.16267	604.72	2738.06	2133.33	1.77660	6.89542	5.11882
0.5	151.84	0.00109256	0.374804	2.66806	640.19	2748.11	2107.92	1.86060	6.82058	4.95998
0.6	158.83	0.00110061	0.315575	3.16882	670.50	2756.14	2085.64	1.93110	6.75917	4.82807
0.80	170.41	0.00111479	0.240328	4.16099	721.02	2768.30	2047.28	2.04599	6.66154	4.61555
1.00	179.89	0.00112723	0.194349	5.14539	762.68	2777.12	2014.44	2.13843	6.58498	4.44655
1.20	187.96	0.00113850	0.163250	6.12558	798.50	2783.77	1985.27	2.21630	6.52169	4.30539
1.40	195.05	0.00114892	0.140768	7.10389	830.13	2788.89	1958.76	2.28388	6.46752	4.18364
1.60	201.38	0.00115868	0.123732	8.08198	858.61	2792.88	1934.27	2.34381	6.42002	4.07621
1.80	207.12	0.00116792	0.110362	9.06107	884.61	2795.99	1911.37	2.39779	6.37760	3.97980
2.00	212.38	0.00117675	0.0995805	10.0421	908.62	2798.38	1889.76	2.44702	6.33916	3.89214
2.50	223.96	0.00119744	0.0799474	12.5082	961.98	2802.04	1840.06	2.55443	6.25597	3.70155
3.00	233.86	0.00121670	0.0666641	15.0006	1008.37	2803.26	1794.89	2.64562	6.18579	3.54017
3.50	242.56	0.00123498	0.0570582	17.5260	1049.78	2802.74	1752.97	2.72539	6.12451	3.39912
4.0	250.36	0.00125257	0.0497766	20.0898	1087.43	2800.90	1713.47	2.79665	6.06971	3.27306
5.0	263.94	0.00128641	0.0394463	25.3509	1154.50	2794.23	1639.73	2.92075	5.97370	3.05296
6.0	275.59	0.00131927	0.0324487	30.8179	1213.73	2784.56	1570.83	3.02744	5.89007	2.86263
7.0	285.83	0.00135186	0.0273796	36.5236	1267.44	2772.57	1505.13	3.12199	5.81463	2.69264
8.0	295.01	0.00138466	0.0235275	42.5034	1317.08	2758.61	1441.53	3.20765	5.74485	2.53720
9.0	303.35	0.00141812	0.0204929	48.7973	1363.65	2742.88	1379.23	3.28657	5.67901	2.39244
10.0	311.00	0.00145262	0.0180336	55.4521	1407.87	2725.47	1317.61	3.36029	5.61589	2.25560
12.0	324.68	0.00152633	0.0142689	70.0822	1491.33	2685.58	1194.26	3.49646	5.49412	1.99766
14.0	336.67	0.00160971	0.0114889	87.0408	1570.88	2638.09	1067.21	3.62300	5.37305	1.75005
16.0	347.36	0.00170954	0.00930813	107.433	1649.67	2580.80	931.13	3.74568	5.24627	1.50059
18.0	356.99	0.00183949	0.00749867	133.357	1732.02	2509.53	777.51	3.87167	5.10553	1.23386
20.0	365.75	0.00203865	0.00585828	170.699	1827.10	2411.39	584.29	4.01538	4.92990	0.91452
22.0	373.71	0.00275039	0.00357662	279.593	2021.92	2164.18	142.27	4.31087	4.53080	0.21993
22.064	373.946	0.00310559	0.00310559	322	2087.55	2087.55	0	4.41202	4.41202	0

附表9.2　压缩水、过热水蒸气表[1]

压力 MPa (饱和温度℃)		温度℃ 100	200	300	400	500	600	700	800
0.01 (45.808)	v	17.197	21.826	26.446	31.064	35.680	40.296	44.912	49.528
	h	2687.43	2879.59	3076.73	3279.94	3489.67	3706.27	3929.91	4160.62
	s	8.4488	8.9048	9.2827	9.6093	9.8997	10.1631	10.4055	10.6311
0.02 (60.059)	v	8.5857	10.907	13.220	15.530	17.839	20.147	22.455	24.763
	h	2686.19	2879.14	3076.49	3279.78	3489.57	3706.19	3929.85	4160.57
	s	8.1262	8.5842	8.9624	9.2892	9.5797	9.8431	10.0855	10.3112
0.05 (81.317)	v	3.4188	4.3563	5.2841	6.2095	7.1339	8.0578	8.9814	9.9048
	h	2682.40	2877.77	3075.76	3279.32	3489.24	3705.96	3929.67	4160.44
	s	7.6952	8.1591	8.5386	8.8658	9.1565	9.4200	9.6625	9.8882
0.1 (99.606)	v	1.6960	2.1725	2.6389	3.1027	3.5656	4.0279	4.4900	4.9520
	h	2675.77	2875.48	3074.54	3278.54	3488.71	3705.57	3929.38	4160.21
	s	7.3610	7.8356	8.2171	8.5451	8.8361	9.0998	9.3424	9.5681
0.2 (120.21)	v	0.0010434	1.0805	1.3162	1.5493	1.7814	2.0130	2.2444	2.4755
	h	419.17	2870.78	3072.08	3276.98	3487.64	3704.79	3928.80	4159.76
	s	1.3069	7.5081	7.8940	8.2235	8.5151	8.7792	9.0220	9.2479
0.3 (133.53)	v	0.0010434	0.71644	0.87534	1.0315	1.1867	1.3414	1.4958	1.6500
	h	419.25	2865.95	3069.61	3275.42	3486.56	3704.02	3928.21	4159.31
	s	1.3069	7.3132	7.7037	8.0346	8.3269	8.5914	8.8344	9.0604
0.4 (143.61)	v	0.0010433	0.53434	0.65488	0.77264	0.88936	1.0056	1.1215	1.2373
	h	419.32	2860.99	3067.11	3273.86	3485.49	3703.24	3927.63	4158.85
	s	1.3068	7.1724	7.5677	7.9001	8.1931	8.4579	8.7012	8.9273
0.5 (151.84)	v	0.0010433	0.42503	0.52260	0.61729	0.71095	0.80410	0.89696	0.98967
	h	419.40	2855.90	3064.60	3272.29	3484.41	3702.46	3927.05	4158.4
	s	1.3067	7.0611	7.4614	7.7954	8.0891	8.3543	8.5977	8.8240
0.6 (158.83)	v	0.0010432	0.35212	0.43441	0.51373	0.59200	0.66977	0.74725	0.82457
	h	419.47	2850.66	3062.06	3270.72	3483.33	3701.68	3926.46	4157.95
	s	1.3066	6.9684	7.3740	7.7095	8.0039	8.2694	8.5131	8.7395
0.7 (164.95)	v	0.0010432	0.29999	0.37141	0.43976	0.50704	0.57382	0.64032	0.70665
	h	419.55	2845.29	3059.50	3269.14	3482.25	3700.90	3925.88	4157.50
	s	1.3065	6.8884	7.2995	7.6366	7.9317	8.1976	8.4415	8.6680
0.8 (170.41)	v	0.0010431	0.26087	0.32415	0.38427	0.44332	0.50186	0.56011	0.61820
	h	419.62	2839.77	3056.92	3267.56	3481.17	3700.12	3925.29	4157.04
	s	1.3065	6.8176	7.2345	7.5733	7.8690	8.1353	8.3794	8.6060
0.9 (175.36)	v	0.0010430	0.23040	0.28739	0.34112	0.39376	0.44589	0.49773	0.54941
	h	419.70	2834.10	3054.32	3265.98	3480.09	3699.34	3924.70	4156.59
	s	1.3064	6.7538	7.1768	7.5172	7.8136	8.0803	8.3246	8.5513
1.0 (179.89)	v	0.0010430	0.20600	0.25798	0.30659	0.35411	0.40111	0.44783	0.49438
	h	419.77	2828.27	3051.70	3264.39	3479.00	3698.56	3924.12	4156.14
	s	1.3063	6.6955	7.1247	7.4668	7.7640	8.0309	8.2755	8.5024
1.5 (198.30)	v	0.0010427	0.13244	0.16970	0.20301	0.23516	0.26678	0.29812	0.32928
	h	420.15	2796.02	3038.27	3256.37	3473.57	3694.64	3921.18	4153.87
	s	1.3059	6.4537	6.9199	7.2708	7.5716	7.8404	8.0860	8.3135
2.0 (212.38)	v	0.0010425	0.0011561	0.12550	0.15121	0.17568	0.19961	0.22326	0.24674
	h	420.53	852.57	3024.25	3248.23	3468.09	3690.71	3918.24	4151.59
	s	1.3055	2.3301	6.7685	7.1290	7.4335	7.7042	7.9509	8.1791

v：m^3/kg，h：kJ/kg，s：kJ/(kg·K)

续表

压力 MPa (饱和温度℃)		温度 ℃							
		100	200	300	400	500	600	700	800
3 (233.86)	v	0.0010420	0.0011550	0.081175	0.099377	0.11619	0.13244	0.14840	0.16419
	h	421.28	852.98	2994.35	3231.57	3457.04	3682.81	3912.34	4147.03
	s	1.3048	2.3285	6.5412	6.9233	7.2356	7.5102	7.7590	7.9885
4 (250.36)	v	0.0010415	0.0011540	0.058868	0.073432	0.086441	0.098857	0.11097	0.12292
	h	422.03	853.39	2961.65	3214.37	3445.84	3674.85	3906.41	4142.46
	s	1.3040	2.3269	6.3638	6.7712	7.0919	7.3704	7.6215	7.8523
5 (263.94)	v	0.0010410	0.0011530	0.045347	0.057840	0.068583	0.078703	0.088515	0.098151
	h	422.78	853.80	2925.64	3196.59	3434.48	3666.83	3900.45	4137.87
	s	1.3032	2.3254	6.2109	6.6481	6.9778	7.2604	7.5137	7.7459
6 (275.59)	v	0.0010405	0.0011521	0.036191	0.047423	0.056672	0.065264	0.073542	0.081642
	h	423.53	854.22	2885.49	3178.18	3422.95	3658.76	3894.47	4133.27
	s	1.3024	2.3238	6.0702	6.5431	6.8824	7.1692	7.4248	7.6583
8 (295.01)	v	0.0010395	0.0011501	0.024280	0.034348	0.041769	0.048463	0.054825	0.061005
	h	425.04	855.06	2786.38	3139.31	3399.37	3642.42	3882.42	4124.02
	s	1.3009	2.3207	5.7935	6.3657	6.7264	7.0221	7.2823	7.5186
10 (311.00)	v	0.0010385	0.0011482	0.0014471	0.026439	0.032813	0.038377	0.043594	0.048624
	h	426.55	855.92	1401.77	3097.38	3375.06	3625.84	3870.27	4114.73
	s	1.2994	2.3177	3.3498	6.2139	6.5993	6.9045	7.1696	7.4087
15 (342.16)	v	0.0010361	0.0011435	0.0013783	0.015671	0.020828	0.024921	0.028619	0.032118
	h	430.32	858.12	1338.06	2975.55	3310.79	3583.31	3839.48	4091.33
	s	1.2956	2.3102	3.2275	5.8817	6.3479	6.6797	6.9576	7.2039
20 (365.75)	v	0.0010337	0.0011390	0.0013611	0.0099496	0.014793	0.018184	0.021133	0.023869
	h	434.10	860.39	1334.14	2816.84	3241.19	3539.23	3808.15	4067.73
	s	1.2918	2.3030	3.2087	5.5525	6.1445	6.5077	6.7994	7.0534
25	v	0.0010313	0.0011346	0.0013459	0.0060048	0.011142	0.014140	0.016643	0.018922
	h	437.88	862.73	1331.06	2578.59	3165.92	3493.69	3776.37	4044.00
	s	1.2881	2.2959	3.1915	5.1399	5.9642	6.3638	6.6706	6.9324
30	v	0.0010290	0.0011304	0.0013322	0.0027964	0.0086903	0.011444	0.013654	0.015629
	h	441.67	865.14	1328.66	2152.37	3084.79	3446.87	3744.24	4020.23
	s	1.2845	2.2890	3.1756	4.4750	5.7956	6.2374	6.5602	6.8303
40	v	0.0010245	0.0011224	0.0013083	0.0019107	0.0056249	0.0080891	0.0099310	0.011523
	h	449.27	870.12	1325.41	1931.13	2906.69	3350.43	3679.42	3972.81
	s	1.2773	2.2758	3.1469	4.1141	5.4746	6.0170	6.3743	6.6614
50	v	0.0010201	0.0011149	0.0012879	0.0017309	0.0038894	0.0061087	0.0077176	0.0090741
	h	456.87	875.31	1323.74	1874.31	2722.52	3252.61	3614.76	3925.96
	s	1.2703	2.2631	3.1214	4.0028	5.1759	5.8245	6.2180	6.5226
60	v	0.0010159	0.0011077	0.0012700	0.0016329	0.0029516	0.0048336	0.062651	0.0074568
	h	464.49	880.67	1323.25	1843.15	2570.40	3156.95	3551.39	3880.15
	s	1.2634	2.2509	3.0982	3.9316	4.9356	5.6528	6.0815	6.4034
80	v	0.0010078	0.0010945	0.0012398	0.0015163	0.0021880	0.0033837	0.0045161	0.0054762
	h	479.75	891.85	1324.85	1808.76	2397.56	2988.09	3432.92	3793.32
	s	1.2501	2.2280	3.0572	3.8339	4.6474	5.3674	5.8509	6.2039
100	v	0.0010002	0.0010826	0.0012148	0.0014432	0.0018932	0.0026723	0.0035462	0.0043355
	h	495.04	903.51	1328.92	1791.14	2316.23	2865.07	3330.76	3715.19
	s	1.2373	2.2066	3.0215	3.7638	4.4899	5.1580	5.6640	6.0405

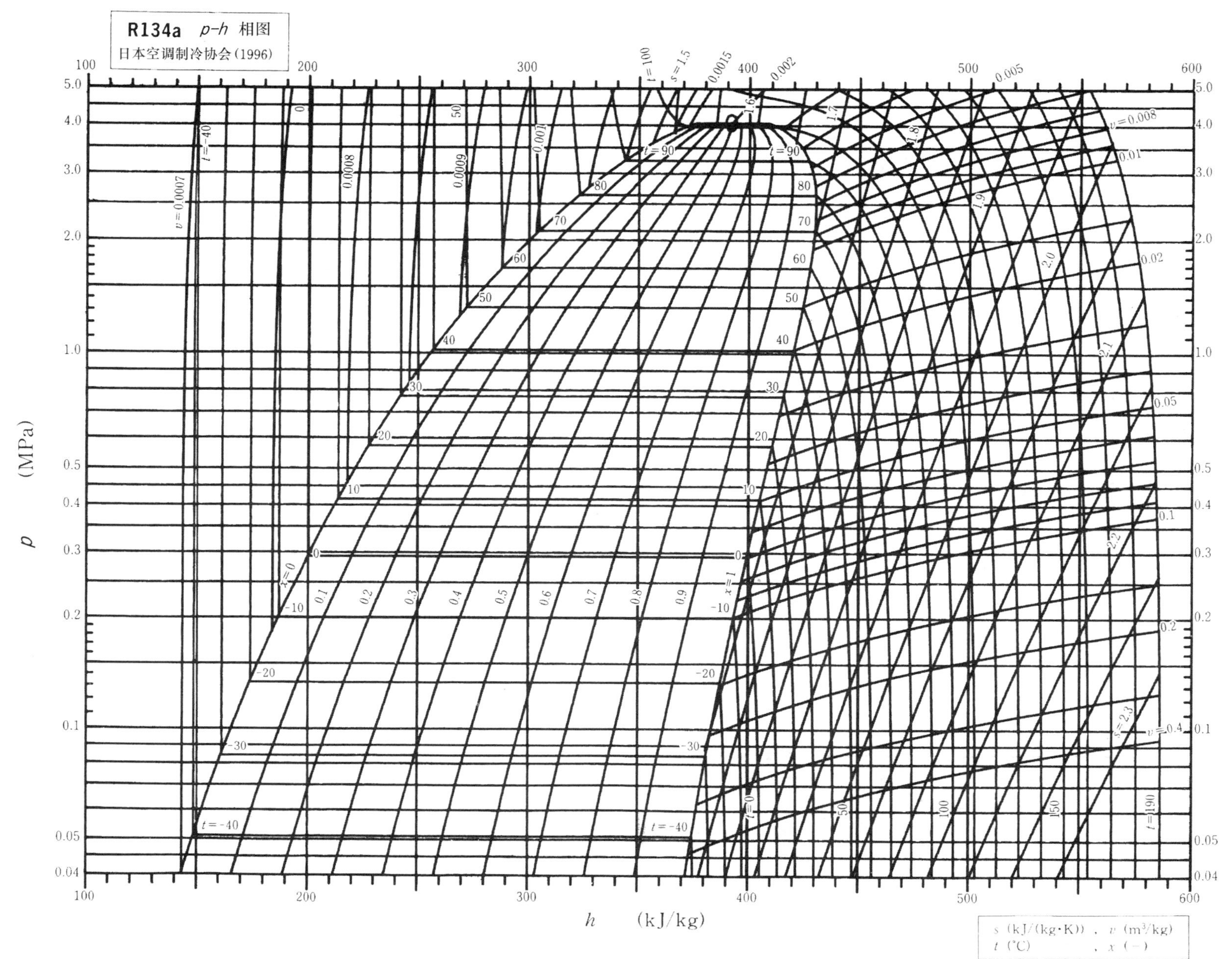

附图10.1 HFC-134a的p-h相图[2]

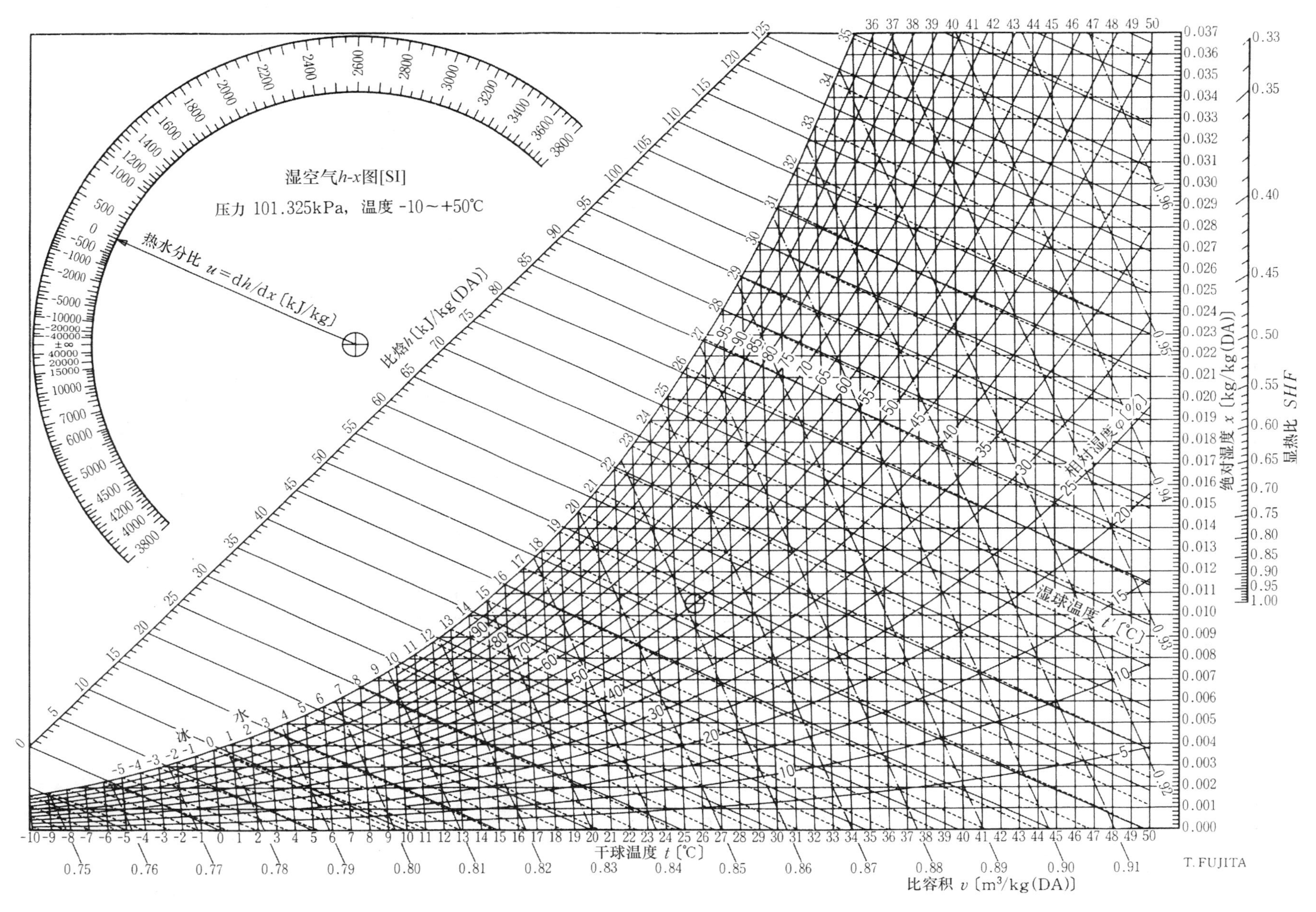

附图10.2 湿空气温湿图[3]

附表10.1　饱和湿空气表(大气压,0℃)[4]

温度	绝对湿度	容积	焓	熵	压力
℃	kg/kg′	m³/kg′	kJ/kg′	kJ/(kg′·K)	kPa
-30	0.0002346	0.6884	-29.597	-0.1145	0.03802
-29	0.0002602	0.6912	-28.529	-0.1101	0.04217
-28	0.0002883	0.6941	-27.454	-0.1057	0.04673
-27	0.0003193	0.697	-26.372	-0.1013	0.05175
-26	0.0003533	0.6999	-25.282	-0.0969	0.05725
-25	0.0003905	0.7028	-24.184	-0.0924	0.06329
-24	0.0004314	0.7057	-23.078	-0.088	0.06991
-23	0.0004762	0.7086	-21.961	-0.0835	0.07716
-22	0.0005251	0.7115	-20.834	-0.079	0.0851
-21	0.0005787	0.7144	-19.695	-0.0745	0.09378
-20	0.0006373	0.7173	-18.545	-0.0699	0.10326
-19	0.0007013	0.7202	-17.38	-0.0653	0.11362
-18	0.0007711	0.7231	-16.201	-0.0607	0.12492
-17	0.0008473	0.7261	-15.006	-0.056	0.13725
-16	0.0009303	0.729	-13.793	-0.0513	0.15068
-15	0.0010207	0.732	-12.562	-0.0465	0.1653
-14	0.0011191	0.7349	-11.311	-0.0416	0.18122
-13	0.0012262	0.7379	-10.039	-0.0367	0.19852
-12	0.0013425	0.7409	-8.742	-0.0318	0.21732
-11	0.001469	0.7439	-7.421	-0.0267	0.23775
-10	0.0016062	0.7469	-6.072	-0.0215	0.25991
-9	0.0017551	0.7499	-4.693	-0.0163	0.28395
-8	0.0019166	0.753	-3.283	-0.011	0.30999
-7	0.0020916	0.756	-1.838	-0.0055	0.33821
-6	0.0022811	0.7591	-0.357	0	0.36874
-5	0.0024862	0.7622	1.164	-0.0057	0.40178
-4	0.0027081	0.7653	2.728	-0.0115	0.43748
-3	0.002948	0.7685	4.336	-0.0175	0.47606
-2	0.0032074	0.7717	5.995	-0.0236	0.51773
-1	0.0034874	0.7749	7.706	-0.0299	0.56268
0	0.0037895	0.7781	9.473	0.0364	0.61117
0*	0.003789	0.7781	9.473	0.0364	0.6112
1	0.004076	0.7813	11.203	0.0427	0.6571
2	0.004381	0.7845	12.982	0.0492	0.706
3	0.004707	0.7878	14.811	0.0559	0.7581
4	0.005054	0.7911	16.696	0.0627	0.8135
5	0.005424	0.7944	18.639	0.0697	0.8725
6	0.005818	0.7978	20.644	0.0769	0.9353
7	0.006237	0.8012	22.713	0.0843	1.002
8	0.006683	0.8046	24.852	0.0919	1.0729
9	0.007157	0.8081	27.064	0.0997	1.1481
10	0.007661	0.8116	29.352	0.1078	1.228
11	0.008197	0.8152	31.724	0.1162	1.3128
12	0.008766	0.8188	34.179	0.1248	1.4026
13	0.00937	0.8225	36.726	0.1337	1.4979
14	0.010012	0.8262	39.37	0.143	1.5987
15	0.010692	0.83	42.113	0.1525	1.7055
16	0.011413	0.8338	44.963	0.1624	1.8185
17	0.012178	0.8377	47.926	0.1726	1.938
18	0.012989	0.8417	51.008	0.1832	2.0643
19	0.013848	0.8457	54.216	0.1942	2.1979
20	0.014758	0.8498	57.555	0.2057	2.3389
21	0.015721	0.854	61.035	0.2175	2.4878
22	0.016741	0.8583	64.66	0.2298	2.6448
23	0.017821	0.8627	68.44	0.2426	2.8105
24	0.018963	0.8671	72.385	0.2559	2.9852
25	0.02017	0.8717	76.5	0.2698	3.1693
26	0.021448	0.8764	80.798	0.2842	3.3633
27	0.022798	0.8811	85.285	0.2992	3.5674
28	0.024226	0.886	89.976	0.3148	3.7823
29	0.025735	0.891	94.878	0.3311	4.0084
30	0.027329	0.8962	100.006	0.3481	4.2462
31	0.029014	0.9015	105.369	0.3658	4.4961
32	0.030793	0.9069	110.979	0.3842	4.7586
33	0.032674	0.9125	116.857	0.4035	5.0345
34	0.03466	0.9183	123.011	0.4236	5.3245
35	0.036756	0.9242	129.455	0.4446	5.628
36	0.038971	0.9303	136.209	0.4666	5.9468
37	0.041309	0.9366	143.29	0.4895	6.2812
38	0.043778	0.9431	150.713	0.5135	6.6315
39	0.046386	0.9498	158.504	0.5386	6.9988
40	0.049141	0.9568	166.683	0.5649	7.3838
41	0.052049	0.964	175.265	0.5923	7.7866
42	0.055119	0.9714	184.275	0.6211	8.2081
43	0.058365	0.9792	193.749	0.6512	8.6495
44	0.061791	0.9872	203.699	0.6828	9.111
45	0.065411	0.9955	214.164	0.7159	9.5935
46	0.069239	1.0042	225.179	0.7507	10.0982
47	0.073282	1.0132	236.759	0.7871	10.625
48	0.077556	1.0226	248.955	0.8253	11.1754
49	0.082077	1.0323	261.803	0.8655	11.7502
50	0.086858	1.0425	275.345	0.9077	12.3503
51	0.091918	1.0532	289.624	0.9521	12.9764
52	0.097272	1.0643	304.682	0.9988	13.6293
53	0.102948	1.076	320.596	1.048	14.3108
54	0.108954	1.0882	337.388	1.0998	15.0205
55	0.115321	1.1009	355.137	1.1544	15.7601
56	0.122077	1.1143	373.922	1.212	16.5311
57	0.129243	1.1284	393.798	1.2728	17.3337
58	0.136851	1.1432	414.85	1.337	18.1691
59	0.144942	1.1588	437.185	1.405	19.0393
60	0.15354	1.1752	460.863	1.4768	19.9439
61	0.16269	1.1926	486.036	1.553	20.8858
62	0.17244	1.2109	512.798	1.6337	21.8651
63	0.18284	1.2303	541.266	1.7194	22.8826
64	0.19393	1.2508	571.615	1.8105	23.9405
65	0.20579	1.2726	603.995	1.9074	25.0397
66	0.21848	1.2958	638.571	2.0106	26.181
67	0.23207	1.3204	675.566	2.1208	27.3664
68	0.24664	1.3467	715.196	2.2385	28.5967
69	0.26231	1.3749	757.742	2.3646	29.8741
70	0.27916	1.4049	803.448	2.4996	31.1986
71	0.29734	1.4372	852.706	2.6448	32.5734
72	0.31698	1.4719	905.842	2.801	33.9983
73	0.33824	1.5093	963.323	2.9696	35.4759
74	0.3613	1.5497	1025.603	3.1518	37.0063
75	0.38641	1.5935	1093.375	3.3496	38.594
76	0.41377	1.6411	1167.172	3.5644	40.2369
77	0.44372	1.693	1247.881	3.7987	41.9388
78	0.47663	1.7498	1336.483	4.0553	43.702
79	0.51284	1.8121	1433.918	4.3368	45.5248
80	0.55295	1.881	1541.781	4.6477	47.4135
81	0.59751	1.9572	1661.552	4.9921	49.367
82	0.64724	2.0422	1795.148	5.3753	51.368
83	0.70311	2.1373	1945.158	5.8045	53.4746
84	0.76624	2.2446	2114.603	6.2882	55.6337
85	0.83812	2.3666	2307.436	6.8373	57.8658
86	0.92062	2.5062	2528.677	7.4658	60.1727
87	1.01611	2.6676	2784.666	8.1914	62.5544
88	1.128	2.8565	3084.551	9.0393	65.0166
89	1.26064	3.08	3439.925	10.0419	67.5581
90	1.42031	3.3488	3867.599	11.2455	70.1817

*准平衡下的过冷液体。

参考文献

[1] 日本機械学会编：蒸気表，(1999).
[2] 日本冷凍空調学会编：R134a *p-h* 線図，(1996).
[3] 日本冷凍空調学会编：湿り空気表.
[4] ASHRAE Fundamental Handbook，(1997).

附录 2

Subject Index

A

B

C

I

J

K

L

M

U

V

W

附录 3

索 引

（按拼音首字母排序）

F

G

H

M

N

P

Q

R

Z

附表 2-1　单位换算表

长度单位换算

m	mm	ft	in
1	1 000	3.280 840	39.370 08
10^{-3}	1	3.280 840×10^{-3}	39.370 08×10^{-2}
0.3048	304.8	1	12
0.0254	25.4	1/12	1

面积单位换算

m^2	cm^2	ft^2	in^2
1	10^4	10.763 91	1 550.003
10^{-4}	1	1.076 391×10^{-5}	0.155 000 3
9.290 304×10^{-2}	929.030 4	1	144
6.451 6×10^{-4}	6.4516	1/144	1

体积单位换算

m^3	cm^3	ft^3	in^3	升 L	备　注
1	106	35.314 67	6.102 374×10^4	1 000	英制加仑：
10^{-6}	1	3.531 467×10^{-5}	6.102 374×10^{-2}	10^{-3}	1 m^3＝219.969 2 gal(UK)
2.831 685×10^{-2}	2.831 685×10^4	1	1 728	28.316 85	美制加仑：
1.638 706×10^{-5}	16.387 06	1/1 728	1	1.638 706×10^{-2}	1 m^3＝264.172 0 gal(US)
10^{-3}	103	3.531 467×10^{-2}	61.023 74	1	

速度单位换算

m/s	km/h	ft/s	mile/h
1	3.6	3.280 840	2.236 936
1/3.6	1	0.911 344	0.621 371 2
0.304 8	1.097 28	1	0.681 818 2
0.447 04	1.609 344	1.466 667	1

力的单位换算

N	dyn	kgf	lbf
1	10^5	0.101 971 6	0.224 808 9
10^{-5}	1	1.019 716×10^{-6}	2.248 089×10^{-6}
9.806 65	9.806 65×10^5	1	2.204 622
4.448 222	4.448 222×10^5	0.453 592 4	1

压力单位换算

Pa ($N \cdot m^{-2}$)	bar	atm	Torr (mmHg)	$kgf \cdot cm^{-2}$	psi ($lbf \cdot in^{-2}$)
1	10^{-5}	9.869 23×10^{-6}	7.500 62×10^{-3}	1.019 72×10^{-5}	1.450 38×10^{-4}
10^5	1	0.986 923	750.062	1.019 72	14.503 8
1.013 25×10^5	1.013 25	1	760	1.033 23	14.696 0
133.322	1.333 22×10^{-3}	1.315 79×10^{-3}	1	1.359 51×10^{-3}	1.933 68×10^{-2}
9.806 65×10^4	0.980 665	0.967 841	735.559	1	14.223 4
6.894 75×10^3	6.894 75×10^{-2}	6.804 59×10^{-2}	51.714 9	7.030 69×10^{-2}	1